NIGER :
VERS LE DÉVELOPPEMENT SOCIAL

Populations

Collection dirigée par Yves Charbit,
Maria Eugenia Cosio-Zavala, Hervé Domenach

La démographie est au cœur des enjeux contemporains, qu'ils soient économiques, sociaux, environnementaux, culturels ou politiques. En témoigne le renouvellement récent des thématiques : développement durable, urbanisation et mobilités, statut de la femme et de l'enfant, dynamiques familiales, santé de la reproduction, politiques de population, etc.

Cette démographie contextuelle implique un renouvellement méthodologique et doit donc prendre en compte des variables en interaction, dans des espaces de nature diverse (physiques, institutionnels, sociaux).

La collection « Populations » privilégie les pays et les régions en développement sans pour autant oublier leurs liens avec les pays industrialisés et contribue à l'ouverture de la démographie aux autres disciplines. Elle est issue d'une collaboration entre les chercheurs de l'Institut de Recherche pour le Développement (IRD), de l'UMR CEPED (INED, IRD, Université Paris Descartes) et du Centre de Recherches Populations et Sociétés (Université Paris Ouest-Nanterre-La Défense).

Voir la liste des ouvrages déjà parus dans la collection
en fin de volume

Institut national de la statistique du Niger

Niger :
vers le développement social

L'Harmattan

5-7, rue de l'École-Polytechnique ; 75005 Paris

www.harmattan.fr
diffusion.harmattan@wanadoo.fr
harmattan1@wanadoo.fr

ISBN : 978-2-343-07075-9
EAN : 9782343070759

PREFACE

La mise en place du Système statistique national du Niger (SSN) remonte au début des années 1960 avec la création d'un service de la statistique au sein du Commissariat général au plan, lui-même rattaché à la Présidence de la République. Ce service s'est transformé progressivement pour devenir en mars 2004 l'Institut national de la statistique (INS), avec la loi n° 2004-011 du 30 mars 2004, portant sur l'organisation de l'activité statistique et créant l'Institut National de la Statistique, modifiée par la loi n° 2014 – 66 du 05 novembre 2014). L'INS a pour mandat de coordonner l'ensemble du SSN conformément aux orientations données par le Conseil national de la statistique (CNS). On le sait, les données statistiques sont indispensables à une prise de décision éclairée dans tous les domaines de la vie économique et sociale. Dans cette optique, la vision du gouvernement nigérien est de bâtir un SSN cohérent, dynamique, fiable et crédible sur le plan national et international, pour satisfaire efficacement les besoins des utilisateurs tant nationaux qu'internationaux en matière de conception, de mise en œuvre, de suivi et d'évaluation des politiques, plans, programmes et projets de développement.

Un des principaux axes stratégiques de la deuxième Stratégie nationale de développement de la statistique (SNDS II 2014-2018) est de renforcer la collecte, le traitement et l'analyse des données statistiques. Or, alors que le Niger dispose de nombreuses données socioéconomiques et sociodémographiques, elles ont été jusqu'alors peu exploitées et n'ont donné lieu qu'à une riche « littérature grise » fondée sur des travaux de recherche utilisant la base de données nationale, mais qui est restée difficilement accessible.

C'est pourquoi deux des objectifs majeurs du Programme d'appui au système statistique national pour la promotion de la gouvernance et le suivi-évaluation de la pauvreté (PASTAGEP 2012-2015), financé par la

Délégation de l'Union européenne au Niger, l'UNFPA et l'UNICEF avec une forte contribution du gouvernement, sont d'une part le renforcement de la base de données nationale et d'autre part celui des ressources humaines des diverses structures parties prenantes du Système statistique national.

L'idée qui a sous-tendu la conception et la réalisation de ce livre est précisément de contribuer à atteindre ces deux objectifs en couplant la valorisation de la littérature grise, véritable « richesse en friche » et la formation à une recherche scientifique de niveau international. C'est pourquoi il rassemble des chapitres abordant plusieurs thématiques des domaines socio-économiques et socio-démographiques dont les auteurs sont des cadres permanents de l'INS, de certains ministères ou encore des jeunes récemment formés en démographie ou en économie et en statistiques dans des écoles de la sous-région (IFORD de Yaoundé, ENSEA d'Abidjan, ENSAE de Dakar) et en Europe.

Je tiens à féliciter tous les auteurs pour la qualité de la production scientifique réalisée et plus encore à saluer cette initiative qui contribuera de manière significative à la visibilité nationale et internationale du Système statistique national. Désormais le gouvernement, les universités et les centres de recherche, la société civile, mais aussi les partenaires au développement disposent d'un précieux outil de travail, solidement documenté, à même de susciter des réflexions et éventuellement des réactions sur certains aspects liés à la vie socio-économique du Niger pouvant contribuer à l'émergence de celui-ci.

Idrissa ALICHINA KOURGUENI
Directeur général de l'Institut national de la statistique

REMERCIEMENTS

La présente publication a bénéficié du soutien de l'Union européenne dans le cadre du Programme d'appui au système statistique national pour la promotion de la gouvernance et le suivi-évaluation de la pauvreté (PASTAGEP. Contrat de subvention N° 2012/287 718). Le contenu de la publication relève de la seule responsabilité de l'INS et ne peut aucunement être considéré comme reflétant le point de vue de l'Union européenne.

L'Ambassade de France au Niger, quant à elle, a contribué à la promotion de l'ouvrage, notamment lors du séminaire de lancement du livre qui a eu lieu à Niamey le 6 octobre 2015.

L'Institut national de la statistique exprime sa gratitude aux trois partenaires institutionnels qui l'ont accompagné dans la réalisation de cette activité du PASTAGEP : la Délégation de l'Union européenne au Niger, l'Ordonateur national du Fonds européen de développement, le CEPED, et enfin à tous ceux qui ont contribué à la réalisation de cet ouvrage, notamment les jeunes chercheurs du SSN et d'ailleurs qui ont montré leurs compétences et leur grande connaissance de l'environnement socio-économique et culturel nigérien.

INTRODUCTION

PAUVRETE ET DEVELOPPEMENT SOCIAL

Yves CHARBIT

Comme tant d'autres, cet ouvrage aurait pu s'intituler *Population et développement au Niger*, mais la question sous-jacente à tous les chapitres est plus précisément celle du développement social, d'où le titre qui a été retenu. Il faut en effet distinguer le développement *économique* du développement *social*. Le premier se mesure grâce à des indicateurs macroéconomiques, fondés sur de grands agrégats. On dira qu'il s'est produit un développement économique au cours d'une période donnée si par exemple le Produit intérieur brut (PIB) a augmenté, la dette extérieure a diminué, les déficits budgétaires se sont réduits, la balance des paiements est devenue positive. Le développement social, quant à lui, est classiquement mesuré par l'Indice du développement humain (IDH), indice composite de trois critères, qui tous renvoient à la population : l'espérance de vie à la naissance, l'accès à l'éducation, le PIB par habitant. Le Programme des Nations unies pour le développement (PNUD) classe régulièrement les pays selon leur IDH. Les observateurs en concluent que tel pays a progressé ou au contraire reculé dans le classement international et donc que le développement social y a progressé ou reculé.

Or, l'examen de la littérature grise disponible au Niger suggère qu'on peut dépasser ce premier constat et rendre compte de manière plus concrète de la réalité du *processus* de développement social. Les variables démographiques sont précieuses de ce point de vue : on peut légitimement avancer comme preuves de cette dynamique le fait que la mortalité infanto-juvénile a baissé, que l'âge au mariage a reculé, que la fécondité est restée stable même si c'est à un niveau élevé, que les grossesses des adolescentes sont moins fréquentes, ou encore que le niveau d'instruction a progressé parmi les jeunes. Par ailleurs, il faut éviter le piège des simplifications abusives : parler du développement social au Niger c'est faire l'hypothèse implicite que le Niger est un pays parfaitement homogène de ce point de vue. Or les données disponibles montrent clairement que les différences internes sont bien réelles et que le niveau de développement social varie selon les régions, le milieu de résidence, etc. Et comme un des objectifs du développement social est l'évolution des relations de genre dans le sens d'une plus grande égalité entre hommes et femmes, les données sur les inégalités selon le sexe en matière de santé, d'éducation, d'emploi, par exemple, sont cruciales. En un mot, la question du développement social est indissociable de celle des inégalités.

Toujours dans une perspective dynamique, le développement se définit implicitement comme un changement par rapport à une situation initiale. En Afrique subsaharienne comme dans les autres pays en dévelopment, l'enjeu est celui de la sortie de la pauvreté. C'est pourquoi les données sur le niveau de vie et les ressources des ménages ont pris depuis quelques années une telle importance, et sont devenues presque aussi nombreuses que celles collectées auprès des individus. Plus généralement, une des contributions de ce livre est précisément d'aller encore plus loin en montrant que certains ménages se caractérisent par une situation intermédiaire entre richesse et pauvreté et que l'on peut parler de l'émergence d'une classe moyenne, signe incontestable d'un développement social.

Enfin, on ne saurait négliger les politiques publiques de développement et au Niger le Plan de développement économique et social (PDES) est un cadre de référence fondamental. Aussi avons-nous orienté les chapitres de telle manière que ce livre s'inscrive aussi étroitement que possible dans la stratégie du PDES, qui a été déclinée en politiques sectorielles qui sont d'un intérêt de premier plan pour notre propos. On peut en effet analyser ces dernières comme des *offres* sectorielles de développement social, conçues pour répondre aux besoins et aux attentes des populations, donc à la *demande.*

Ce chapitre, qui ne prétend pas à l'originalité, mais reflète simplement l'état des connaissances au Niger, propose une synthèse de plusieurs documents et rapports dont certains sont publics (ils figurent dans la bibliographie en fin de chapitre) ; nous avons ajouté d'autres données lorsque le besoin s'en faisait sentir. Il s'ouvre par une présentation de l'IDH (I) puis par une réflexion sur la pauvreté au Niger, analysée selon diverses caractéristiques démographiques et socioéconomiques (II). Il se poursuit par l'examen de l'offre en matière de santé et d'éducation, car *l'accès* à la santé et à l'éducation est au cœur du développement social (III). Il se clôt par une brève présentation des chapitres, en montrant l'articulation entre le PDES et le PASTAGEP (III).

L'INDICE DU DEVELOPPEMENT HUMAIN

Rappelons les trois dimensions de l'Indice du développement humain (IDH), calculé depuis 1990 par le Programme des Nations unies pour le développement. La première, la santé, est mesurée par l'espérance de vie à la naissance. La deuxième est l'éducation ; l'indicateur combine la durée moyenne de scolarisation pour les adultes de plus de 25 ans et la durée attendue de scolarisation pour les enfants d'âge scolaire. La troisième dimension, le niveau de vie, est mesurée par le logarithme du revenu brut par habitant en parité de pouvoir d'achat.

Comparaisons internationales

Le tableau 1 montre que, depuis sa création et toutes années confondues, la valeur de l'IDH du Niger reste inférieure, non seulement à la moyenne mondiale, mais aussi à celle des pays à faible niveau de développement humain ou encore à la moyenne enregistrée en Afrique subsaharienne. Cependant, entre 1980 et 2013, le taux d'accroissement moyen annuel de l'IDH du Niger (1,9 %) a été l'un des plus rapides au monde. En outre, entre 2000 et 2013, l'IDH du Niger a connu une progression d'environ 44 %, soit la plus importante parmi les pays de la sous-région.

TABLEAU 1. EVOLUTION COMPAREE DE L'IDH DU NIGER ET D'AUTRES PAYS

Année	Niger	Mali	Burkina Faso	Tchad	Bénin	Pays à développement humain faible	Afrique subsaharienne
2013	0,337	0,407	0,338	0,372	0,476	0,493	0,502
2012	0,335	0,406	0,385	0,370	0,473	0,490	0,499
2011	0,328	0,405	0,376	0,365	0,471	0,486	0,495
2010	0,323	0,398	0,367	0,349	0,467	0,479	0,488
2007	0,309	0,385	0,349	0,338	0,454	0,471	0,477
2005	0,293	0,359	0,321	0,324	0,432	0,444	0,452
2000	0,262	0,309	-	0,301	0,391	0,403	0,421
1990	0,218	0,232	-	-	0,342	0,367	0,399
1980	0,191	0,208	-	-	0,287	0,345	0,382

Source : Rapport mondial sur le développement humain, 2014.

L'espérance de vie à la naissance, égale à 58,4 ans, est supérieure à la moyenne de l'Afrique subsaharienne (56,8) et dépasse celle de vingt autres pays de la planète, parmi lesquels on peut citer le Mali (55,3 ans), le Burkina Faso (56,3 ans), la Côte d'Ivoire (50,7 ans), le Mozambique (50,3 ans), etc.

Dans l'espace UEMOA, seuls le Sénégal et le Bénin dépassent le Niger en termes d'espérance de vie à la naissance. En ce qui concerne la santé, le Niger a fourni, depuis 1990, des efforts notables qui ont permis de progresser dans trois domaines : la santé des enfants de moins de cinq ans, avec une baisse significative et importante de la mortalité infantile de 40 % en l'espace de 10 ans ; la mortalité maternelle ; la lutte contre le VIH/SIDA, dont le taux de séroprévalence est passé de 0,7 % en 2006 à 0,4 % en 2012.

Mais la valeur de l'IDH cache des disparités selon les sous-indices dimensionnels qui la composent. On le constate depuis 1990, ce sont les valeurs des sous-indices liés à l'éducation qui défavorisent le plus le Niger. En effet, le rapport pour 2014 du PNUD, comme ceux publiés les années antérieures, révèle que la durée moyenne de scolarisation au Niger est de 1,4 an et la durée attendue de scolarisation est de 5,4 ans. La durée moyenne de scolarisation du Niger, la plus faible au monde, après le Burkina Faso, est très basse, malgré l'évolution appréciable du niveau du taux brut de scolarisation et du taux d'alphabétisation, qui sont en constante progression depuis 20 ans. La durée attendue de scolarisation au Niger, de 5,4 ans, ne dépasse que celle de l'Érythrée. Il est important de remarquer cet écart entre la durée attendue de scolarisation, égale à 5,4 ans, et la durée moyenne effective, qui n'est que de 1,4 an. On constate que dans la grande majorité des autres pays, la durée moyenne de scolarisation tourne autour de 50 % de la durée attendue, contrairement au cas du Niger où elle n'est que de 26 %.

Développement humain et inégalités liées au genre

Au plan social, les inégalités liées au genre exacerbent la vulnérabilité des femmes, qui accèdent peu aux ressources, et qui sont, pour un nombre important d'entre elles, victimes de plusieurs types de violence. Les inégalités et iniquités de genre représentent l'une des causes majeures du niveau élevé de pauvreté dans le pays. Au Niger, les écarts de santé et d'éducation sont importants entre hommes et femmes (Tableau 2). Quant à la participation des femmes aux processus politiques et décisionnels, elle reste très faible. L'Assemblée nationale comporte 13 % de femmes parlementaires sur 113 élus tandis que la proportion de femmes ministres est de 25 %. Au cours de ces dernières années, on note une tendance positive à l'amélioration des résultats en matière de réduction des disparités entre les sexes, particulièrement au niveau de l'éducation primaire.

TABLEAU 2. LES INEGALITES DE GENRE EN 2013

Indicateur	Niger	Afrique subsaharienne
IDH		
Femmes	0,275	0,447
Hommes	0,385	0,520
Retard des femmes (%)	0,714	0,867
Espérance de vie scolaire (*)		
Femmes	4,8	8,8
Hommes	6,1	10.1
GNI par tête (2011 PPP$)		
Femmes	471	1 268
Hommes	2 492	3 812

(*) : nombre d'années de scolarité dont un enfant d'âge scolaire peut espérer bénéficier si les taux de scolarisation actuels se maintiennent.

L'obtention de ces résultats est imputable en grande partie à la mise en œuvre des différentes stratégies développées dans le cadre de la promotion de la scolarisation de la jeune fille : (i) l'adoption en 1996 de la politique nationale de la promotion de la femme révisée en 2009 ; (ii) la mise en place d'un observatoire national pour la promotion de la femme ; (iii). D'autres actions ont été menées à savoir l'application de la loi relative aux quotas[1]; l'adoption d'une politique nationale du genre en juillet 2008 ; la gratuité des consultations prénatales, de la césarienne, des contraceptifs et des préservatifs, etc. Mais malgré les efforts consentis, force est de constater que les problèmes persistent. Entre autres, on peut citer les rigidités socioculturelles qui s'opposent à l'éducation des femmes et à leur autonomisation, leur faible niveau de scolarisation, les mariages précoces, l'insuffisance des opportunités qui se présentent aux femmes, les lourdes tâches qu'effectuent les femmes rurales, etc.

LA PAUVRETE

Le Rapport mondial sur le développement humain de 2014 publié par le PNUD classe le Niger au dernier rang des 187 pays retenus, confirmant les classements des années précédentes. En effet, en 2013, le Niger avait enregistré un très faible revenu national par tête de 873 US$, qui ne dépassait que celui de cinq pays (Malawi, République démocratique du Congo, Burundi, République Centrafricaine, Liberia). Cette faiblesse du revenu national par tête est due en grande partie à la poussée

[1] Sur la base de cette loi, le gouvernement, mettant à profit la préparation des premières élections communales, a encouragé la participation des femmes aux postes électifs (au moins 10 %) et administratifs (au moins 25 %).

démographique. Sur la période 1990-2013, le taux de croissance économique annuel moyen a varié entre 3 et 3,9 %, taux juste égal, sinon inférieur, au taux de croissance intercensitaire annuel moyen de la population de 3,9 %, qui est le plus élevé au monde. De ce fait, le revenu par tête s'en est trouvé réduit : au cours de la même période, il ne s'est accru en moyenne que de 2,5 %.

Au cours de ces dernières années, plusieurs travaux sur la pauvreté ont été menés à l'aide des données de différentes enquêtes sur les conditions de vie des ménages. En 1993, l'Enquête nationale sur le budget et la consommation (ENBC) organisée par la Direction de la statistique et des comptes nationaux fournit une incidence de pauvreté de 63 %. En 2005, l'enquête QUIBB (Questionnaire unifié des indicateurs de base du bien-être), a donné un taux de pauvreté de 62,1 %, dont 65,7 % en milieu rural et 44,1% en milieu urbain. La deuxième enquête conduite en 2007-2008 a fourni un taux de pauvreté de 59,5 % pour l'ensemble du pays avec 63,9 % en milieu rural et 36,7 % en milieu urbain. Une troisième enquête, l'ECVMA (Enquête sur les conditions de vie des ménages et l'agriculture) a été réalisée en 2011. Selon cette étude, 48,2 % de la population nigérienne est pauvre.

Incidence, profondeur, sévérité de la pauvreté

Rappelons les trois types d'indicateurs utilisés pour mesurer la pauvreté. *L'incidence* de la pauvreté mesure le pourcentage des individus ou des ménages dont la dépense de consommation se situe en dessous du seuil de pauvreté monétaire. Le seuil de pauvreté correspond à la dépense de consommation minimale annuelle pour un individu ou un ménage permettant sa survie quotidienne. Il convient de noter que l'incidence de la pauvreté subjective (perception de la pauvreté) est généralement plus élevée que l'incidence de la pauvreté objective. La *profondeur* de la pauvreté mesure l'écart moyen en pourcentage entre le niveau de bien-être des ménages pauvres et le seuil de pauvreté. Elle permet notamment de calculer le niveau de dépenses nécessaires pour éliminer la pauvreté. La *sévérité* de la pauvreté mesure la moyenne des carrés des écarts entre la consommation des pauvres et le seuil de pauvreté. Elle indique l'importance relative des plus pauvres dans un groupe donné. La sévérité de la pauvreté atteint 4,9 % en 2011.

L'incidence de la pauvreté est estimée à 48,2 % en 2011 selon l'Enquête sur les conditions de vie de ménages et l'Agriculture (ECVMA), classant près de la moitié des Nigériens comme pauvres. Néanmoins, les progrès ont été remarquables. En effet, le taux de pauvreté est passé de 62,1% en 2005

(QUIBB 2005) à 59,5 % en 2008 (ENBC 2008)[1]. Le graphique 1 confirme que le Niger reste donc largement à l'écart de la trajectoire du développement fixée pour atteindre l'objectif du millénaire de réduire l'extrême pauvreté en 2015. Si les tendances globales observées sur la période 1993-2011 se maintiennent (une diminution de 0,8 point par an), l'incidence de la pauvreté se situerait en 2015 à un niveau toujours élevé, plus de 45 % environ.

GRAPHIQUE 1. EVOLUTION DE L'INCIDENCE DE LA PAUVRETE (1993-2015)

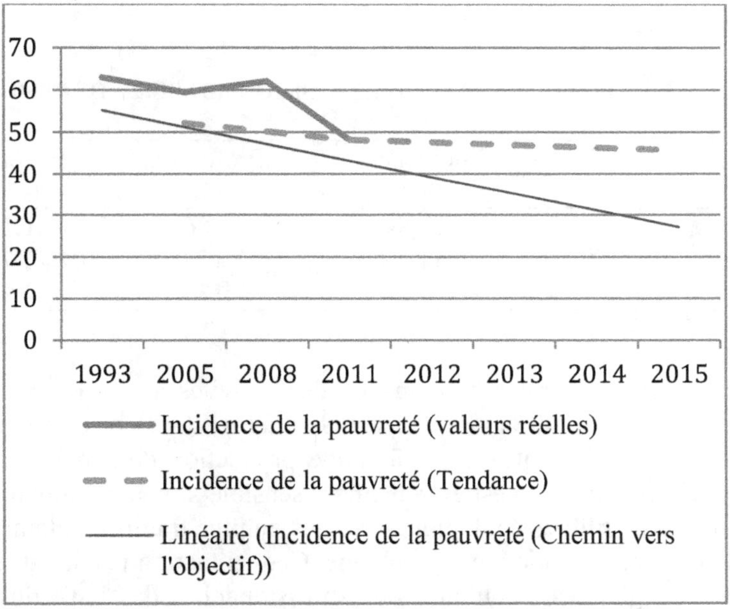

Sources : ENBC-1993, QUIBB-2005, ENBC-2008 et ECVMA 2011

Quant à la profondeur de la pauvreté, qui mesure l'écart moyen entre le niveau de consommation de la population pauvre et le seuil de pauvreté, elle est de 13,1 % en 2011. La profondeur de la pauvreté a connu une aggravation entre 1993 et 2005 en passant de 21 % à 24,1 %. Par contre, entre 2005 et 2008, on note une diminution de la profondeur de la pauvreté qui a décru de 24,1 % à 19,6 %, soit une diminution de 4,5 %. La baisse s'est poursuivie entre 2008 et 2011, passant de 19,6 % à 13,1 %, soit une nouvelle diminution de 6,5 % sur la période. Ainsi, la profondeur de la pauvreté, qui reflète beaucoup mieux l'évolution de l'inégalité parmi les pauvres, tend à diminuer un peu plus que l'incidence de la pauvreté. Le recul de cet indicateur témoigne également qu'en moyenne, les ressources à transférer à

[1] Il faut toutefois comparer ces taux avec beaucoup de précautions car les méthodologies utilisées ne sont pas les mêmes d'une enquête à une autre.

un individu pauvre pour le faire sortir de la pauvreté sont en baisse sur la période 2005-2011.

Pauvreté selon le milieu de résidence : le poids de l'agriculture

Les données sur les deux grands milieux de résidence (Tableau 3) renvoient à une réalité fondamentale : comme beaucoup d'autres pays africains, l'économie du Niger est essentiellement tirée par la production agricole. Malheureusement celle-ci est exposée à des crises environnementales répétées telles que les sécheresses, les inondations et les invasions acridiennes.

TABLEAU 3. INDICATEURS DE PAUVRETE SELON LE MILIEU DE RESIDENCE

Résidence	Incidence (%)	Profondeur (%)	Sévérité (%)
Urbain	17,9	3,6	1,1
Rural	54,6	15,0	5,7
Ensemble	48,2	13,1	4,9

Source : ECMV/A 2011

Marqué par une forte prédominance des activités agricoles, le PIB du pays est constitué à 40 % de l'apport de l'agriculture. A l'exception de quelques cultures de rente, il s'agit d'une production de subsistance pour 85 % des agriculteurs, qui est extrêmement sensible aux aléas climatiques et repose sur des équilibres écologiques de plus en plus fragiles, notamment en raison de la forte pression démographique. Cette situation résulte aussi de la faiblesse des aptitudes techniques ou professionnelles des individus. Cette réalité révèle le lien étroit existant entre la pauvreté monétaire, d'une part, le sous-emploi des actifs ruraux, celui des acteurs du secteur informel urbain et le chômage de certaines catégories sociales, d'autre part. Pourtant, entre 2005 et 2008 la profondeur de la pauvreté a plus reculé en milieu rural (-4,7 %) qu'en milieu urbain (-4 %), tandis qu'entre 2008 et 2011, elle a plus reculé en milieu urbain (-7,7 %) qu'en milieu rural (-6,2 %). Toutefois, les écarts entre les deux milieux de résidence sont moins élevés en termes de la profondeur que d'incidence de la pauvreté.

La pauvreté des ménages

Les ménages dont le chef ne participe pas au marché du travail sont moins pauvres que ceux dont le chef a un emploi dans le secteur primaire (Tableau 4). Ceux dont le chef est exploitant agricole concentrent les trois quarts de la population et près de 85 % des individus pauvres. La faiblesse de leur capital humain, du capital physique mobilisé et de l'accès aux intrants explique leur médiocre productivité et par contre coup leurs revenus limités.

TABLEAU 4. INDICATEURS DE PAUVRETE SELON QUELQUES CARACTERISTIQUES DES MENAGES

	Incidence	Profondeur	Sévérité
Secteur d'activité du chef de ménage			
Agriculture	56,5	15,8	6,0
Elevage, forêts, pêche	38,9	8,2	2,8
Industrie	30,5	8,3	2,9
Commerce	23,1	4,1	1,4
Services	24,6	4,7	1,3
Catégorie socioprofessionnelle du chef de ménage			
Cadre	1,9	0,1	0,0
Autres salariés	37,9	8,6	2,9
Patron	27,5	5,7	1,3
Travailleur à son compte	52,0	14,1	5,3
Sans-emploi	34,4	11,4	4,8
Secteur institutionnel du chef de ménage			
Secteur public	4,9	0,5	0,1
Grande entreprise	8,7	1,8	0,5
Entreprise individuelle	51,1	13,9	5,2
Taille du ménage			
Une personne	15,1	3,7	1,2
2 personnes	3,3	0,7	0,2
3 à 5 personnes	27,6	6,1	2,0
6 à 9 personnes	51,7	13,6	5,1
10 à 14 personnes	59,6	17,3	6,6
15 personnes et +	66,8	21,0	8,2
Ensemble	48,2	13,1	4,9

Source: ECMV/A 2011

La pauvreté est plus élevée chez les agriculteurs (56,5 %) que parmi les sans-emploi (34,4 %). Cette situation peut s'expliquer par la prise en charge par un membre de la famille (cas des personnes âgées, des élèves et des étudiants). S'agissant de la catégorie socioprofessionnelle du chef de ménage, le taux de pauvreté est le plus élevé lorsqu'il travaille pour son propre compte. En réalité ceux-ci sont dans leur majorité les exploitants agricoles dont on a parlé plus haut. Pour les autres groupes, les cadres du public et du privé sont à l'abri de la pauvreté. Les « patrons », qui regroupent sans doute de nombreuses personnes du secteur informel, ont un niveau de pauvreté très élevé, mais qui reste néanmoins inférieur aux personnes qui déclarent travailler à leur propre compte. Quant au secteur institutionnel, il y a une dichotomie entre d'une part le secteur moderne (administration, entreprises publiques et grandes entreprises privées), et d'autre part les petites entreprises individuelles qui relèvent de l'économie informelle, urbaine ou rurale. Le taux de pauvreté est 51 % pour les entreprises individuelles et respectivement 4,9 % et 8,7 % pour le secteur public et les grandes entreprises. Il faut également noter que la pauvreté est plus présente dans les ménages de grande taille. Ces données ne font que confirmer que la pauvreté au Niger est avant tout une question rurale qui reste fortement liée au niveau de développement de l'agriculture.

VERS LE DEVELOPPEMENT SOCIAL (2005-2011)

Les évolutions de la pauvreté monétaire et de la pauvreté en termes de conditions de vie mettent en évidence une amélioration de la situation au cours de la période 2005-2011. La pauvreté monétaire recule, notamment dans la population rurale. La pauvreté en conditions de vie a diminué en faveur de la population urbaine. Mais la faiblesse des revenus des ruraux et celle de l'offre de biens et de services publics ne leur permettent pas d'améliorer leurs conditions de vie. Qu'en est-il de la consommation ?

La consommation des ménages

TABLEAU 5. EVOLUTION DE LA CONSOMMATION DES MENAGES ET DU PIB

	2005	2007-2008	2011
Consommation par tête (FCFA 2011)			
Urbain	318 827	355 084	390 172
Rural	188 371	192 426	196010
Ensemble	210 234	221 168	233 384
Taux de croissance sur la période		5,2	5,5
Taux de croissance en moyenne annuelle		1,9	1,6
PIB par tête (FCFA de 2005)			
Taux de croissance sur la période		3,8	1,0
Taux de croissance en moyenne annuelle		1,4	0,3

Source : données tirées de CWIQ-1994, ENBC-2007/08, l'ECVMA-2011.

Le taux de croissance de la consommation des ménages est plus rapide que celui du PIB par tête surtout au cours de la seconde sous-période, mais les deux sources concordent néanmoins dans le sens où elles font état d'une croissance (Tableau 5).

La classe moyenne

Le chapitre 18 est spécifiquement consacré à cette question, qui suscite de plus en plus d'intérêt au niveau international. Ainsi, le rapport de la Banque africaine de développement (2011) souligne que les classes moyennes ont augmenté de 3,1 % en Afrique au cours des 30 dernières années, soit légèrement plus que la population totale. La Tunisie, le Maroc et l'Egypte sont les pays où l'on retrouve le plus grand effectif de classes moyennes, au contraire du Liberia, du Burundi et du Rwanda où elles sont les moins nombreuses. Cela étant, les classes moyennes ont contribué à créer au moins la moitié du PIB en Afrique. Au Bénin, elle représentait environ 46 % de la population en 2006. Au Kenya, entre 2005 et 2006, la taille de la classe moyenne était évaluée à 24,1 % contre 72,1 % de personne faisant partie du *lower income group*, et la population des plus riches à 3,76 % du total. En Côte-d'Ivoire, la classe moyenne représentait 33 % de la population totale en 2008. A Abidjan, la perception de la classe moyenne est liée à la possibilité de subvenir aux besoins nutritionnels de sa famille : d'offrir les trois repas par jour aux membres du ménage ; d'habiter un logement décent et de bénéficier d'un minimum d'équipement (télévision, radio, ventilateur). Surtout les personnes des classes moyennes basses se définissent comme telles en référence aux personnes pauvres ou plus pauvres qu'elles : « La pauvreté, c'est mendier » (Toh et Kouyaté, 2009). Indépendamment de cette dimension subjective, la définition de la classe moyenne pose de délicats problèmes méthodologiques. Au Niger le choix a été fait de définir un « noyau dur » qui correspond à l'intersection d'un critère monétaire et d'un critère non monétaire. On estime alors la classe moyenne à 25 % environ de la population totale, mais au moins six à sept personnes sur dix risquent de retomber dans la classe inférieure.

DEUX CLES DU DEVELOPPEMENT SOCIAL L'EDUCATION ET LA SANTE

Si du point de vue du développement économique l'éducation et la santé sont déterminantes dans l'accroissement de la productivité à moyen et long terme, dans la perspective du développement social elles sont essentielles à l'épanouissement des individus, à la réalisation de leurs « capabibilités ». Nous n'évoquerons ici que ce qui relève de l'offre d'éducation et de santé, car à l'instar de bien d'autres pays de la sous-région, le Niger a déployé d'importants efforts pour atteindre les OMD dans les délais requis.

Accès à l'éducation

Des progrès importants ont en effet été réalisés dans le domaine de l'éducation surtout au niveau de l'enseignement de base. Le taux net de scolarisation est passé de 18 à 70 % de 1992 à 2012, soit une augmentation de 2,6 points par an. Quant au taux d'achèvement primaire, il est passé de 15 % en 1990 à 56 % en 2012. Ainsi, 44 % des élèves inscrits en première année au niveau du primaire en 1990 ont achevé le cycle contre 85 % en 2012. Des progrès significatifs ont été aussi enregistrés en matière de qualité. A titre d'exemple, le taux d'achèvement a doublé, passant de 24,7 % en 2002 à 49,3 % en 2010 et le pourcentage de redoublants a considérablement diminué de 10 % à 4,1 %. Cependant des insuffisances ont été relevées par le Rapport d'état du système éducatif nigérien (RESEN/2010), notamment la faible couverture scolaire ; la persistance des disparités entre régions, entre zone urbaine et zone rurale et entre filles et garçons ; l'insuffisance et la précarité des infrastructures (prolifération des classes-paillotes) et des équipements ; l'insuffisance des manuels scolaires et autres matériels didactiques ; la faible qualité des enseignements et des apprentissages ; la faible performance du système avec des taux de redoublement et d'abandon assez élevés ; la faible qualification des enseignants ; la faible quantité et qualité des équipements des laboratoires de physique, chimie, sciences de la vie et de la terre ; la faible externalité du système avec une main-d'œuvre trop peu qualifiée, qui s'explique par l'inadéquation entre les contenus des matières enseignées et les besoins du marché du travail ; le faible déploiement du dispositif de formations professionnalisantes au profit du public hors flux scolaire (personnes non scolarisées ou déscolarisées, en situation de handicap, etc.) ; la faiblesse du pilotage et de la gestion du système.

Pour corriger ces faiblesses, les axes prioritaires du Gouvernement en matière de développement de l'éducation et de la formation portent essentiellement sur :
1) le développement de l'éducation de base avec un cycle unique de 10 ans ;
2) l'amélioration de la qualité des enseignements et apprentissages et de la formation (formelle, non formelle) ;
3) le développement de la formation professionnelle et technique ;
4) le développement et la réforme de l'enseignement supérieur et de la recherche ;
5) le développement de l'alphabétisation et des différentes formes d'éducation non formelle ;
6) l'amélioration du pilotage et de la gestion du système éducatif.

La nouvelle politique éducative nationale s'inscrit dans l'atteinte des objectifs de la Stratégie de développement durable et de croissance inclusive et le PDES, en prenant en compte l'Education pour tous (EPT). En vue d'atteindre les objectifs assignés, des «mesures énergiques seront prises notamment l'allocation de 25 % des ressources domestiques de l'Etat au secteur éducatif ». Nous empruntons les principaux éléments de ce qui suit à

La Lettre de politique éducative pour la période 2013-2020, issue du Cabinet du Premier Ministre et datée 31 mai 2012, en mettant en exergue ce qui relève du développement social.[1]

Education préscolaire et de base

Parmi les mesures relatives au développement de l'Education préscolaire, figurent la réduction de la durée de cycle de 3 à 2 années pour scolariser un plus grand nombre d'enfants avec le même volume de ressources ; le recrutement et la formation des animateurs communautaires ; l'ouverture de la filière des éducateurs du préscolaire au niveau des écoles normales afin de renforcer leurs capacités pour une meilleure prise en charge de la petite enfance. Dans le contexte de la gratuité et l'obligation scolaire jusqu'à l'âge de 16 ans, l'accès à l'éducation de base sera renforcé par la scolarisation de tous les enfants jusqu'à l'âge de 16 ans.

Pour corriger les inégalités et les discriminations, un accent particulier sera mis sur les enfants en situation de handicap, ceux des zones rurales, des milieux nomades et à habitats dispersés, les filles, les enfants de la rue. Une politique nationale de l'éducation et de la formation de la jeune fille sera mise en œuvre. Le développement des infrastructures scolaires par la mise en place d'un partenariat public-privé afin de remplacer toutes les salles de classe sous paillotes, grâce à un programme d'urgence, avec la construction chaque année de 2 500 nouvelles salles de classe en matériaux définitifs.

L'amélioration de la *qualité* de l'éducation, quant à elle, se fera à travers plusieurs mesures : amélioration de la pertinence et de la qualité des apprentissages par l'expérimentation et la généralisation du nouveau curriculum de l'éducation de base ; création de nouvelles écoles normales, augmentation de la capacité d'accueil des écoles existantes et dotation en moyens supplémentaires; révision du dispositif de formation initiale et de formation continue des enseignants ; introduction et développement des TICE à l'école ; flexibilité des calendriers scolaires afin de répondre aux impératifs locaux des populations ; rénovation du dispositif d'évaluation des élèves.

[1] Nous n'évoquerons pas ici l'offre au niveau de l'enseignement supérieur, ni la recherche scientifique, ni l'enseignement et la formation professionnels et techniques, ni enfin les mesures relatives à l'amélioration du pilotage et de la gestion du système éducatif. Les indicateurs d'accès, de qualité et de gestion sont listés dans le document.

Enseignement moyen

L'amélioration de l'accès à l'enseignement moyen se fera grâce à une couverture progressivement accrue sur l'ensemble du territoire national avec la création annuelle de dix lycées d'enseignement général et le recrutement de 500 enseignants du cycle moyen par an dans la fonction publique. Pour améliorer la qualité de l'enseignement moyen, les programmes d'études seront révisés et des supports pédagogiques élaborés ; le niveau de formation des enseignants et des encadreurs relevé par des dispositifs de formation initiale et continue des enseignants; les TICE introduites à l'école ; le système d'évaluation rénové pour augmenter la rétention en cours de cycle et le taux de réussite au baccalauréat. Il est envisagé de créer des académies régionales ; de mettre en place une politique du manuel scolaire afin de rendre disponibles les manuels dans les écoles pour améliorer l'environnement pédagogique des écoles ; et enfin d'organiser un système national de remédiations (permettre dans le cadre de l'école d'apporter un soutien aux élèves ayant des difficultés d'apprentissage) basé sur le tutorat au cycle de base.

Accès à la santé

Tout comme l'éducation, la santé est une composante fondamentale du développement social et les gouvernements africains s'efforcent d'atteindre les Objectifs du millénaire pour le développement (OMD) dans les délais requis. En effet, plusieurs d'entre eux, dont le Niger, le Burkina Faso et le Mali, ont fait le choix de mettre en place des politiques de gratuité des soins de santé primaires pour les plus vulnérables. Depuis 2005, le Niger a introduit des mesures d'exemption de paiement au profit des femmes enceintes et des enfants de 0 de 5 ans. Cette politique a eu des effets significatifs et positifs sur le niveau d'utilisation des services de santé. En 2011, 85 % des femmes enceintes bénéficient d'un suivi de grossesse contre 40 % en 2005. La gratuité, en favorisant l'accès aux soins des enfants de moins de 5 ans, a aussi permis d'augmenter de manière très nette la prise en charge précoce des principales pathologies à l'origine de la mortalité infantile. Il en est résulté une nette amélioration du taux de mortalité des enfants de moins de cinq ans : de 318 pour mille en 1992 il est passé en 1998 à 273,8 pour mille puis à 198 pour mille en 2006 pour enfin descendre à 127 pour mille en 2012, chiffre à mettre en regard de l'objectif de 106 pour mille en 2015 (Graphiques 2 et 3).

En 1992 le taux de mortalité maternelle était à 652 pour cent mille naissances vivantes. Pour s'inscrire dans les Objectifs du millénaire pour le développement, le Niger a adopté en 2008 les Soins obstétricaux et néonatals d'urgence (SONU) comme stratégie pour la réduction de la mortalité maternelle. En 2010, une enquête sur la mortalité maternelle a montré une réduction à 554 pour cent mille naissances vivantes et un taux de mortalité infanto-juvénile de 130 décès pour mille naissances vivantes. Une enquête transversale d'évaluation des besoins en SONU, réalisée en 2010, a couvert un échantillon de 507 formations sanitaires publiques et privées soit 48,5 % de l'ensemble des établissements sanitaires qui assurent les accouchements. L'analyse des résultats par district a permis de constater un taux de couverture en SONU de 27,0 % avec une répartition régionale et interrégionale inéquitable, un taux d'accouchement assisté à 24,2 %, un taux d'accouchement par césarienne à 1,4 % et un besoin en SONU satisfait à 19,2 %. En raison de la tendance globale à la baisse de cet indicateur, on estime que le Niger peut parvenir à réduire des deux tiers en 2015 la mortalité des enfants de moins de 5 ans si les tendances se maintiennent (Graphique 2).

Concernant la santé maternelle, le Niger est l'un des pays qui enregistrent le plus fort taux de mortalité maternelle au monde. Un nombre important de femmes meurent chaque année en donnant naissance ou même pendant la grossesse. Elles sont encore plus nombreuses à rester en vie, mais avec de graves séquelles. Les décès maternels représentent environ 39 % de tous les décès de femmes de 15-49 ans (EDSN 2012). L'objectif étant de réduire la mortalité maternelle de trois quarts entre 1990 et 2015, on espère qu'en 2015 il n'y aura pas plus de 175 décès pour cent mille naissances vivantes (Graphique 3).

Les indicateurs mesurés sont en deçà des standards de l'OMS, ce qui reflète manifestement d'une part, une disponibilité en SONU qui ne répond pas aux besoins des femmes et des nouveau-nés qui en ont besoin et d'autre part une sous-utilisation des SONU existants. Ces résultats ont motivé un renforcement du système de santé à travers une révision de la politique de l'offre de soins, particulièrement la révision du paquet minimum de soins à chaque niveau de la pyramide sanitaire, y compris les relais communautaires, en vue d'améliorer l'accessibilité et l'utilisation des soins de santé. Le taux d'accessibilité géographique des services de santé dans un rayon de 5 km en 2010 reste encore un défi majeur à relever, car ce taux varie d'une région à l'autre. Par exemple, dans la région de Niamey, il est de 79,42 % contre 36,14 % dans la région de Zinder.

GRAPHIQUE 2. EVOLUTION DU TAUX DE MORTALITE INFANTO-JUVENILE (1992- 2015)

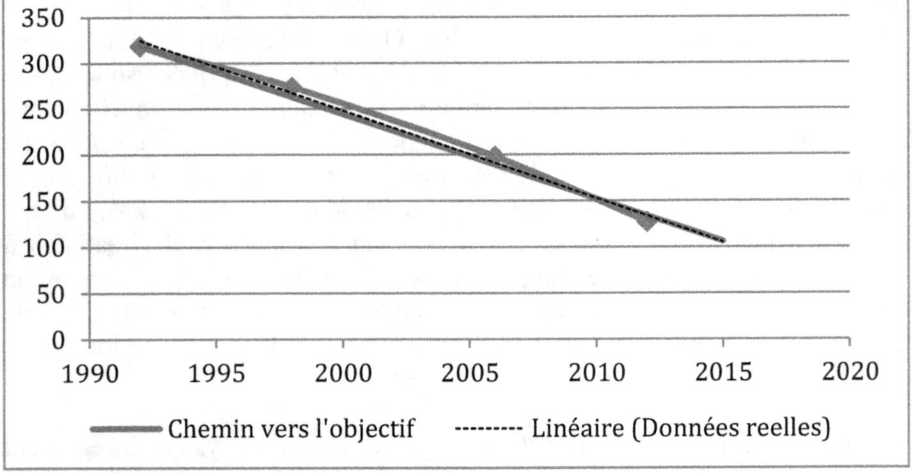

Source : EDSN 1992,1998, 2006 et 2012

GRAPHIQUE 3. EVOLUTION DU TAUX DE MORTALITE MATERNELLE (1990-2015)

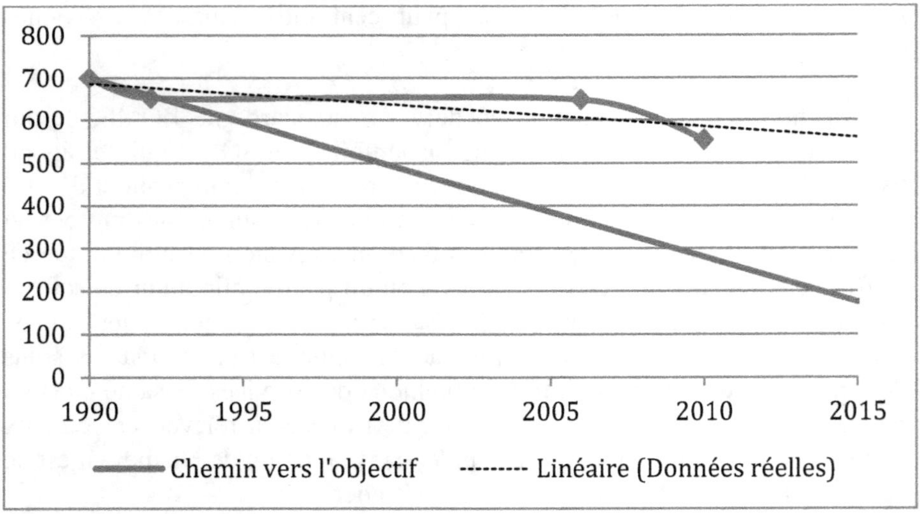

Source : EDSN 1992,1998, 2006 et 2012

Dans le but d'améliorer la santé de la population, le Niger a déjà mené des actions, dont entre autres la gratuité des consultations prénatales, de la césarienne, des contraceptifs et des préservatifs ; le Plan de développement sanitaire; la Politique nationale de population et le Programme démographique multisectoriel (PRODEM, 2005) ; le Programme national de la santé de la reproduction (PNSR, 2005); la Feuille de route pour accélérer la réduction de la mortalité maternelle et néonatale ; la Stratégie nationale d'IEC pour la santé de la reproduction, etc. Mais malgré tous les efforts fournis et les moyens engagés, force est de constater la persistance d'un certain nombre de maladies dont la réduction de leur incidence, voire leur éradication, reste un défi majeur. Parmi ces maladies, les plus fréquentes sont le paludisme, les infections respiratoires aiguës, les maladies diarrhéiques, les méningites, le choléra, la rougeole, la tuberculose et la malnutrition.

PRESENTATION DE L'OUVRAGE

Une mission d'experts composée d'Yves Charbit et Abdelkader Galy avait défini fin 2013 une stratégie de renforcement de la recherche au sein du Centre de formation et de perfectionnement (CFP) de l'INS. Leurs propositions avaient été validées par les instances du PASTAGEP. Les deux experts avaient en particulier proposé plusieurs grands *domaines* de recherche pour le PASTAGEP, en veillant à ce que ceux-ci soient cohérents avec les objectifs du PASTAGEP. Le tableau 6 montre comment les domaines de recherche du PASTAGEP s'articulent aux axes et résultats stratégiques du PDES.

TABLEAU 6. COHERENCE DES DOMAINES DE RECHERCHE DU PASTAGEP ET DES AXES STRATEGIQUES DU PDES

AXES STRATEGIQUES DU PDES	DOMAINES DE RECHERCHE DU PASTAGEP
Axe 2 Mise en place des conditions de durabilité d'un développement équilibré et inclusif *« Une meilleure maîtrise de la croissance démographique »* *« Un développement régional équilibré. »*	Analyse des dynamiques démographiques nationales (fécondité, nuptialité, structures familiales, mortalité) Analyse des différences régionales dans les dynamiques démographiques
Axe 3 Promotion d'une sécurité alimentaire et d'un développement agricole durable. *« Amélioration de l'état nutritionnel des Nigériens »*	Disponibilités et comportements alimentaires, Résilience et pauvreté des conditions de vie
Axe 4 Promouvoir une économie compétitive et diversifiée pour une croissance	Analyses macroéconomiques de l'emploi

accélérée et inclusive. *«Valoriser le potentiel de croissance en vue de créer des emplois rémunérateurs dans les secteurs porteurs de croissance économique. Le caractère inclusif de la croissance permettra à tous de créer de la valeur ajoutée ».*	1. Analyse par secteur économique des besoins en qualifications aux niveaux national et régional 2. Analyse des possibilités d'améliorer le niveau de qualification de l'offre de main d'œuvre
Axe 5 Promotion du développement social *« La promotion de la santé à travers la mise en œuvre efficiente du PDS »*	Relations entre santé et développement (dont Santé de la reproduction et VIH) 1. Analyse de l'offre de soins de santé 2. Analyse de la demande de soins
Axe 5 Promotion du développement social *« le développement du système éducatif à tous les niveaux de l'enseignement, y compris l'enseignement technique et professionnel*	Etudes sur les relations entre éducation et développement social 1. Croissance démographique et pression sur le système éducatif 2. Inégalités régionales en matière d'offre d'éducation
Axe 5 Promotion du développement social *« la promotion de la lutte contre les inégalités et le renforcement de l'équité du genre »*	Inégalités liées au genre et développement. En particulier : 1. Inégalités d'accès à l'éducation 2. Différences de niveau de vie selon le sexe du chef de ménage
Axe 5 Promotion du développement social *« la promotion de la jeunesse à travers la mise en œuvre des actions prioritaires de la stratégie de développement de ce secteur »*	Mesure et analyse de la vulnérabilité sanitaire, sociale et économique des jeunes
RESULTATS STRATEGIQUES DU PDES	DOMAINES DE RECHERCHE DU PASTAGEP
Le niveau de développement social est significativement amélioré Les jeunes sont intégrés dans le circuit économique	Recherches sur les facteurs contextuels permettant d'améliorer les scores des composantes de l'IDH Adéquation de la formation de jeunes aux besoins en main-d'œuvre

La mise en cohérence de cette activité du PASTAGEP avec le PDES supposait aussi de définir une stratégie de recherche et de valorisation pour les chapitres à produire. Il a donc été décidé que chaque chapitre devait répondre à quatre critères : s'inscrire dans un des axes stratégiques ou dans un des résultats stratégiques du PDES ; ne pas être une duplication de la littérature grise existante, mais la prolonger et l'enrichir ; utiliser les données d'une ou plusieurs des grandes enquêtes disponibles et utiliser, en tant que données de cadrage, les tableaux publiés des résultats du recensement ; enfin être d'un intérêt et d'une qualité scientifique suffisants pour donner lieu à valorisation internationale.

Rappelons que plusieurs grandes enquêtes nationales ont été achevées au cours des années 2008-2012. L'EDSN-MICS de 2012, L'Enquête Budget consommation des ménages (2008) ; l'Enquête sur les migrations internes (2011) ; l'Enquête sur l'emploi dans le secteur informel (2012) ; l'Enquête Survie et mortalité (2010) ; l'ECVMA (Enquête sur les Conditions de Vie des Ménages et l'Agriculture) ; l'Evaluation des soins obstétricaux et néo-natals d'urgence (2010) ; L'Enquête nutritionnelle et anthropométrique (passages annuels).

Le tableau 7 indique la répartition des chapitres entre les différents axes et résultats stratégiques du PDES. Précisons d'emblée que les chapitres n'ont nullement été conçus dans le but *d'évaluer* la réalisation de ceux-ci. Les chapitres qui suivent apportent simplement des éléments objectifs qui contribuent à mieux cerner la situation actuelle en termes de forces, de faiblesses, d'opportunités ou de menaces, pour reprendre une grille d'analyse d'évaluation largement répandue, dite méthodologie *SWOT* (strenghts, weaknesses, opportunities, threats). Ensuite, il est impossible de classer les chapitres de manière parfaitement rigoureuse dans les différents axes et résultats stratégiques, pour plusieurs raisons.

Premièrement, des analyses ont souvent été conduites en produisant des tableaux qui indiquent le milieu ou la région de résidence. Elles contribuent *ipso facto* à mieux éclairer les conditions d'un « développement régional équilibré ». Nous avons donc considéré que tous les chapitres où figurent de tels tableaux sont une contribution à la dimension régionale du développement social. De même, dans plusieurs chapitres l'effet du facteur genre est mesuré à travers la variable sexe des membres du ménage, et notamment du chef de ménage, ou encore en analysant les différences de scolarisation entre les garçons et les filles. Nous avons fait le choix de considérer que tous ces chapitres contribuaient au résultat stratégique « Lutte contre les inégalités de genre ».

Deuxièmement, certains résultats stratégiques se retrouvent au contraire dans un petit nombre de chapitres. C'est le cas en particulier de la « Création d'emplois rémunérateurs » (3 chapitres) et du « Développement du système éducatif » (4 chapitres).

TABLEAU 7. REPARTITION DES CHAPITRES DANS LES AXES DU PDES

Chapitres du livre	Axe 2		Axe 3	Axe 4	Axe 5			
	1	*2*	*3*	*4*	*5*	*6*	*7*	*8*
1. Réponse institutionnelle	X	X	X	X	X	X	X	X
2. Evolution de la fécondité	X	X					X	
3. Fécondité et PF	X	X			X		X	X
4. Maintien de la fécondité élevée	X	X			X		X	X
5. Allaitement précoce	X		X		X		X	
6. Disponibilité SONU		X			X		X	
7. Discontinuité des soins obstétricaux		X			X		X	
8. Genre et consultations prénatales		X			X		X	
9. Baisse de la mortalité infanto-juvénile.	X	X			X		X	
10. Paludisme chez l'enfant		X	X		X		X	
11. Diarrhée chez l'enfant		X	X		X		X	
12. Anémie chez l'enfant		X	X		X		X	
13. Scolarisation des garçons et des filles		X				X	X	X
14. Abandon scolaire		X				X	X	X
15. Pauvreté monétaire et insécurité alimentaire		X	X					
16. Tendances de la pauvreté		X	X					
17. Personnes âgées	X	X					X	
18. Qualité dépense publique		X		X				
19. Emergence d'une classe moyenne	X	X						
20.Dividende démographique	X			X	X	X	X	X
Annexes	X	X			X		X	X
Nombre de chapitres	10	17	7	3	13	4	17	7

Intitulés des colonnes.

(1) « Une meilleure maîtrise de la croissance démographique ». (2) « Un développement régional équilibré ». 3) « Amélioration de l'état nutritionnel des Nigériens ». (4) « Création d'emplois rémunérateurs ». 5) « La promotion de la santé ». (6) « Le développement du système éducatif ». (7) « Lutte contre les inégalités et renforcement de l'équité du genre ». (8) « La promotion de la jeunesse ».

Par-delà cet effort de mise en correspondance des chapitres avec les axes du PDES, le plan de l'ouvrage correspond à plusieurs thématiques du développement social. La première partie, qui définit le cadre général et le contexte institutionnel se compose de ce chapitre introductif, qui présente l'indice du développement humain (IDH) et situe le Niger dans une perspective internationale, avant de passer à l'analyse de la pauvreté, et de deux secteurs clés du développement social, l'éducation et la santé. L'autre deuxième chapitre de cette première partie est pour l'essentiel une synthèse du document officiel du PDES, enrichie de quelques indications succinctes sur la dynamique démographique du Niger.

Introduction. *Pauvreté et développement social* (Yves Charbit).
Chapitre 1 : *La réponse institutionnelle aux enjeux du développement social* (Aminata Takoubakoye, Soumana Harouna).

La deuxième grande thématique est précisément celle de la démographie, en tant que facteur qui risque de peser sur la réussite du PDES, mais aussi en tant que dimension essentielle du développement social. Les deux variables majeures qui gouvernent la croissance démographique, la fécondité et la mortalité, font l'objet de six chapitres :

Chapitre 2 : *L'évolution de la fécondité (1988-2012).* (Soumana Harouna, Rakia Daouda, Argoze Moussa Koura).
Chapitre 3 : *Fécondité, et planification familiale en 2012* (Zaleha Amadou, Radjikou Hassane, Gapto Mai Moussa, Djibrila Amadou Modieli, Sani Oumarou).
Chapitre 4 : *Les déterminants du maintien de la fécondité élevée* (Djibrila Amadou Modieli, Mariama Hima Magagi, Alio Dangana, Idrissa Alichina Kourgueni).
Chapitre 5 : *L'allaitement précoce au Niger* (Naoko Horii, Oumarou Habi, Alio Dangana, Abdou Maina, Souleymane Alzouma).
Chapitre 6 : *Les facteurs de la baisse de la mortalité infanto-juvénile.1992-2012.* (Ibrahim Maazou, Halimatou Amadou Garba, Gapto Mai Moussa, Sani Oumarou).

En ce qui concerne la fécondité, la réflexion a été élargie à la santé de la reproduction, conformément aux orientations internationales actuelles de la recherche. C'est pourquoi l'allaitement figure à côté de la mesure des niveaux et des tendances de la fécondité et des données sur la planification familiale. On ne peut qu'être frappé par le contraste entre la baisse de la mortalité infantile et le maintien d'une fécondité élevée. Aussi un des chapitres est-il consacré à l'identification des facteurs de cette forte fécondité. Quant à la mortalité infanto-juvénile, précisons qu'elle a reçu une attention particulière, en raison des remarquables résultats obtenus depuis vingt ans. Enfin, on ne trouvera pas dans cette seconde partie les rapports des analyses approfondies des résultats du dernier recensement de 2012, pour trois raisons : ils n'ont pas été conçus dans la perspective spécifique de l'analyse du développement social ; en présenter des versions résumées pour rester dans le nombre de pages imparties à ce livre aurait conduit à sacrifier la finesse des analyses ; enfin, tous les rapports sont disponibles auprès de l'INS.

La troisième grande thématique est d'orientation sectorielle. Elle est centrée sur la santé et l'éducation. La richesse des informations fournies par les Enquêtes démographiques de santé successives et d'autres sources a permis d'en étudier plusieurs aspects dans huit chapitres :

Chapitre 7 : *Disponibilité et utilisation des soins obstétricaux et néonatals d'urgence* (Aboubacar Adakal, Gabriel Moise Moussa, Aida Mounkaila).
Chapitre 8 : *Discontinuité des soins obstétricaux* (Mahamadou Alzouma).
Chapitre 9 : *Rapports de genre et consultations prénatales* (Nassirou Ibrahim).
Chapitre 10 : *Le paludisme chez l'enfant* (Ado Abdou Louche).
Chapitre 11 : *La diarrhée chez l'enfant* (Seydou Mahaman Lawali).
Chapitre 12 : *L'anémie chez l'enfant* (Ibrahim Samaila Issa).
Chapitre 13 : *Différences de scolarisation entre garçons et filles* (Hamani Amadou Gazibo).
Chapitre 14 : *L'abandon scolaire* (Mamadou Tchiari Mara).

La santé, on l'a dit, est un des secteurs-clés du développement social. Ainsi, à côté des facteurs comportementaux, qui relèvent de la demande en matière de santé, l'analyse de l'offre n'a pas été négligée. Deux populations particulièrement vulnérables sont au coeur de ces chapitres. La santé des mères est un enjeu majeur du développement social, notamment en raison des risques liés à l'accouchement : les soins obstétricaux et néonatals d'urgence et les consultations prénatales sont donc analysés. Quant aux jeunes enfants, trois aspects de la morbidité sont approfondis : le paludisme, la diarrhée, l'anémie. En matière d'éducation, autre secteur clé, on ne peut que regretter que deux chapitres seulement traitent de cette question importante. Il faut y voir l'effet d'une moindre disponibilité des données par rapport aux questions de santé. Fort heureusement, deux aspects cruciaux du point de vue du développement social sont mis en évidence dans ces deux chapitres : l'inégalité entre garçons et filles, les facteurs de l'abandon scolaire.

La quatrième thématique est celle de la population et du développement, vue surtout aux niveaux socioéconomique et sociodémographique des individus et des ménages.

Chapitre 15 : *Pauvreté monétaire et insécurité alimentaire en 2011* (Zakari Oumarou).
Chapitre 16 : *Les tendances de la pauvreté. 2005-2011.* (Zakari Oumarou).
Chapitre 17 : *Les personnes âgées au Niger : Profils et Conditions de vie* (Soufiane Moussa, Jean-François Kobiané).

Chapitre 18 : *L'émergence d'une classe moyenne* (Maimouna Ali Boulhassane, Halimatou Amadou Garba).
Chapitre 19 : *La qualité de la dépense publique* (Issaka Amadou Mamane).
Chapitre 20 : *Les défis du dividende démographique* (Idrissa Alichina Kourgueni),

Le bilan sur la situation de la pauvreté et de l'insécurité alimentaire en 2012 est complété par une vision rétrospective sur la période 2005-2011. Une attention particulière est également apportée à la question des personnes âgées, population à risque méconnue au Niger, alors que plusieurs pays de la sous-région se sont intéressés depuis longtemps aux problèmes que rencontreront dans les décennies à venir les personnes âgées. Au regard de la pauvreté, la mise en évidence de l'émergence d'une classe moyenne apporte un éclairage complémentaire et tout à fait original. Enfin, la dimension macroéconomique est abordée avec l'analyse de la qualité de la dépense publique. Le dernier chapitre, qui conclut le livre, porte sur les défis du dividende démographique en rappelant opportunément que le Niger engrangera un véritable *bonus* démographique si la baisse de la mortalité est accompagnée d'un effort soutenu en matière d'éducation et de santé afin que les cohortes qui arriveront sur le marché du travail soient en bonne santé et qualifiées et qu'ainsi leur productivité soit forte. En même temps, les experts s'accordent à reconnaître que les gouvernements doivent anticiper l'arrivée à l'âge actif d'effectifs nombreux en créant des emplois afin d'accueillir cette main-d'oeuvre et d'éviter que celle-ci ne soit confrontée au problème du chômage.

BIBLIOGRAPHIE

Banque africaine de développement., 2011, *The Middle of the Pyramid: Dynamics of the Middle Class in Africa.*

Cabinet du Premier ministre., *Lettre de politique éducative pour la période 2013-2020*, 31 mai 2012.

Haut Commissariat à l'initiative 3N., 2012, *Initiative 3N « Les Nigériens nourrissent les Nigériens ». Synthèse du cadre stratégique et coût indicatif des programmes pour la période 2012-2015*

Ministère de la Population et des réformes sociales., 2007, *Document des stratégies d'interventions en matière de population. 2007- 2015.*

Ministère de la Promotion de la femme et de la protection de l'enfant.,
- 2009, *Plan décennal de mise en œuvre de la politique nationale de genre (2009-2018)*

- 2009, *Étude sur les révisions de la politique nationale de la promotion de la femme et la politique nationale de la protection de l'enfant. Politique nationale de la promotion de la femme.*

Ministère du Plan, de l'aménagement du territoire et du développement communautaire.,
-2012, Plan de développement économique et social, 2012-2015.
-2012, Plan de développement économique et social, 2012-2015. Cadre de mesure des résultats du PDES
-2012, Plan de développement économique et social, 2012-2015. Plan d'actions prioritaires

Ministère de la Santé publique. Secrétariat général., 2010, *Plan de développement sanitaire. 2011 – 2015*

Programme des Nations unies pour le développement., 2014, *Rapport mondial sur le développement humain de 2014.*

Toh A., Kouyate S., 2009, *Caractérisation des classes moyennes en Côte d'Ivoire.*

CHAPITRE 1

LA REPONSE INSTITUTIONNELLE AUX ENJEUX DU DEVELOPPEMENT SOCIAL

Aminata TAKOUBAKOYE, Soumana HAROUNA

Le Plan de développement économique et social (PDES 2012 - 2015), approuvé par le Conseil des ministres du 1er août 2012 constitue l'unique cadre de référence pour l'agenda de développement du Gouvernement et l'alignement de celui-ci avec les Objectifs du Millénaire pour le Développement. Il opérationnalise le Programme de renaissance du Niger et capitalise les progrès réalisés ces dernières années et les leçons tirées dans le cadre de la mise en œuvre des stratégies de réduction de la pauvreté, des stratégies sectorielles et des plans d'action ministériels.

Le PDES propose une vision prospective du développement national fondée sur l'édification d'un pays émergent, « bâti sur une économie dynamique, diversifiée, durable et harmonieusement répartie sur le territoire national, une République moderne, démocratique, citoyenne et bien gouvernée, une Nation riche par sa culture et ses valeurs partagées, une société ouverte sur le monde et attachée au savoir et à l'innovation technologique, prospère, équitable, solidaire, unie et en paix, engagée à favoriser l'intégration africaine ». Le PDES s'inscrit dans un objectif global de promotion du bien-être économique, social et culturel de la population.

Bâti sur les principes de la gestion axée sur les résultats, le PDES s'articule autour de cinq axes stratégiques complémentaires, eux-mêmes déclinés en onze résultats stratégiques. Ces résultats seront atteints à moyen terme grâce à la mise en œuvre de quatre-vingt-six programmes relevant des différents secteurs de l'action publique. Ils concrétisent la vision de développement, définie par les Autorités de la 7ème République sur la période 2012-2015. Ces axes et les résultats stratégiques sont les suivants (Tableau 1).

TABLEAU 1. AXES ET RESULTATS STRATEGIQUES DU PDES

Axes stratégiques	Résultats stratégiques
1. Consolidation de la crédibilité et de l'efficacité des institutions publiques	• La gestion du développement est facilitée • L'équité et l'égalité des citoyens aux services publics sont garanties • Les institutions démocratiques et républicaines sont crédibles
2. Création des conditions de durabilité d'un développement équilibré et inclusif	• Les aspirations des citoyens à la sécurité sont satisfaites • Les leviers de la croissance démographique sont maîtrisés • Les ressources environnementales sont préservées et gérées de manière durable • Les disparités inter et intra-régionales sont atténuées
3. Sécurité alimentaire et développement agricole durable	Les Nigériens assurent de manière durable leur sécurité alimentaire
4. Promotion d'une économie compétitive et diversifiée pour une croissance accélérée et inclusive	• La croissance économique est forte et soutenue, inclusive, créatrice d'emplois • Les jeunes sont intégrés dans le circuit économique
5. Promotion du développement social	• Le niveau de développement social est significativement amélioré

Dans ce chapitre, fondé pour l'essentiel sur le document officiel du Plan de développement économique et social, les principaux éléments du diagnostic établi par le PDES sont présentés et mis en regard des stratégies et programmes envisagés. Les données qui suivent sont celles qui étaient disponibles au moment de la préparation du PDES (en général 2010 et 2011). Compte tenu de l'objet de ce livre, nous n'avons retenu, pour ce qui concerne la dimension macroéconomique, que les secteurs ayant un lien direct avec la population, notamment l'agriculture et l'énergie (I). La seconde partie, consacrée à la démographie du Niger, apporte des éléments originaux tirés des résultats du recensement de 2012 (II). Enfin certains des enjeux majeurs du développement social sont évoqués (III) suivis d'une brève conclusion (IV).

LES ENJEUX MACROECONOMIQUES DU DEVELOPPEMENT

Croissance et équilibres macroéconomiques

Le niveau économique du Niger est très faible avec un PIB par habitant de 370 US$ (contre une moyenne de 528 US$ pour les pays à bas revenus et 1 176 US$ pour l'Afrique Subsaharienne). Il fait partie des pays à forte incidence de pauvreté monétaire (59,5 %) et à faible niveau de développement humain (avec un IDH de 0,295 qui le situe au 186ème rang sur 187 pays classés par le PNUD en 2011). L'économie nigérienne a enregistré une croissance moyenne annuelle du PIB de l'ordre de 3,8 % en termes réels entre 1990 et 2010 pour un taux de croissance démographique de 3,3 % durant la même période, soit une croissance annuelle par tête d'à peine 0,5 %.

Trois grandes périodes ont caractérisé l'évolution de l'économie nigérienne jusqu'en 1990. De 1960 à 1975, l'économie est restée dominée par le secteur rural. Entre 1975 et 1982, la croissance a été impulsée par le boom de l'uranium, le secteur agricole ne représentant plus que 40 % environ du PIB. De 1982 à 1990, les politiques d'ajustement structurel, le retournement de la demande mondiale d'uranium et une pluviométrie dans l'ensemble médiocre se sont traduits par un recul annuel de 4,6 % du PIB par tête en volume. Pendant la décennie 2000-2010, les principales sources de croissance ont été l'agriculture et le commerce. Le secteur informel est largement dominant puisqu'il représente plus de 67 % (moyenne durant la période 1990-2010), ce qui pose d'évidents problèmes de maîtrise et de volatilité de l'économie. La structure du PIB indique pour 2011 un poids respectif de 43,1 % pour le secteur primaire, 16 % pour le secondaire et 40,9 % pour le tertiaire. L'agriculture et l'élevage ont contribué au PIB respectivement à hauteur de 26,4 % et de 11,7 % en 2011. Les industries extractives n'ont pesé pour leur part qu'à hauteur de 5,3 %. L'industrie reste caractérisée par une faible diversification (limitée à l'agro-industrie) et un manque de compétitivité. A ces caractéristiques macroéconomiques fait écho une réalité sociale marquée par la pauvreté et le chômage.

Pauvreté et emploi

L'incidence de la pauvreté monétaire a reculé, mais à un rythme très lent, passant de 63 % en 1993 à 59,5 % en 2008. La pauvreté touche plus le milieu rural que le milieu urbain et prend une dimension endémique dans les régions de Maradi, de Dosso et de Tillabéri. De plus, les inégalités se sont accrues : la part de la consommation du quintile le plus pauvre dans la consommation totale des ménages a encore baissé, passant de 8,6 % en 2005 à 7,8 % en 2008. Les femmes sont plus pauvres et ont un accès beaucoup plus faible au crédit et aux opportunités d'emplois.

Le chômage et le sous-emploi, surtout parmi les jeunes diplômés, constituent des préoccupations constantes au Niger. Ils ont un lien étroit avec les niveaux élevés d'incidence de la pauvreté monétaire. Le taux de chômage global a été estimé à 15,9 % avec un niveau plus élevé en milieu urbain (19,4 %) qu'en milieu rural (15,1 %). La durée moyenne du chômage en milieu urbain est très élevée (environ cinq ans dans la capitale). Ce niveau de chômage, avec le désœuvrement qu'il implique, expose les jeunes à une vulnérabilité socioculturelle.

Agriculture et sécurité

Durant les cinquante dernières années, le Niger a enregistré des déficits céréaliers très fréquents (une année sur deux au cours des deux dernières décennies). A titre illustratif, sur la base de la consommation de la production de céréales locales (mil, sorgho, maïs et fonio), la campagne 2009-2010 s'est soldée par un déficit de près de 120 000 tonnes. Cette année-là, un Nigérien sur cinq était considéré comme étant en situation de « vulnérabilité sévère ».

L'agriculture et l'élevage constituent pourtant le fondement de l'économie nationale avec une contribution à la formation du PIB, estimée en moyenne à 40 % sur les dix dernières années. L'agriculture est fortement conditionnée par la pluviométrie, ce qui expose le pays à l'insécurité alimentaire en période de faibles précipitations. La décennie 2000-2010 a ainsi été marquée par deux grandes crises alimentaires consécutives à des déficits céréaliers énormes enregistrés en 2005 (700 000 tonnes, soit plus de 20 % de la production) et 2009. Cette vulnérabilité alimentaire et nutritionnelle récurrente touche particulièrement les femmes et les enfants. Outre l'influence de la pluviométrie, l'insécurité alimentaire s'explique également par les faibles capacités de maîtrise de l'eau, les rendements réduits, le manque de diversification de la production et la faiblesse des structures de stockage.

Malgré les efforts fournis (banques céréalières, travaux à haute intensité de main-d'œuvre, petite irrigation, arboriculture fruitière), en particulier dans le cadre de la mise en œuvre de la Stratégie de développement rural, le pays n'a pas su créer les conditions d'une sécurité alimentaire durable des populations. La prévalence de l'insécurité alimentaire est forte avec des pénuries alimentaires endémiques. Quatre enfants sur dix âgés de moins de cinq ans sont dans une situation de malnutrition chronique et un sur dix dans une situation de malnutrition aigüe. Globalement, la malnutrition chronique a augmenté sur une longue période, passant de 32 % en 1992 à 43,8 % en 2005, puis à 50,1 % en 2011. Une forte proportion de la population a nécessité une aide alimentaire durant les deux dernières crises (30 % pour la crise alimentaire de 2004-2005 et environ 50 % pour celle de 2009-2010).

Afin de trouver des solutions durables à la problématique de l'insécurité alimentaire, les autorités de la 7ème République ont décidé de mettre en œuvre l'Initiative 3N : « Les Nigériens nourrissent les Nigériens ». Le cadre stratégique de cette initiative s'attaque aux causes profondes de l'insécurité alimentaire et nutritionnelle. Il propose des réponses appropriées aux situations d'urgence et de précarité économique auxquelles une frange importante de la population est confrontée. L'initiative conduit par ailleurs à faire du secteur agricole le principal vecteur de la transformation sociale et des équilibres économiques. L'initiative vise, d'une part, à assurer une alimentation suffisante et de qualité pour tous les Nigériens en se fondant essentiellement sur le développement des productions locales, et, d'autre part, à accroître la capacité de résilience des ménages dans les situations de crises alimentaires et de catastrophes naturelles. Pour atteindre cet objectif, cinq domaines d'intervention majeurs ont été identifiés : (i) l'accroissement et la diversification des productions agro-sylvo-pastorales et halieutiques ; (ii) l'approvisionnement régulier des marchés ruraux et urbains en produits agricoles et agroalimentaires; (iii) l'amélioration de la résilience des populations face aux crises et catastrophes ; (iv) l'amélioration de l'état nutritionnel des populations ; (v) l'impulsion des réformes dans le secteur de la sécurité alimentaire et du développement agricole durable. Seuls sont évoqués ici les questions de résilience face aux crises et catastrophes et l'état nutritionnel des populations.

Pour améliorer la capacité de réponse des ménages et des communautés face aux situations de déficit de production agricole ou pastorale et de catastrophes, trois séries de mesures sont prévues. Elles concernent l'amélioration de l'efficacité des mécanismes d'anticipation et de coordination des interventions en situation d'urgence ; la mise en place des réponses adaptées aux situations d'urgence ; le renforcement des dispositifs et mécanismes de gestion des risques. En termes de prévention, les priorités ciblent notamment la consolidation et le renforcement des systèmes d'informations rapides sur les crises alimentaires et les catastrophes. Elles concernent également l'opérationnalisation de la coordination nationale en matière de prévention et de gestion des crises, le renforcement du dispositif d'intervention en situation de crises ou de catastrophes ainsi que la mise en place d'un plan de contingence pour faire face aux différents risques. Quant à l'amélioration de l'état nutritionnel des populations, elle consiste à réduire l'incidence des différentes formes de malnutrition et la prise en charge des différents cas de malnutrition aiguë. S'agissant de la prévention, l'accent sera, entre autres, mis sur la promotion de bonnes pratiques familiales et de comportements et pratiques alimentaires appropriés, sur la généralisation des mesures d'hygiène et d'assainissement, ainsi que sur le renforcement du dispositif de contrôle sanitaire des denrées alimentaires.

Industrie et énergie

La valeur ajoutée des activités extractives a connu une forte progression annuelle estimée à environ 9 % au cours de la période 2007-2011, grâce à la hausse de la production uranifère. Toutefois, leur contribution au PIB est restée limitée à moins de 6 %. Ce secteur présente de fortes potentialités avec la perspective de production et d'exportation des ressources pétrolières récemment mises en exploitation. Ces perspectives favorables sont confortées par les projections d'exploitation de gaz, de charbon et de ciment. Les industries manufacturières contribuent pour moins de 2 % du PIB sur la période 1990-2004, mais a augmenté durant la période récente pour atteindre 4 % en 2011. Malgré la prédominance des structures de transformation des produits agro-pastoraux, celles-ci ne parviennent pas à valoriser une part significative du produit agricole.

La consommation d'énergie électrique par tête d'habitant (0,14 Tonne équivalent pétrole par tête) est très faible en raison notamment de la faiblesse de la fourniture et de l'accès à l'énergie. Les besoins énergétiques nationaux sont couverts à 83 % par les énergies traditionnelles (bois-énergie, résidus agricoles) et seulement à 17 % par les énergies modernes. L'électricité est accessible à moins de 11 % des ménages en moyenne nationale et à 3 % de ceux-ci pour les zones rurales. La faible disponibilité de l'électricité entrave le développement des activités économiques et sociales. Par ailleurs, la forte dépendance de la population au bois comme source d'énergie, dans un contexte de grande vulnérabilité environnementale, renforce la dégradation des ressources environnementales et expose le pays à des risques environnementaux majeurs. Enfin, l'approvisionnement en électricité dépend à 70 % d'importations en provenance du Nigéria. La faible performance du secteur énergétique s'explique pour une large part par un cadre institutionnel et réglementaire inadéquat, des capacités de gestion insuffisantes de la société nationale (NIGELEC) et une faible exploitation du potentiel énergétique national.

Pour autant, la forte dépendance énergétique actuelle ne devrait pas occulter l'existence de potentialités importantes. En dehors des acquis du secteur pétrolier, la mise en œuvre de plusieurs grands projets d'investissement communautaires a ouvert des opportunités majeures, mais la couverture du territoire national n'en demeure pas moins faible. La faible densité du réseau de transports et de communications, et plus généralement le faible niveau de développement des infrastructures, constituent un handicap majeur au développement du commerce et des affaires.

LA CROISSANCE DE LA POPULATION

En accédant à l'indépendance le 3 août 1960, le Niger aspirait à une amélioration rapide des conditions de vie de ses populations car le système colonial de l'époque apparaissait comme une contrainte majeure au développement économique et social. Les politiques publiques mises en œuvre visaient à accroître les ressources pour booster le développement économique, social et culturel et assurer une meilleure redistribution des richesses. Force est de constater que les plans quinquennaux de développement économique et social, les programmes d'ajustement structurel, les stratégies de réduction de la pauvreté et le plan de développement économique et social n'ont pas empêché une augmentation considérable du nombre de pauvres au Niger pendant ces cinquante dernières années. Plus de deux Nigériens sur cinq vivent aujourd'hui en dessous du seuil de pauvreté. Parmi les facteurs explicatifs de cette forte incidence de la pauvreté, figure en bonne place l'augmentation rapide de la croissance démographique qui dépasse largement le rythme de production et de distribution de la richesse nationale.

Une forte croissance démographique

La situation démographique de base a été fournie par deux enquêtes par sondage organisées respectivement en milieu urbain en 1959 et en milieu rural en 1960. Leurs résultats combinés totalisaient un effectif d'environ trois millions d'habitants sur l'ensemble du territoire national. Cependant, ces enquêtes par sondage présentent certaines insuffisances qui ne permettent pas de produire la totalité des indicateurs de l'état et du mouvement de la population. Il a fallu attendre 1977 pour que soit organisé le premier recensement général de la population, qui a estimé l'effectif total à 5,1 millions d'habitants. Cette opération n'a pas non plus permis de produire des indicateurs détaillés sur l'état et le mouvement de la population. Le deuxième recensement général de la population et de l'habitat, organisé en 1988, a pour la première fois fait l'objet d'une exploitation détaillée des données recueillies. Depuis lors, le Niger a organisé deux autres recensements généraux de la population et de l'habitat (en 2001 et 2012) et quatre enquêtes démographiques et de santé (1992, 1998, 2006 et 2012).

La fête du cinquantenaire de l'indépendance du Niger, le 3 août 2010, marque aussi le quintuplement de sa population, qui est passée de trois millions d'habitants en 1960 à plus de quinze millions en 2010. Selon le dernier recensement, le Niger comptait plus de 17,1 millions d'habitants en

2012. En juin 2015, quatre régions du pays (Zinder, Maradi, Tahoua et Tillabéri) abritent chacune plus que la population totale du Niger en 1960. La densité moyenne de la population est ainsi passée de 2 à 14 habitants au kilomètre carré entre 1960 et 2012. La moyenne d'âge est extrêmement basse (14,2 ans) ; 52 % des Nigériens ont moins de 15 ans et seulement 2,5 % sont âgés de plus de 65 ans. Les estimations actuellement disponibles montrent qu'en l'espace de onze ans (2001-2012), l'effectif de la population nigérienne a augmenté de plus de six millions d'habitants, soit une augmentation de 550 000 personnes chaque année ou de plus de 1 500 personnes par jour. Finalement, le taux d'accroissement intercensitaire annuel moyen a connu une augmentation sensible malgré les politiques de population mises en œuvre depuis 1992 (Tableau 1).

TABLEAU 1. TAUX D'ACCROISSEMENT DES REGIONS DE 1977 A 2012

	1977-1988	1988-2001	2001-2012
Agadez	5	3,4	3,7
Diffa	1,2	4,8	4,8
Dosso	3,7	3,1	2,7
Maradi	3,7	3,7	3,7
Tahoua	2,6	3,2	4,7
Tillabéri	3,4	2,8	3,2
Zinder	3,3	3	4,8
Niamey	4,8	4,5	3,3
Niger	3,4	3,3	3,9

Source : données tirées des résultats définitifs des RGPH de 2012

L'enjeu est désormais la concrétisation de la volonté de promouvoir un véritable changement des mentalités et des comportements reproductifs, apte à induire, au sein des populations, une augmentation significative de l'utilisation de la contraception, un espacement des naissances et une réduction des mariages précoces. Cette évolution des comportements est cruciale pour enclencher un ralentissement progressif de la croissance démographique du pays et desserrer la contrainte que celle-ci fait peser sur le développement économique et social. Un autre volet important concerne le renforcement des capacités des acteurs en vue d'une prise en compte systématique de la donnée démographique dans les politiques, plans et programmes de développement. Trois programmes sont ainsi prévus, portant respectivement sur la promotion de la planification familiale, l'interrelation population et développement et sur le renforcement du système d'état civil.

Les déséquilibres régionaux du peuplement

Cette évolution de la population est caractérisée par une inégale répartition sur l'ensemble du territoire national. En 2012, plus de trois habitants sur cinq (60 %) vivent dans les régions situées dans le centre sud du pays (Tahoua, Maradi, Zinder) tandis que les deux régions situées à l'ouest du pays (Dosso et Tillabéri) totalisent un peu plus d'un habitant sur quatre (27,8 %). Quant aux régions d'Agadez et de Diffa qui couvrent 66 % de la superficie du pays, elles ne renferment que 6,3 % de la population totale. Enfin la capitale, Niamey, ne regroupe que 6 % de la population totale. En termes absolus, l'accroissement rapide de la population ne pose pas un problème d'espace vital au Niger car l'effectif de la population demeure encore très faible par rapport à l'étendue du territoire national qui est de 1 267 000 km². Le 3ème recensement général de la population et de l'habitat de 2001 indique une densité nationale moyenne de 8,5 habitants au km², chiffre encore très faible, mais déjà deux fois supérieur à ce qu'il était en 1977 (4,03 habitants au km²). En 2012, cette densité était de 13,5 habitants au km² (Tableau 2).

TABLEAU 2. EVOLUTION DES DENSITES DE POPULATION ENTRE 1977 ET 2012

Région	Superficie	Densités au km²			
		1977	1988	2001	2012
Agadez	667 799	0,2	0,3	0,5	0,7
Diffa	156 906	1,1	1,2	2,2	3,8
Dosso	33 844	20,5	30,1	44,5	60,2
Maradi	41 796	22,7	33,2	53,5	81,4
Tahoua	113 371	8,8	11,5	17,4	29,4
Tillabéri	97 251	9,6	13,7	19,4	28,0
Zinder	155 778	6,4	9,1	13,4	22,7
Niamey	255	952,8	1558,6	2776,3	4026,9
Niger	1 267 000	4,0	5,7	8,7	13,5

La densité, calculée au niveau national, ne donne qu'un aperçu incomplet de la répartition spatiale de la population du pays, car elle ne reflète pas les conditions réelles et les disparités d'occupation des terres. L'occupation de l'espace obéit à certaines règles, telles que la disponibilité des ressources nécessaires à la survie des populations et à la minimisation des contraintes liées à l'environnement.

Ces choix stratégiques de l'occupation de l'espace sont certainement à la base de l'installation d'une grande partie de la population nigérienne sur la bande sud et ouest du pays, laissant ainsi quasiment vides le nord et l'est, essentiellement désertiques. On l'a évoqué, la région d'Agadez, avec 52,7 % de la superficie totale du pays, n'abrite que 2,8 % de la population totale ; de même celle de Diffa occupe 12,4 % de la superficie totale, mais n'est habitée que par 3,8 % de la population nigérienne. Au total, plus de neuf habitants sur dix se concentrent sur un tiers de la superficie totale du pays.

En même temps qu'il est un impératif d'équité, un développement régional équilibré permet d'optimiser la valorisation des potentiels régionaux et constitue un vecteur essentiel de renforcement de l'unité nationale. Pour promouvoir celui-ci, le PDES vise en premier lieu à développer des outils de planification spatiale. Une véritable politique d'aménagement du territoire sera ainsi élaborée afin de guider l'utilisation de l'espace et d'assurer la cohérence dans l'implantation des grands projets d'infrastructures, d'équipements publics et des agglomérations. Cette politique mettra notamment l'accent sur l'objectif de sécurité alimentaire des différentes régions. Seront également mis sur pied un Schéma national d'aménagement du territoire, six Schémas régionaux d'aménagement du territoire et quatre Schémas directeurs d'aménagement et d'urbanisme. Un système d'information géographique complètera le dispositif. Simultanément, un programme de promotion des pôles régionaux de développement sera mis sur pied et exécuté sur la base des opportunités économiques identifiées dans les analyses diagnostiques régionales déjà réalisées.

LES GRANDS ENJEUX DU DEVELOPPEMENT SOCIAL

Education

Le secteur de l'éducation a enregistré un certain nombre d'évolutions favorables. En trente ans, le nombre d'élèves scolarisés dans le primaire (cycle de base 1) a été multiplié par neuf. Les progrès de la scolarisation dans le primaire sont particulièrement remarquables ces dix dernières années : le taux net de scolarisation a progressé de 18 % en 2000 à 67,2 % en 2011 et le taux d'achèvement a atteint 51,2 % en 2011 contre 15 % en 1990. Des progrès appréciables ont également été obtenus en matière de réduction des inégalités avec un ratio filles/garçons qui a évolué de 62,5 % en 1997 à 82 % en 2011. Au-delà des efforts réalisés pour apporter une réponse quantitative à la scolarisation des enfants, le problème de la qualité demeure entier : 80 à 90 % des enseignants de ce cycle sont des contractuels, pour la plupart sans formation initiale appropriée. Les performances sont cependant nettement plus faibles pour les autres cycles d'enseignement. Pour l'enseignement au collège (cycle de base 2), le taux brut de scolarisation est très faible et d'importantes disparités de genre et selon les régions sont notées. Pour l'enseignement moyen (lycée), le taux brut de scolarisation a seulement augmenté d'un point en huit ans (3,9 % en 2010 contre 2,9 % en 2002) et l'accès demeure très inégal entre les garçons (5,3 %) et les filles (2,5 %). Les mêmes constats s'imposent en termes de disparités interrégionales et de retard par rapport à la moyenne des pays de la région (15,5 % en 2006 pour l'Afrique de l'Ouest).

Dans le secteur de l'enseignement et de la formation professionnels et techniques, les dispositifs et les effectifs formels n'ont pas évolué significativement. Ainsi, les effectifs du type formel sont passés de 2 457 en 2007 à 3 090 en 2011 et le nombre des dispositifs est passé de 12 à 17. Quant à l'enseignement supérieur et la recherche scientifique appliquée, les effectifs des étudiants nigériens ont progressé de manière notable au cours des deux dernières décennies. Les effectifs à l'université de Niamey ont augmenté de 179 % entre 1990 et 2010 et ceux de l'université islamique de Say de 123 % entre 1998 et 2011. Ce niveau d'enseignement se heurte à un triple problème d'insuffisance quantitative et qualitative d'enseignants, de pénurie d'équipements et de moyens et d'inadéquation entre les filières de formation et les besoins du marché du travail.

Le taux d'alphabétisation des adultes de 15-24 ans a peu progressé, passant de 26 % en 2000 à 29 % en 2008. Il est encore plus faible pour les femmes (17,1 % en 2008). Au-delà des problèmes de l'offre éducative et de la qualité de l'enseignement, un déséquilibre fondé sur le genre prévaut dans tous les cycles d'enseignement. Le faible accès et maintien des filles dans le système scolaire est lié à plusieurs facteurs, dont le faible pourcentage des femmes exerçant la fonction enseignante, le statut social de l'enseignant, la qualité et l'insuffisance des infrastructures et du matériel pédagogique. Ce déséquilibre limite singulièrement les opportunités futures ouvertes aux femmes.

Les objectifs globaux sont de renforcer qualitativement et quantitativement l'offre éducative, d'adapter la formation à la demande du marché du travail et de favoriser l'utilisation des résultats de la recherche scientifique et de l'innovation technologique. Les actions s'inscriront dans le cadre des orientations de la Lettre de politique éducative 2013–2020. Pour l'enseignement préscolaire, il s'agit de scolariser un plus grand nombre d'enfants avec le même volume de ressources, avec une réduction de la durée de cycle de 3 à 2 années et d'ouvrir la filière des éducateurs du préscolaire au niveau des écoles normales pour renforcer leurs capacités. Le gouvernement entend accroître l'accès à l'éducation de base dans un cadre de gratuité et d'obligation scolaire jusqu'à l'âge de 16 ans. Il s'appuiera sur le recrutement de nouveaux enseignants qualifiés, le développement des infrastructures scolaires (construction de 2 500 nouvelles salles de classe en matériaux définitifs par an), la promotion de la scolarisation des filles ainsi que des mesures de correction des inégalités d'accès surtout pour les enfants en zones rurales ou ceux en situation de handicap. Pour l'enseignement moyen, les mesures visent à améliorer simultanément l'accès et la qualité, par la construction de nouveaux lycées d'enseignement général (10 par an), le recrutement d'enseignants mieux formés (500 par an) et une révision des programmes et supports pédagogiques.

Dans l'enseignement supérieur, l'accroissement de l'offre se fera à travers le renforcement des infrastructures d'accueil et des équipements. De plus, des actions visant la poursuite de la réforme Licence-Master-Doctorat (LMD), la réorientation des filières des grandes écoles et facultés et la réglementation de l'enseignement supérieur privé seront mises en œuvre. L'enseignement et la formation professionnels et techniques doivent offrir à une proportion significative d'élèves du cycle de base un enseignement technique ou une formation professionnelle répondant effectivement aux besoins de l'économie et permettre aux personnes déscolarisées d'accéder à des formules de formations de courte durée.

Quant à l'alphabétisation, l'accent sera mis sur l'amélioration et la diversification de l'offre d'alphabétisation fonctionnelle, l'augmentation de la durée du programme d'alphabétisation de référence et la pérennisation des acquis de l'alphabétisation. Pour l'éducation non formelle, les priorités portent sur le développement de programmes d'éducation non formelle en faveur des enfants non scolarisés et précocement déscolarisés et sur l'insertion professionnelle des sortants des structures d'éducation non formelle. Des mesures seront entreprises en vue d'améliorer le pilotage et la gestion du système éducatif, mettant l'accent notamment sur la déconcentration de l'éducation, la mise en place d'un fonds national de financement de l'éducation ainsi que d'un système de gestion autonome des centres et établissements d'enseignement et de formation professionnels et techniques, l'évaluation de la qualité et la scolarisation des filles.

Au total, le PDES devait, entre autres, permettre d'atteindre un taux d'achèvement au cycle de base 1 de 70 % en 2015 (contre 49 % en 2010) et un taux de survie au cycle de base 2 de 63 % en 2015. Le taux d'alphabétisation des plus de 16 ans devrait passer à 34 % en 2015 (contre 29 % en 2010).

Santé et nutrition

Le taux de mortalité des enfants de moins de cinq ans a été divisé pratiquement par trois entre 1992 et 2010, passant de 318 à 130 décès pour

1 000 naissances. Quant à la mortalité infantile (décès avant le premier anniversaire), elle est tombée de 123 à 63 décès pour 1 000 sur la même période. Toutefois, la proportion d'enfants vaccinés reste faible, même si elle a nettement progressé (52,3 % en 2009 contre 27,8 % en 1992). Le taux de mortalité maternelle qui était de 652 décès pour 100 000 naissances vivantes en 1992 reste encore élevé en 2010 (554 décès). Ce recul, quoique marginal, illustre dans une certaine mesure l'incidence des actions mises en œuvre en faveur de la santé maternelle entre 2005 et 2010. Par ailleurs, la proportion d'accouchements assistés par du personnel qualifié a seulement progressé de 14,9 % en 1992 à 24,5 % en 2010. Les progrès sont plus significatifs en milieu urbain qu'en milieu rural.

Le paludisme reste la principale cause de morbidité et de mortalité. L'incidence annuelle s'est maintenue en moyenne à 81 cas pour 1 000 habitants avec une évolution en dents de scie. La prévalence du VIH/Sida dans la population générale (15-49 ans) est estimée à 0,7 % en 2006 contre 0,87 % en 2002. La réticence au dépistage volontaire et les flux migratoires conduisent toutefois à considérer avec prudence ce taux apparemment faible.

L'accès aux services de santé reste problématique. Les principales raisons sont la faiblesse de la couverture sanitaire et du plateau technique ; l'insuffisance de certaines catégories de personnels en nombre et en qualité ; des défaillances dans l'approvisionnement en médicaments, consommables et réactifs ; le faible développement des services de santé reproductive. Il convient également de souligner la faiblesse des moyens financiers de l'Etat (7,9 % du budget de l'Etat est alloué à la santé, niveau en deçà des engagements internationaux), des capacités de gestion des systèmes de santé et des revenus des ménages, sans oublier les comportements et habitudes néfastes à la santé, notamment à la santé reproductive.

Les actions de promotion de la santé se sont inscrites dans le cadre du Plan de développement sanitaire (PDS 2011-2015), approuvé en novembre 2010. Le Gouvernement renforcera les interventions existantes en mettant en oeuvre le Plan stratégique national de lutte contre les IST/VIH/SIDA en cherchant à réduire les nouvelles infections et la mortalité des personnes infectées diagnostiquées par la recherche d'un accès universel aux traitements, aux soins et au soutien. L'objectif « Zéro » (Zéro nouvelle infection à VIH, Zéro discrimination, Zéro décès liés au sida d'ici 2015) servira de balise. Pour le paludisme, la tuberculose et les autres maladies transmissibles, les actions seront centrées sur le renforcement des capacités des agents de santé (dépistage et prise en charge), l'amélioration de la disponibilité des intrants et le renforcement du plateau technique des structures existantes. Pour l'amélioration de l'accès aux soins et de la qualité des services, l'accent sera mis sur la mise à niveau et l'entretien de l'existant, la construction ciblée de nouvelles formations sanitaires et la dotation en ressources humaines en s'appuyant sur quatre leviers essentiels : formation, gestion des effectifs et des compétences, gestion des carrières et motivation des personnels de santé.

Pour la protection des mères et des enfants, les priorités porteront sur le renforcement des activités de planification familiale, l'amélioration des services de la santé des adolescents et des jeunes et une meilleure prise en charge de la santé de la mère, du nouveau-né et de l'enfant. L'amélioration de la gestion du système de santé renvoie à des mesures relatives à la fois (i) au renforcement de la gouvernance et du leadership dans le secteur (renforcement des outils de pilotage du PDS et des budgets, mise en place d'un système d'assurance-qualité, meilleure prise en compte du genre) et (ii) au développement des mécanismes de financement du secteur de la santé.

Protection sociale, genre et inégalités

Des progrès appréciables ont été enregistrés en matière de protection sociale avec la ratification de plusieurs instruments juridiques en matière de protection sociale et l'adoption, en 2011, d'un document de Politique nationale de protection sociale. Par ailleurs, des mesures ont été mises en place, notamment des filets sociaux, dans le cadre de la prévention et de la gestion des crises alimentaires et nutritionnelles et d'autres formes de catastrophes naturelles. Le principal problème en matière de protection sociale reste cependant son coût, compte tenu du caractère informel d'une large partie de l'économie et de la faiblesse des revenus des ménages et de l'Etat.

En matière de protection de l'enfant, le Niger a ratifié plusieurs conventions consacrant les droits, le bien-être et la protection de l'enfant. Pour donner suite à ces engagements, le Gouvernement a adopté plusieurs instruments juridiques nationaux et mis en place des dispositifs institutionnels garantissant la protection de l'enfant contre toutes formes de violences, d'abus et d'exploitation. Les questions relatives à la promotion de la femme et aux inégalités de genre ont également connu une nette évolution depuis les années 1990, avec l'émergence d'organisations de la société civile féminine. L'application de la loi sur les quotas dans les nominations et les postes électifs a permis de rehausser significativement la participation des femmes à la gestion du pouvoir public qui reste cependant encore faible. Dans ce domaine, l'élément le plus déterminant pour la promotion de la femme reste la scolarisation des filles et l'alphabétisation des femmes. L'action en faveur des handicapés tend à se développer (ratification des conventions internationales, institutionnalisation d'un fonds national de soutien, recrutements récents dans la fonction publique, etc.), mais se heurte à des moyens très limités. Des actions seront par ailleurs développées en faveur des groupes les plus vulnérables, ciblant les enfants, les femmes, les jeunes, les personnes âgées et les personnes en situation de handicap ou atteintes du VIH/SIDA ou d'autres maladies chroniques.

L'objectif est ici de réduire la vulnérabilité de la population et des groupes défavorisés par des actions de prévention des risques et une extension de la couverture de la protection sociale. Les actions prioritaires s'inscriront dans le cadre de la Politique nationale de protection sociale adoptée en 2011. En matière de sécurité sociale, la première priorité sera de consolider le système existant (régime contributif lié à l'emploi), fondé sur la Caisse nationale de sécurité sociale et la Caisse autonome de retraite du Niger et de décentraliser leurs services. La poursuite des actions de développement des mutuelles de santé constituera la seconde priorité en ciblant les corps paramilitaires, les agents de l'Etat, les entreprises et les communautés rurales et en prenant en compte le cadre régional adopté par l'UEMOA dans ce domaine. Le PDES s'appuie notamment sur une augmentation du pourcentage de population active bénéficiaire d'une mutuelle et une couverture renforcée des instruments du dispositif public de soutien à l'emploi. La création d'emplois décents est au centre des objectifs de développement des politiques économiques et sociales, reflétée dans la Politique nationale de l'emploi adoptée en mars 2009. Parallèlement, le système légal contre les discriminations au travail sera renforcé et des actions de communication sociale pour promouvoir des changements comportementaux seront engagées pour améliorer les conditions de travail.

En partant des orientations définies dans la Politique nationale de genre, adoptée en 2008, et dans le Plan décennal de mise en œuvre de cette politique, couvrant la période 2009-2018, les actions du PDES s'inscriront dans deux programmes. Le premier vise la promotion des droits pour l'équité de genre et la protection des femmes. Il cible trois priorités : la vulgarisation et la mise en oeuvre des textes juridiques, la lutte contre les violences faites aux femmes et la promotion du leadership féminin. Le second, relatif aux opportunités économiques pour les femmes, conduit essentiellement à des actions de formation et d'autonomisation économique des femmes.

Urbanisme : logement, eau potable et assainissement

L'État a procédé à l'élaboration et à la mise en œuvre d'une politique de planification urbaine basée sur l'élaboration d'un Schéma d'aménagement et d'urbanisme, relayé par le Plan urbain de référence et d'une Stratégie nationale de développement urbain en 2004. Par ailleurs, une loi d'orientation sur l'urbanisme et l'aménagement foncier consacre la décentralisation des compétences en urbanisme (2010). Cependant, ce cadre n'a pas été accompagné par une mise en œuvre efficiente de la Stratégie nationale de développement urbain. Le Niger est confronté au faible développement du logement décent. La proportion des ménages vivant dans un logement avec un sol en matériaux durables (15 %) n'a pratiquement pas évolué depuis 1998. Les constructions en matériaux définitifs (ciment, béton) ne représentent que 4 % pour l'ensemble du pays et 54 % à Niamey, l'essentiel des habitations étant construites en banco (76 %) ou en paille (15 %).

L'amélioration du cadre de vie reposera sur trois leviers principaux : le développement urbain, la construction de logements décents et l'amélioration de l'assainissement du cadre de vie. Pour le développement urbain, les actions prioritaires se concentreront sur : la mise à jour de la stratégie de développement urbain ; le renforcement de capacités des services concernés (outils de planification urbaine, systèmes d'information géographique, formations) ; le parachèvement du cadre réglementaire et institutionnel en matière d'urbanisme ; la préparation d'études techniques et socioéconomiques de rénovation des centres urbains ainsi que la mobilisation du financement correspondant. Le projet « Niamey Nyala », ciblant l'unification et l'amélioration du cadre de vie de la capitale et des principales villes secondaires, constituera l'opération phare du secteur.

L'amélioration de la couverture des besoins en logements décents reposera sur trois priorités : renforcer le cadre réglementaire et institutionnel ; élaborer un plan et des mécanismes de financement pour l'habitat social ; promouvoir des investissements prioritaires de viabilisation de parcelles, de construction de logements sociaux et de réhabilitation des quartiers sous-équipés. L'amélioration de l'assainissement du cadre de vie sera recherchée à travers l'élaboration de plans directeurs pour la gestion de services urbains de base (transport, drainage, déchets solides), la réalisation d'ouvrages prioritaires pour l'évacuation et le traitement des eaux grises en milieu urbain, le renforcement des dispositifs de collecte et de traitement des déchets solides et la sensibilisation et la responsabilisation au niveau communautaire.

En matière d'accès à l'eau potable, les investissements réalisés dans le domaine de l'hydraulique villageoise ont permis de relever le taux de couverture des besoins en eau potable de 54,2 % en 2001 à 62,1 % en 2008, puis à 64,2 % en 2010. Les principales contraintes rencontrées sont l'insuffisance du financement et des investissements, le manque d'entretien et la vétusté des infrastructures, surtout en milieu rural, et une mauvaise qualité de l'eau dans certaines zones. S'agissant de l'assainissement, il n'existe pratiquement pas de système organisé d'évacuation des ordures ménagères en milieu urbain. En milieu rural, les ménages collectent et déversent leurs déchets dans la nature. Par ailleurs, seulement 11,8 % de la population utilise des systèmes d'assainissement. En outre, l'évacuation des eaux usées dans les centres urbains constitue un problème aigu en raison d'un linéaire de caniveaux encore limité (750 kms en 2012).

Le gouvernement s'appuiera sur les orientations du Programme national d'alimentation en eau potable et d'assainissement 2011-2015, adopté en juin 2011. Pour l'approvisionnement en eau potable des populations, quatre volets sont retenus portant respectivement sur les investissements en hydraulique rurale, les investissements en hydraulique urbaine, le dispositif de gestion des ouvrages et les cadres juridiques et institutionnels. Pour l'hydraulique rurale, il est prévu de réaliser plus de 14 000 équivalents points d'eau modernes et de réhabiliter 8 500 points d'eau modernes. Pour les localités de plus de 2 000 habitants, des stations de mini-adduction d'eau potable seront mises en place avec l'objectif de couvrir toutes les localités d'ici 2015. Les systèmes d'adduction multi-villages et intercommunaux seront également promus. A côté du volet investissement, une attention importante sera accordée au renforcement du système d'entretien des équipements afin de réduire substantiellement le taux de panne. L'appui-conseil aux communes sera également développé. Les investissements à réaliser en matière d'hydraulique urbaine, planifiés dans le Schéma directeur de l'hydraulique urbaine, porteront sur le renforcement des centres existants ainsi que l'optimisation et l'intégration dans le périmètre affermé de 40 nouveaux centres urbains. L'accroissement de l'accès sera recherché à travers principalement l'augmentation du nombre de latrines familiales améliorées, la promotion de l'autoréalisation de latrines familiales et la construction de latrines scolaires. Des financements seront également mobilisés pour élaborer des plans stratégiques d'assainissement des centres urbains. Les actions prioritaires du PDES devraient, en particulier, permettre d'atteindre un taux d'accès à l'eau potable de 58 % en milieu rural (contre 48 % en 2009) et un taux de desserte en eau potable de 85 % en milieu urbain (contre 74 % en 2009).

En résumé, au cours de la dernière décennie, d'importantes avancées ont été enregistrées en matière de valorisation du capital humain et de protection sociale. L'accroissement des revenus et l'emploi, le développement de l'éducation, de l'enseignement et de la formation techniques et professionnels, la santé (notamment la santé maternelle), la protection sociale et l'amélioration quantitative de l'offre de services sociaux aux populations, de l'environnement et du cadre de vie des populations, de manière à leur garantir un mieux-être et une santé de qualité, contribueront à renforcer ces progrès. La question de l'égalité des opportunités et des capacités entre les hommes et les femmes est au centre de tout processus de développement. Par-delà la correction des inégalités et des discriminations dans l'accès à l'éducation à l'encontre des filles, l'enjeu est lourd : il est à la fois sociétal (réduction des inégalités et des facteurs d'exclusion), démocratique (égalité en droits et en dignité des hommes et des femmes) et économique (levée des entraves à la contribution économique des hommes et des femmes et promotion d'une croissance inclusive). Enfin, la promotion de la jeunesse représente un enjeu majeur pour les prochaines années, en particulier une meilleure protection contre les fléaux sociaux et les maladies.

CONCLUSION : QUELS RISQUES POUR LE PDES ?

En conclusion de ce chapitre, la conjonction de risques de diverses natures mérite d'être évoquée quant à la mise en oeuvre du PDES.

Les catastrophes naturelles, surtout la récurrence des sécheresses, la fréquence des inondations, l'invasion des acridiens, auxquelles il faut ajouter l'insécurité sanitaire du cheptel nigérien (maladies telluriques, carences vitaminiques et quelquefois foyers d'épizooties), sont des risques majeurs compromettant les capacités de production et la sécurité alimentaire des populations. La précarité des ménages qui résulte de ces trois formes de catastrophes peut compromettre l'atteinte des résultats du PDES.

Le Niger a une économie ouverte sur le reste du monde dont dépendent les exportations et les importations de produits essentiels à son développement. Les fluctuations des cours des produits énergétiques importés ou la tendance défavorable des cours des produits à l'exportation impactent négativement la croissance économique. D'autre part les crises internationales (alimentaire, énergétique, financière et économique) ont fragilisé l'économie, en engendrant notamment des poussées inflationnistes sur certains produits. Ces perturbations constituent des risques majeurs.

L'instabilité récente de la sous-région comporte un risque de débordement au Niger. En matière de politique intérieure, l'héritage par la 7ème République de plusieurs décennies d'instabilité politique et institutionnelle suppose, malgré le retour à la normalité constitutionnelle, à la démocratie et à la paix, de prendre à tout moment des dispositions pour préserver cet équilibre retrouvé et permettre au pays de poursuivre sans heurts sa marche vers le progrès économique et social.

La faible capacité d'absorption des ressources financières, justifiée ou non par des procédures et des mécanismes lourds de décaissement et les dysfonctionnements de l'administration, constituent des risques majeurs pour l'efficience et l'efficacité des dépenses publiques. En particulier, l'appropriation, la prise en charge du dispositif et la qualité et l'efficacité de l'administration sont des risques non négligeables.

La contribution des ressources externes au financement du développement demeure essentielle. Or, on assiste actuellement à une contraction des flux d'aide en direction des pays en développement. D'autre part, les procédures de mobilisation des ressources externes apparaissent lourdes et la capacité de les mobiliser est faible. Cette faiblesse de mobilisation est constatée également au niveau des ressources internes. Ceci constitue de réels risques pour la disponibilité effective des moyens financiers indispensables à la mise en œuvre des programmes du PDES. De plus, la mauvaise coordination de l'aide publique au développement, la faible intégration et la faible harmonisation des interventions des partenaires techniques et financiers pourraient entraver fortement l'atteinte des résultats du PDES.

Finalement, les chances de réussite de la mise en œuvre du PDES tiennent à la capacité et à la volonté de l'ensemble des acteurs à agir de manière concertée et en synergie, à tous les niveaux et dans tous les compartiments de la société.

CHAPITRE 2

L'EVOLUTION DE LA FECONDITE (1988-2012)

Soumana HAROUNA, Rakia DAOUDA
Argoze MOUSSA KOURA

INTRODUCTION

La population du Niger se chiffrait à 5 102 990 habitants en 1977. En 1988, elle était passée à 7 251 626, puis en 2001 à 11 060 291 habitants, pour atteindre 17 138 707 habitants en 2012. Ainsi, la population a évolué à un rythme annuel moyen de 3,48 % entre 1977 à 1988, puis de 3,3 % de 1988 à 2001 atteignant 3,9 % entre les deux derniers recensements (2001 et 2012). A l'échelon mondial, la croissance démographique que connaît le Niger est exceptionnelle, car à ce rythme la population va doubler en moins de 18 ans. On le sait, chaque année la croissance d'une population résulte de la combinaison de quatre variables selon une équation simple :

Taux d'accroissement total = taux de natalité – taux de mortalité + taux d'immigration - taux d'émigration.

En dépit des conflits et crises socio politiques de 2010, 2011 et 2012, le solde migratoire peut être considéré comme négligeable au Niger et le taux d'accroissement de 3,9 % ne peut donc résulter que d'une mortalité faible et/ou d'une natalité élevée. Une fois cette première question résolue (I), il faut passer de l'analyse de la natalité à celle de la fécondité. En effet, le taux de natalité n'est pas un indicateur qui reflète les comportements reproductifs des individus, car il dépend de la structure par âge de la population. Peut-on penser que la fécondité proprement dite est susceptible de baisser dans un avenir proche ? Pour répondre à cette question, il faut analyser les données des différentes sources afin de vérifier si les tendances qu'elles mettent en évidence sont cohérentes d'une source à l'autre (II). On utilise à cet effet trois indicateurs classiques de la fécondité, les taux par âge, l'indice synthétique de fécondité, puis la parité atteinte à un âge donné, en comparant les grandes sources disponibles. Des facteurs susceptibles d'influer directement sur la fécondité, et qualifiés pour cette raison de « déterminants proches » sont évoqués (III). Il s'agit de la contraception, de l'âge aux premiers rapports sexuels et au premier mariage, de la durée de l'allaitement, de l'abstinence. Ces facteurs modifient en effet la fécondité dans ses aspects « biologiques » et en particulier la période dite « d'insusceptibilité » ou durée qui s'écoule jusqu'au retour des règles après une naissance ; plus généralement ils contribuent à déterminer la durée des intervalles entre naissances : plus ceux-ci sont longs, moins la femme aura d'enfants au terme de sa vie féconde. Indépendamment de cette dimension quantitative, du point de vue du développement les différences de fécondité selon les régions et le milieu de résidence méritent d'être évoquées (IV). Enfin, la fécondité est aussi un problème social, lorsque de nombreuses naissances surviennent parmi les jeunes filles, en raison de leur vulnérabilité sociale et physique (IV).

Si ce chapitre attache une importance particulière aux données du quatrième Recensement général de la population et de l'habitat réalisé du 10 au 24 décembre 2012 il utilise, pour mettre en évidence les évolutions survenues depuis presque un quart de siècle (1988-2012) les trois autres Recensements généraux de la population (1988, 2001 et 2012) et les quatre Enquêtes démographiques à indicateurs multiples (EDSN-MICS III 2006 et EDSN-MICS IV 2012).

L'EVOLUTION DE LA NATALITE

Le taux brut de natalité s'obtient en rapportant les naissances vivantes enregistrées au cours d'une année sur la population moyenne de l'année. En 2012 on a dénombré 730 763 naissances vivantes pour une population moyenne de 17 138 707 habitants, soit un taux brut de natalité de 42,7 pour mille habitants. Il varie selon le milieu de résidence (Tableau 1) et il est sensiblement plus faible en milieu urbain qu'en milieu rural (35,6 pour mille contre 44,0 pour mille).

TABLEAU 1. TAUX BRUTS DE NATALITE ET INDICE SYNTHETIQUE DE FECONDITE SELON LES RECENSEMENTS

	RGPH 1988	RGPH 2001	RGPH 2012
Taux bruts de natalité	51,8	49,5	42,6
ISF	7,1	7,1	7,5

Les taux bruts de natalité montrent une faible tendance à la baisse. En effet, de 51,8 pour mille en 1988 le taux passe à 49,5 pour mille. La baisse est plus marquée entre les années 2001 et 2012 où elle est de 6,9 pour mille.

Cette baisse de la natalité, qui exprime simplement le fait que moins de naissances surviennent chaque année, est-elle l'indicateur d'un réel changement de comportement des couples ? Or, la fécondité des femmes, loin d'avoir diminué, reste élevée : l'ISF est égal à 7,5 enfants par femme selon le recensement de 2012 contre 7,6 selon l'EDSN-MICS 2006. Il en résulte que l'accélération de la croissance doit être attribuée avant tout à la baisse de la mortalité, en particulier à la chute de la mortalité infanto-juvénile : elle est passée de 220 pour mille en 2001 à 130,2 pour mille en 2012. Ce progrès dans les chances de survie des enfants s'est répercuté sur l'espérance de vie qui a aussi augmenté. En 2012, un Nigérien qui vient de naître peut espérer vivre 63,5 ans, contre 55 ans en 2001 et 47 ans en 1988. En un quart de siècle (en 24 ans très exactement), 16,5 ans ont donc été gagnés. Ainsi s'explique le taux de croissance actuel de 3,9 % par an.

LE NIVEAU DE LA FECONDITE SELON LES RECENSEMENTS ET LES ENQUETES

Nous nous attacherons aux trois indicateurs de la fécondité précités, les taux par âge, l'indice synthétique de fécondité, la parité atteinte à un âge donné, en comparant les grandes sources disponibles.

Les taux par âge et l'indice synthétique de fécondité

Les taux de fécondité par âge, mesurés par les quatre enquêtes EDS présentent un schéma pour le moins inattendu (Tableau 2).

TABLEAU 2. EVOLUTION DES TAUX DE FECONDITE PAR AGE ENTRE 1988 ET 2012 (TROIS RECENSEMENTS ET QUATRE ENQUETES)

Groupe d'âge	Recensements			EDSN-MICS			
	1988	2001	2012	1992	1998	2006	2012
15-19	211	153	133	230	216	199	206
20-24	342	287	230	327	322	302	338
25-29	343	306	289	317	319	296	326
30-34	272	248	265	258	293	271	287
35-39	206	213	220	196	206	203	221
40-44	87	132	180	106	96	105	100
45-49	40	75	179	42	42	44	49
Total	7,5	7,1	7,5	7,4	7,5	7,1	7,6

On constate dans les trois premières enquêtes un maintien ou une baisse entre 15 et 39 ans (sauf à 30-34 ans entre 1992 et 1988) ; après 40 ans, maintien des taux. Lors de la dernière enquête (2012), on observe une hausse entre 15 et 39 ans de sept des huit taux, atteignant même + 11,9 points à 20-

24 ans ; suivie d'une quasi-stabilité à 40-44 ans, puis d'une forte hausse à 45-49 ans (+ 11,3 points).

Quant à l'évolution des taux de fécondité par âge des recensements, on note une tendance régulière à la baisse entre 15 et 29 ans ; puis, entre 30 et 39 ans, trois fois sur quatre, une hausse des taux ; enfin une forte hausse des taux entre 40 et 49 ans. La contradiction entre les deux types sources est profonde. Peut-on considérer que telle ou telle des sept opérations de collecte n'est pas cohérente avec les autres ? Il est frappant de constater que l'EDS de 2012 enregistre une forte remontée de l'ISF. Pour clarifier la situation, nous proposons trois variantes en changeant à chaque fois les termes de la comparaison.

Commençons par les sept sources disponibles (Tableau 3). Selon les recensements, la fécondité a fortement baissé aux trois groupes d'âges jeunes (-37 %, -33 %, -16 %) et augmenté aux âges élevés (107% et 348%) d'où une fécondité constante (7,5). Selon les EDS la compensation disparaît et on n'observe que de faibles variations avec une augmentation totale de 3% de l'ISF.

TABLEAU 3. COMPARAISON DES RECENSEMENTS ET DES EDS (1988-2012)

Groupe d'âge	RGPH			Evolution	EDSN-MICS				Evolution
	1988	2001	2012	1988-2012	1992	1998	2006	2012	1992-2012
15-19	211	153	133	-37 %	230	216	199	206	-10 %
20-24	342	287	230	-33 %	327	322	302	338	3 %
25-29	343	306	289	-16 %	317	319	296	326	3 %
30-34	272	248	265	-3 %	258	293	271	287	11 %
35-39	206	213	220	7 %	196	206	203	221	13 %
40-44	87	132	180	107%	106	96	105	100	-6 %
45-49	40	75	179	348 %	42	42	44	49	17 %
Total	**7,5**	**7,1**	**7,5**	**0%**	**7,4**	**7,5**	**7,1**	**7,6**	**3%**

La comparaison réduite aux deux derniers recensements et aux trois dernières EDS (Tableau 4) donc à des dates très proches ou identiques (1998 et 2001, 2012) confirme les tendances du tableau 3. Comme précédemment, selon les deux derniers recensements la fécondité a baissé, mais un peu moins, aux âges jeunes (-13%, -19 % -6 %) et augmenté aux âges élevés (+36 % et +139 %) d'où un ISF en hausse (+6 %). Selon les trois dernières EDS on observe jusqu'à 30-34 ans des évolutions en contradiction avec celles des recensements : par exemple de faibles hausses (+3 %) à 20-24 et 25-29 ans au lieu des fortes baisses (-33 % et -16 %) dans ces mêmes groupes d'âge ; ensuite, aux âges élevés, les évolutions sont de même sens, mais avec des hausses beaucoup moins fortes aboutissant à une hausse de l'ISF presque nulle (1 %).

TABLEAU 4. COMPARAISON DES DEUX DERNIERS RECENSEMENTS ET DES TROIS DERNIERES ENQUETES (1998-2012)

Groupe d'âge	RGPH		Evolution 2001-2012	EDSN-MICS			Evolution 1998-2012
	2001	2012		1998	2006	2012	
15-19	153	133	-13 %	216	199	206	-5 %
20-24	287	230	-20 %	322	302	338	+5 %
25-29	306	289	-6 %	319	296	326	+2 %
30-34	248	265	+7 %	293	271	287	-2 %
35-39	213	220	+3 %	206	203	221	+7 %
40-44	132	180	+36 %	96	105	100	+4 %
45-49	75	179	+139 %	42	44	49	+17 %
Total	**7,1**	**7,5**	+6 %	**7,5**	**7,1**	**7,6**	+1 %

Eliminons enfin (Tableau 5) de la comparaison l'EDS 2012, qui suggérait une forte hausse de l'ISF (7,5). Cette fois les mouvements de baisse des taux sont cohérents aux âges jeunes (entre 15-19 et 25-29) entre les recensements et les enquêtes.

TABLEAU 5. COMPARAISON DES DEUX DERNIERS RECENSEMENTS ET DES DEUX DERNIERES ENQUETES (1998-2012)

Groupe d'âge	RGPH		Evolution 2001-2012	EDSN-MICS		Evolution 1998-2006
	2001	2012		1998	2006	
15-19	153	133	-13 %	216	199	-9 %
20-24	287	230	-20 %	322	302	-7 %
25-29	306	289	-6 %	319	296	-8 %
30-34	248	265	7 %	293	271	-8 %
35-39	213	220	3 %	206	203	-1 %
40-44	132	180	36 %	96	105	9 %
45-49	75	179	139 %	42	44	5 %
Total	7,1	7,5	6 %	7,5	7,1	-6 %

Aux âges élevés, ces dernières indiquent comme précédemment une hausse beaucoup moins forte que les recensements. Et surtout, les évolutions des ISF sont exactement symétriques, mais opposées (+6 %) et (-6 %).

Au terme de cette comparaison, il apparaît que la baisse de la fécondité aux âges jeunes est confirmée par la cohérence de ces deux séries de sources indépendantes. Et si l'on écarte la dernière EDS, les convergences sont encore meilleures pour les âges jeunes. Compte tenu d'un plus grand accès à l'éducation et aux informations sur la santé génésique, il paraît plus plausible, comme le montre le recensement de 2012, de s'attendre à la baisse de la fécondité à ces âges. Cela devrait se traduire dans l'avenir par une baisse de la fécondité. Enfin, la forte hausse de la fécondité aux âges élevés dans les recensements est contredite par les EDS. Il est possible que l'amélioration de l'état sanitaire de la population ait non seulement fait baisser la mortalité infanto-juvénile, mais aussi amélioré la survie des personnes âgées. Cependant la hausse semble trop forte et on ne peut exclure une surestimation par le dernier recensement de la fécondité aux âges élevés qui reste inexpliquée. Le recours à l'autre indicateur, la parité atteinte, va clarifier le débat.

Le problème de la parité moyenne aux âges élevés

Il est normal, s'agissant d'un indice qui cumule les naissances survenues au cours de la vie de la femme, que les plus âgées (45-49 ans) aient donné naissance à plus d'enfants que les autres (7,2). Mais comme leur capacité à concevoir diminue à l'approche de la ménopause, le mouvement de cumul se ralentit (Tableau 6).

TABLEAU 6. NOMBRE D'ENFANTS NES VIVANTS DECLARES AU RECENSEMENT DE 2012

Age	Effectif total des femmes	Naissances vivantes totales	Parités moyennes
12-14	612 452	86 216	0,1
15-19	893 434	587 508	0,7
20-24	689 036	1 251 558	1,8
25-29	549 851	1 796 047	3,3
30-34	467 055	2 192 739	4,7
35-39	379 821	2 215 528	5,8
40-44	296 350	2 008 782	6,8
45-49	256 364	1 856 909	7,2
Total	4 144 363	11 995 287	-

Cependant l'écart entre les parités moyennes au recensement (7,2 enfants par femme) et dans l'EDS de 2012 (8,3 enfants par femme) est de 1 enfant (Graphique 1). Presque nul avant 25 ans, il se creuse avec l'âge. Puisque les données du recensement et celles de l'enquête ont été collectées la même année, on était en droit de s'attendre à ce que les niveaux de fécondité soient très voisins. Mais l'âge de la femme est ici décisif. S'agissant du nombre d'enfants qu'elle déclare à l'agent recenseur (donc en 2012), il est probable que plus la femme est âgée plus elle est susceptible d'oublier des enfants nés il y a plusieurs années et qui sont morts en bas âge. Et comme la mesure de a fécondité est l'objet même de ces enquêtes (à la différence des recensements), il était prévisible que les déclarations des femmes âgées aient été moins entachées d'oublis dans l'enquête que dans le recensement.

GRAPHIQUE 1. PARITES MOYENNES PAR GROUPE D'AGE AU NIGER (RECENSEMENT DE 2012 ET ENQUETE DE 2012)

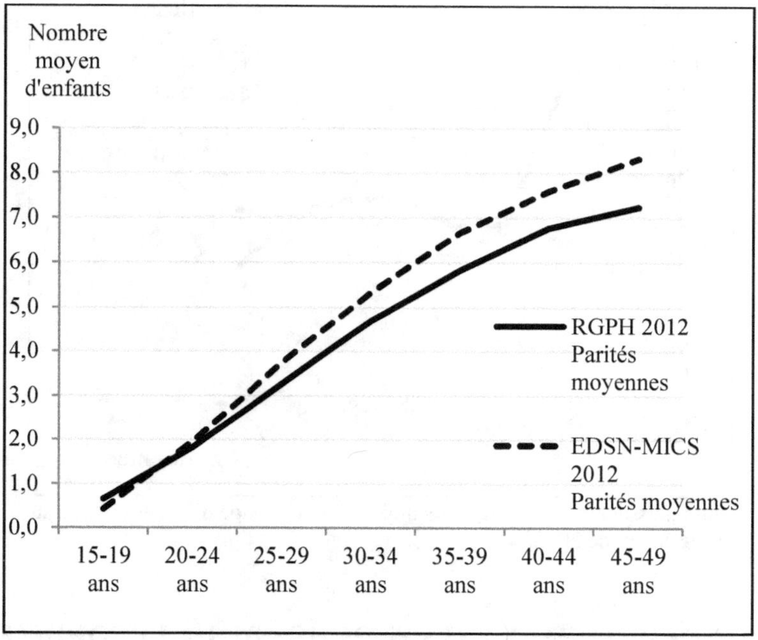

C'est précisément ce que met en évidence le graphique 2, qui compare les rapports de masculinité à la naissance pour les parités déclarées et les naissances au cours des 12 derniers mois.

Le rapport de masculinité, égal à 105 garçons pour 100 filles, est une constante biologique universelle. Tout écart à ce chiffre de 105 est l'indice d'erreurs, en particulier d'omissions de bébés du sexe féminin morts en très bas âge. Celles-ci sont plus fréquentes lorsque l'on interroge des mères âgées. Le graphique 2 montre ainsi que le rapport de masculinité à la naissance est satisfaisant pour les naissances des 12 derniers mois, beaucoup moins sujettes à omissions que la parité atteinte déclarée. En outre, contrairement aux consignes de l'agent recenseur, certaines femmes ont pu ne déclarer que les enfants *vivant avec elle*, omettant leurs enfants qui vivent ailleurs (pratique du confiage). Au total, les parités atteintes aux âges élevés sont probablement surestimées, ce qui contribue à surestimer l'ensemble de la fécondité du Niger.

GRAPHIQUE 2. RAPPORTS DE MASCULINITE DES PARITES DECLAREES ET DES NAISSANCES

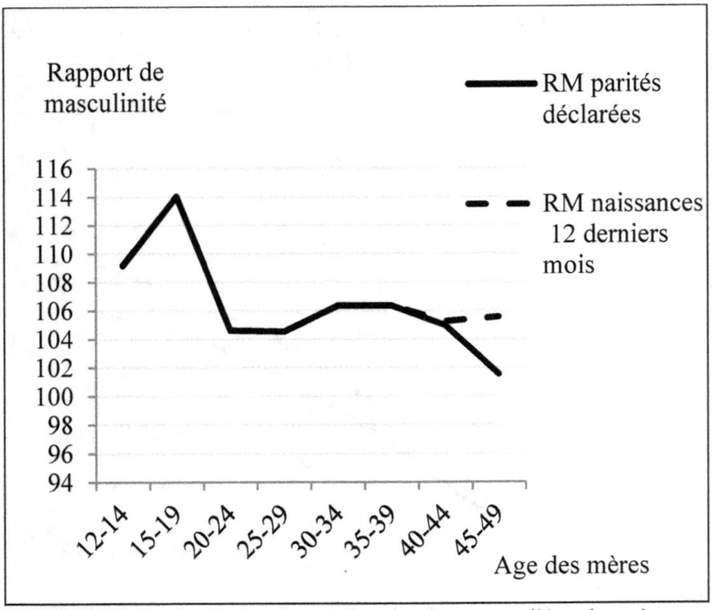

Note: naissances des 12 derniers mois selon le groupe d'âge des mères au recensement de 2012.

LES DETERMINANTS PROCHES DE LA FECONDITE

Quatre variables comportementales, considérées comme étant des déterminants majeurs de la fécondité en Afrique subsaharienne, sont retenues ici : la nuptialité, la pratique contraceptive, l'infécondabilité post-partum liée à l'allaitement et à l'abstinence et la stérilité primaire, en faisant l'hypothèse qu'au Niger l'avortement provoqué est très rare.

La nuptialité

Les résultats des recensements de 1988, 2001 et 2012 montrent que l'intensité de la nuptialité a stagné autour de 99 % pour les deux sexes, signifiant ainsi que le mariage reste universel (Tableau 7). L'âge moyen au premier mariage a également peu varié au cours de la période 1988-2012, en particulier chez les hommes pour lesquels il est resté de l'ordre de 24 ans. Chez les femmes, il s'est accru d'environ un an, passant de 16,4 ans en 1988, à 17,5 ans en 2012. Cette légère élévation de l'âge moyen au premier mariage des femmes peut être attribuée à celle de leur niveau d'instruction. Mais il conviendrait de mener des analyses approfondies avant de pouvoir confirmer ce point.

TABLEAU 7. ÉVOLUTION DES INDICATEURS DE NUPTIALITE PAR SEXE SELON LES RECENSEMENTS

Indicateurs	RGPH 1988	RGPH 2001	RGPH 2012
Hommes			
Intensité de nuptialité (%)	99	98,7	99,5
Age moyen au premier mariage	23,8	24	23,6
Femmes			
Intensité de la nuptialité (%)	99,2	97,4	98,2
Age moyen au premier mariage	16,4	16,6	17,5

Les autres déterminants de la fécondité

Le niveau actuel de fécondité peut s'expliquer, en partie, par différents facteurs qui tiennent aux comportements de contrôle de la fécondité (Tableau 8).

TABLEAU 8. DETERMINANTS DE LA FECONDITE SELON LES ENQUETES

	EDS 1992	EDS 1998	EDS 2006	EDS 2012
Contraception (1)	4,4	7,6	11,2	13
Age médian au 1er mariage	15,1	15,2	15,6	15,8
Age médian à la 1ere naissance	18	17,9	18,1	18,5
Age médian au 1er rapport sexuel	15	15,1	15,7	15,9
Allaitement durée moyenne (mois)	12	9,6	21,6	25,2
Aménorrhée médiane (mois)	15,2	15,9	15,7	14,1
Abstinence médiane (mois)	2	2,2	2,0	2,2

(1) Prévalence contraceptive totale pour les femmes (en %).

En considérant tout d'abord les variables caractéristiques du début de la vie reproductive, l'âge médian au premier mariage (autour de 15 ans) et à la première naissance (autour de 18 ans), témoignent de la précocité de l'entrée des femmes en vie féconde. Ces indicateurs sont restés stables depuis un quart de siècle. Si l'on examine les facteurs relatifs à l'exposition au risque de grossesse, on constate que l'allaitement maternel perdure dans le pays, et que sa durée a plus que doublé. Entre 1992 et 2012, elle atteignait à peine 1 an. La durée de l'aménorrhée post-partum avoisine les 16 mois. La durée médiane de l'abstinence post-partum se situe à près de 2 mois et peut expliquer le niveau très élevé de fécondité dans le pays, avec une utilisation très faible de la contraception (13% en 2012). Il s'ensuit (Tableau 9) une durée médiane d'insusceptibilité plutôt courte (moins d'un an et demi) alors que les intervalles intergénésiques médians rencontrés dans le pays sont assez longs, environ 30 mois entre 1992 et 2012. Il apparaît par conséquent que la fécondité est loin du stade de la transition du fait, entre autres facteurs, que l'utilisation des moyens contraceptifs concerne une frange restreinte de la population.

Tableau 9. Indicateurs de la fécondité selon les enquêtes

	EDS 1992	EDS 1998	EDS 2006	EDS 2012
Insusceptibilité médiane	15,7	16,2	15,9	14,3
Intervalle intergénésique	30,1	36,6	32,6	30,9

LA FECONDITE SELON LA REGION ET LE MILIEU DE RESIDENCE

La fécondité varie selon les régions, Maradi et Zinder occupant la première place avec en moyenne 8,4 enfants par femme (Tableau 10).

TABLEAU 10. TAUX DE FECONDITE SELON LA REGION DE RESIDENCE AU RECENSEMENT DE 2012

Région	ISF	Région	ISF
Agadez	5,8	Niamey	5,0
Diffa	6,5	Tahoua	7,1
Dosso	7,5	Tillabéri	7,6
Maradi	8,4	Zinder	8,4

Ces différences régionales sont cohérentes avec celles selon le milieu de résidence. Le tableau 11 et le graphique 3 indiquent la répartition des taux de fécondité par groupe d'âge des femmes selon le milieu de résidence en 2012.

TABLEAU 11. TAUX DE FECONDITE SELON LE MILIEU DE RESIDENCE

Groupe d'âge	Ensemble Niger	Urbain	Rural
12-14	0,02	0,01	0,02
15-19	0,13	0,10	0,14
20-24	0,23	0,14	0,25
25-29	0,29	0,23	0,30
30-34	0,27	0,22	0,27
35-39	0,22	0,19	0,23
40-44	0,18	0,15	0,19
45-49	0,18	0,14	0,19

GRAPHIQUE 3. TAUX DE FECONDITE SELON LE MILIEU DE RESIDENCE

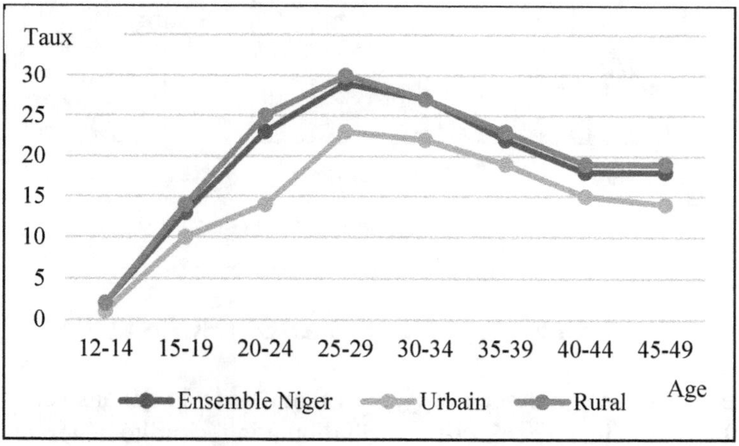

Les niveaux de fécondité sont plus faibles en milieu urbain qu'en milieu rural quel que soit le groupe d'âge. Dans un contexte où la contraception est faiblement utilisée la courbe de la fécondité est liée à l'âge (donc à la fertilité) et à l'âge au mariage. Ainsi, quel que soit le milieu de résidence, les niveaux de fécondité sont les plus élevés à 25-29 ans.

Contrairement à l'ISF, l'âge moyen à la maternité a augmenté et est passé de 29,9 ans au RGPH de 2001 à 32,5 ans aujourd'hui. En 1988, l'âge moyen de la femme à la maternité était identique, quel que soit le milieu de résidence et se situait à 29,5 ans. Mais par la suite, il s'est accru et a divergé selon le milieu de résidence. Il a augmenté un plus vite en milieu rural (+ 8,4 %) qu'en milieu urbain (+8,14 %). Le graphique 4 permet, pour sa part, d'apprécier l'évolution de l'âge à la maternité.

En résumé il est à noter qu'un facteur important de la fécondité, l'âge à la première maternité, est en train d'augmenter aussi bien en milieu rural qu'urbain ce qui devrait contribuer à réduire la fécondité dans l'avenir.

GRAPHIQUE 4. EVOLUTION DE L'AGE MOYEN A LA MATERNITE SELON LE MILIEU DE RESIDENCE SELON LES RECENSEMENTS

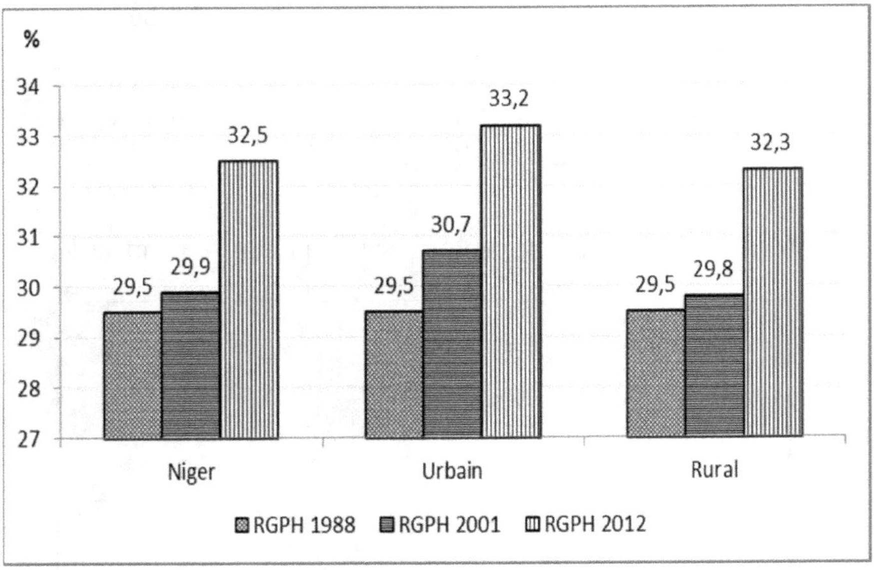

LA FECONDITE DES ADOLESCENTES

La fécondité des adolescentes (jeunes femmes de 15-19 ans selon l'OMS et 12-19 ans au Niger), de par sa contribution à la fécondité générale, occupe une place importante dans l'élaboration des politiques et la mise en œuvre des stratégies et programmes de la santé de la reproduction. Il est important d'examiner la fécondité des adolescentes pour des raisons diverses. Premièrement, les enfants nés de mères très jeunes courent des risques élevés de morbidité et de mortalité. Deuxièmement, les mères adolescentes sont plus exposées aux complications durant la grossesse et moins aptes à les gérer, ce qui leur fait courir des risques accrus de complications pendant l'accouchement et des risques plus élevés de décéder de causes maternelles. Troisièmement, leur entrée précoce dans la vie reproductive réduit considérablement leurs opportunités scolaires et donc professionnelles.

La fécondité aux âges jeunes accroît mécaniquement la fécondité globale des femmes en âge de procréer. Ainsi, en 1992, la fécondité des adolescentes (femmes âgées de 15-19 ans contribuait pour 16 % la fécondité totale. En 1998, l'ensemble des adolescentes, qui représentait 23 % de l'ensemble des femmes en âge de procréer, contribuait pour près de 15 % à la fécondité totale. En 2006, elles représentaient 19 % de l'ensemble des femmes en âge de procréer et contribuaient pour 14 % à la fécondité totale. En 2012, cette contribution a cependant chuté significativement et se situe à 10 % (ces données sont tirées des divers rapports des EDS). La courbe de fécondité des adolescentes décrit une évolution à la hausse entre 12 et 19 ans (Graphique 5). En effet, très faible à 12 ans, le phénomène commence à prendre de l'ampleur à partir de 13 ans et augmente avant de se stabiliser à partir de 18 ans. On évoque la fécondité ultra précoce (avant 15 ans). Qu'en est-il réellement ?

GRAPHIQUE 5. TAUX DE FECONDITE PAR AGE DES ADOLESCENTES

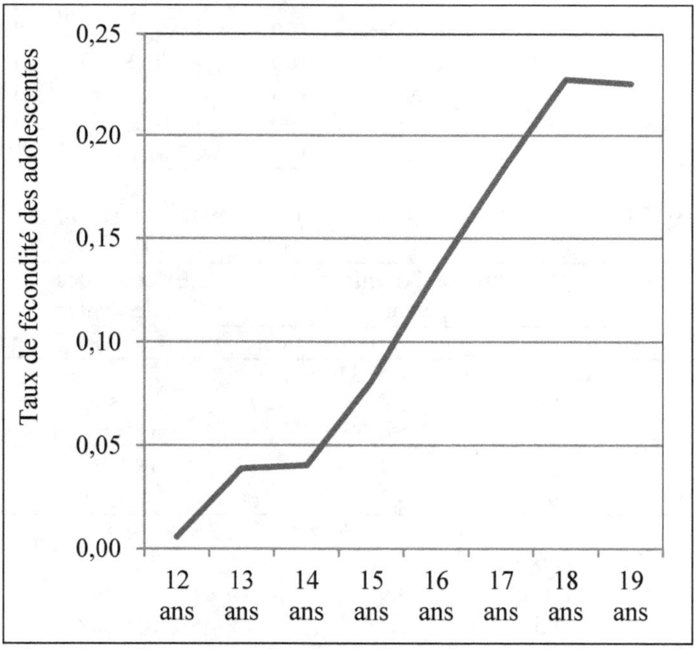

Le tableau 12 révèle qu'au Niger, 12,3 % des adolescentes n'ont pas encore vécu l'avènement de leur premier enfant dont à peine 4 % à 14 ans. La fécondité à l'âge de 12 ans est très négligeable (0,6 %). Rares sont celles qui ont déclaré avoir mis au monde deux enfants. Les naissances très rapprochées (il peut s'agir de jumeaux) s'observent à partir de 15 ans, mais les proportions des femmes qui répondent à ces critères sont très faibles. La proportion des adolescentes ayant déjà eu leur premier enfant augmente avec l'âge. En effet, de 0,6 % à l'âge de 12 ans, leur proportion passe à 21,6 % à 18 ans. Bien que les proportions des adolescentes ayant eu un premier enfant soient faibles, leur entrée précoce dans la procréation contribue, toutes choses étant égales par ailleurs, au maintien de l'ISF à un niveau élevé et a des conséquences notables sur leur état de santé, leur scolarisation et leur épanouissement futur. Quant à la proportion des adolescentes qui n'ont pas eu d'enfant au cours des douze derniers mois elle est égale à 90,5 % dans les villes et à 87,2 % en zone rurale (Tableau 13).

TABLEAU 12. FECONDITE DES ADOLESCENTES AU COURS DES 12 DERNIERS MOIS

Age	Nombre total d'enfants nés vivants			Total	Taux de fécondité	Effectifs des adolescentes
	0	1	2			
12	99,4	0,6		100	0,01	90 870
13	96,1	3,8	-	100	0,04	110 021
14	95,9	4,0	-	100	0,04	124 158
15	91,9	7,9	0,05	100	0,08	137 790
16	86,8	13,1	0,12	100	0,13	140 093
17	81,9	17,8	0,19	100	0,18	145 330
18	77,8	21,6	0,59	100	0,23	144 511
19	78,1	21,3	0,62	100	0,23	131 935
Total	87,6	12,1	0,2	100	0,1	1 024 708

TABLEAU 13. FECONDITE DES ADOLESCENTES SELON LE MILIEU DE RESIDENCE

Age	Nombre total d'enfants nés vivants			Effectifs des adolescentes	Effectifs des enfants
	0	1	2		
		Urbain			
12	98,4	1,6	-	8 153	129
13	96,1	3,9	0,01	14 370	567
14	96,3	3,7	-	18 936	695
Total 12-19	90,5	9,3	0,16	149 295	14 343
		Rural			
12	99,5	0,48	0	82 717	398
13	96,1	3,9	0	95 651	3 701
14	95,9	4,1	0,00	105 222	4 313
Total 12-19	87,2	12,6	0,22	875 413	114 337

Très peu ont eu deux enfants au cours des douze derniers mois (probablement des naissances multiples). Toutefois, les proportions augmentent au fur et à mesure que l'âge avance. Comme on pouvait s'y attendre, la fécondité des adolescentes est plus élevée en milieu rural qu'en milieu urbain du fait de la précocité des mariages car très peu d'entre elles fréquentent le niveau supérieur. Au total si la fécondité des adolescentes est un problème de santé publique, elle ne joue pas un rôle majeur dans la fécondité élevée.

CONCLUSION

En dehors de cette opposition forte, relative aux comportements de contraception, on ne décèle pas dans le pays des facteurs de la fécondité qui permettent d'envisager à court terme les voies d'une franche mutation en matière de fécondité. Les comportements de réduction de l'exposition au risque de grossesse sont loin d'être clairement établis, ce qui explique pourquoi la fécondité reste à niveau relativement élevé (7,5 enfants par femme) alors que la contraception moderne est encore peu répandue (8 %).

Toutefois, en dépit des apparences et d'un taux de croissance exceptionnellement élevé, qui suscite en général des pronostics extrêmement pessimistes sur l'explosion démographique au Niger, ce chapitre a montré que nous sommes à un tournant. La fécondité donne des signes de décrochage chez les jeunes femmes et au fur et à mesure que les jeunes générations remplaceront leurs aînées, la chute va s'accélérer si les jeunes femmes utilisent davantage les méthodes contraceptives modernes et demeurent longtemps dans le système éducatif ce qui aura pour effet d'élever leur âge au premier mariage.

CHAPITRE 3

FECONDITE ET PLANIFICATION FAMILIALE EN 2012

Zaleha AMADOU, Radjikou HASSANE, Gapto MAI MOUSSA, Djibrila AMADOU MODIELI, Sani OUMAROU

INTRODUCTION

L'EDSN-MICS IV 2012 a permis d'estimer le niveau de la fécondité et certaines de ses caractéristiques : intervalles inter-génésiques, âge à la première naissance, fécondité des adolescentes, durées de l'aménorrhée et de l'abstinence post-partum. Les questions relatives aux préférences en matière de fécondité permettent d'évaluer le degré de réussite des couples dans le contrôle de leur fécondité. Des questions ont ainsi été posées aux femmes concernant leur désir d'avoir ou non des enfants supplémentaires, le délai d'attente avant d'avoir un prochain enfant et le nombre total d'enfants désirés. Enfin l'enquête a mesuré les niveaux actuels de connaissance et de pratique de la contraception et évalué les désirs des femmes et des hommes en matière d'espacement et de limitation des naissances. Le lecteur trouvera des informations détaillées dans trois des chapitres du Rapport national de l'EDS-MICS IV 2012 : le chapitre 4, *Fécondité* rédigé par Djibrila Modieli Amadou et Zaleha Amadou) ; le chapitre 7, *Les préférences en matière de fécondité*, (auteurs Gapto Mai Moussa et Radjikou Hassane); le chapitre 5, *La planification familiale* (dû à Radjikou Hassane, Abdou Nomaou et Moctar Seydou). Sauf mention contraire, tous les chiffres des tableaux de ce chapitre sont tirés du Rapport national.

Nous nous attacherons ici à un autre aspect de la fécondité. Si l'on admet que la baisse de la fécondité est un des indicateurs les plus sûrs de la modernisation et du développement social, les données confirment-elles ce processus ? Les différences de fécondité conduisent-elles à conclure que le développement est général ou au contraire limité à certaines catégories de la population ? Pour répondre à ces questions, nous avons privilégié trois variables : le milieu de résidence (Niamey, autres villes, ensemble du milieu urbain, milieu rural) ; le niveau d'instruction (aucun, primaire, secondaire ou plus) ; le « bien-être économique » défini à partir des biens du ménage et de l'accès à l'électricité et mesuré en quintiles.

LES DIFFERENCES SOCIOECONOMIQUES DE FECONDITE

La fécondité des femmes nigériennes est élevée. Chaque femme donne naissance, en moyenne, à 7,6 enfants en fin de vie féconde (Tableau 1) et les différences de fécondité sont très nettes selon les trois caractéristiques retenues.

TABLEAU 1. INDICATEURS DE FECONDITE

Caractéristique socioéconomique	ISF	Intervalles <18 mois (%)	Intervalles (18-23 mois) %	Durée moyenne (mois)	Age à la 1ère naissance (ans)	Adolescentes à fécondité précoce (%)
Milieu de résidence						
Niamey	5,3	7,5	11,2	34,1	21,4	15
Autres villes	5,8	5,4	12,6	34,4	19,2	19,1
Ensemble urbain	5,6	6,2	12	34,3	19,9	17,2
Rural	8,1	7,3	16,4	30,5	18,3	47,1
Niveau d'instruction						
Aucun	8	7	16	30,8	18,3	50
Primaire	7	8,5	16,1	31,2	19,1	33,3
Secondaire ou +	4,9	6,9	12,1	35,4	22,7	15,1
Quintiles de bien-être économique						
Le plus bas	8,2	7,9	18	30,4	18,3	49,2
Second	8	8	16,8	30,4	18,4	49
Moyen	8	5,9	15,5	30,9	18,6	45,3
Quatrième	8,1	7,2	16,5	30	18	42,1
Le plus élevé	6,1	6,5	11,8	33,9	19,5	24,3
Ensemble	7,6	7,1	15,9	30,9	18,6	40,4

Les femmes urbaines ont un niveau de fécondité nettement plus faible que les rurales (5,6 enfants contre 8,1 enfants par femme). En fin de vie féconde, les femmes rurales donneront naissance en moyenne à 2,5 enfants de plus que les urbaines. La région de Niamey se différencie des autres milieux de résidence par le niveau de fécondité le plus faible (5,3 enfants par femme). Les écarts sont très importants selon le niveau d'instruction des femmes, variant de 4,9 enfants à 8,0 enfants. Il en va de même entre les deux quintiles extrêmes, le plus pauvre et le plus riche (ISF égal à 8,2 et 6,1 respectivement).

Les intervalles intergénésiques

L'espacement des naissances est reconnu pour avoir une influence positive sur la santé des mères et des enfants : des intervalles intergénésiques courts (inférieur à 24 mois) augmentent les risques de morbidité et de mortalité aussi bien pour l'enfant que pour la mère. Les naissances trop rapprochées amoindrissent la capacité physiologique de la mère et l'exposent à des complications durant et après la grossesse (fausses couches, éclampsies, etc.) et accroissent le risque de mortalité maternelle. La durée médiane de l'intervalle intergénésique est de 30,9 mois, mais cette valeur recouvre des profils différents. Elle varie de 30,5 mois en milieu rural à 34,3 mois en milieu urbain. La durée est plus longue chez les femmes les plus instruites et chez celles dont le ménage est classé dans le quintile le plus élevé (respectivement, 35,4 mois et 33,9 mois). Par comparaison, cette durée est estimée à 30,8 mois chez les femmes sans instruction et à 30,4 mois chez celles vivant dans un ménage du quintile le plus bas.

L'âge à la première naissance

De façon générale, l'âge auquel les femmes ont leur première naissance influence de manière importante leur descendance finale, surtout dans les pays où la pratique contraceptive reste faible. En plus de cet effet purement démographique, l'âge à la première naissance peut avoir des répercussions sur la santé des mères et des enfants, en particulier quand il est trop précoce. Dans l'ensemble, l'âge médian parmi les femmes de 25-49 ans est estimé à 18,6 ans, soit 2,9 ans après l'âge à la première union. Il varie de manière importante selon le niveau d'instruction de la femme. Il est plus tardif chez les femmes de niveau d'instruction au moins secondaire que chez les autres (22,7 ans contre 18,3 ans chez celles sans instruction et 19,1 ans chez celles de niveau primaire). Les écarts sont plus faibles selon le niveau économique du ménage (19,5 ans contre 18,3 entre les quintiles extrêmes) et selon le milieu de résidence (18,3 ans en milieu rural ; 19,9 ans en milieu urbain ; 21,4 ans à Niamey).

La fécondité des adolescentes

La fécondité des adolescentes occupe une place importante dans l'élaboration des politiques et la mise en œuvre des stratégies et des programmes de la santé de la reproduction. Les enfants de mères jeunes (moins de 20 ans) courent généralement un risque plus important de décéder que ceux issus de mères plus âgées. De même, les accouchements précoces augmentent le risque de décéder chez les adolescentes. Enfin, l'entrée précoce des jeunes filles dans la vie féconde réduit considérablement leurs opportunités scolaires et professionnelles. Près des deux cinquièmes des adolescentes (40 %) ont déjà commencé leur vie féconde : un tiers ont déjà eu au moins un enfant et 8 % sont enceintes d'un premier enfant. Ces adolescentes (15-19 ans), qui constituent 16 % de l'ensemble des femmes en âge de procréer, contribuent pour 10 % à la fécondité totale des femmes.

L'influence du niveau d'instruction est nette. En effet, si parmi les jeunes filles sans instruction, la moitié ont déjà commencé leur vie féconde, cette proportion n'est que de 33 % au niveau d'instruction primaire et de 15 % à partir du secondaire. De même, entre le quintile le plus élevé et le plus bas, la proportion d'adolescentes ayant déjà commencé leur vie féconde passe de 49 % à 24 %. Elle est aussi nettement plus élevée en milieu rural qu'en milieu urbain (47 % contre 17 %, avec un minimum de 15 % à Niamey).

Le désir d'enfants supplémentaires

Les données sur les attitudes et les opinions vis-à-vis de la procréation ont toujours été un sujet de controverse. Ces données sont obtenues à partir d'un échantillon de femmes de différents âges et vivant des moments différents de leur histoire génésique. Pour les femmes en début d'union, les réponses sont liées à des objectifs à moyen ou long terme dont la stabilité et la valeur prédictive sont incertaines. Pour les femmes en fin de vie féconde, les réponses sont inévitablement influencées par leur histoire génésique. Elles peuvent refléter un certain conformisme, la femme disant ce qu'elle croit être souhaité par l'enquêteur, surtout si la question ne correspond pas au vécu de la femme et à son système de valeurs. Enfin leur valeur prédictive est faible, car on interroge une femme sans tenir compte des pressions sociales ou des attitudes des autres membres de la famille, particulièrement celles du mari.

Examinons d'abord ce risque de divergence entre hommes et femmes (Tableau 2). Les femmes sont beaucoup plus nombreuses que les hommes (7,9 % contre 0,8 %) à déclarer ne plus vouloir d'enfants alors que la proportion d'hommes désirant avoir des enfants ne diminue que très faiblement avec le nombre d'enfants. C'est parmi les urbaines (13 %) que les proportions de celles qui ont déclaré ne plus vouloir d'enfants sont les plus élevées. Les écarts selon le niveau d'instruction et le statut socioéconomique du ménage ne sont pas très importants. Mais à l'opposé des femmes, on constate un écart entre les hommes les plus instruits (5 %) et les autres (moins de 1 % aux autres niveaux).

TABLEAU 2. POURCENTAGE DE FEMMES ET D'HOMMES NE VOULANT PLUS D'ENFANTS ET NOMBRE IDEAL D'ENFANTS SELON CERTAINES CARACTERISTIQUES SOCIOECONOMIQUES

Caractéristique socioéconomique	Ne veut plus d'enfants (Femmes %)	Ne veut plus d'enfants (Hommes %)	Nombre idéal (Femmes)
Résidence			
Niamey	13,4	4	7
Autres villes	11,9	2,2	7,7
Ensemble urbain	12,5	3	7,4
Rural	7,8	0,8	9,6
Niveau d'instruction			
Aucun	8,8	0,8	9,6
Primaire	6,8	0,8	8,3
Secondaire ou +	7,9	4,7	6,6
Quintiles de bien-être économique			
Le plus bas	8,6	1,1	9,7
Second	7,7	0,5	9,6
Moyen	8,1	0	9,8
Quatrième	8,3	1,6	9,4
Le plus élevé	9,9	2,7	7,8
Ensemble 15-49	8,5	1,2	9,2

Le nombre idéal d'enfants

Les femmes nigériennes aspirent à une famille nombreuse : 9,2 enfants. Le nombre idéal des hommes est encore plus élevé : 10,9. Les urbaines ont pour idéal une famille moins nombreuse (7,4 enfants) que les rurales (9,6 enfants). Le nombre idéal moyen d'enfants diminue au fur et à mesure que le niveau d'instruction augmente. Il passe de 9,6 enfants chez les femmes analphabètes à 8,3 enfants (niveau primaire) et 6,6 enfants (niveau secondaire ou plus). L'amélioration du niveau de vie du ménage s'accompagne d'une tendance en faveur d'une descendance plus réduite. L'écart absolu du nombre moyen idéal d'enfants est de 2 enfants entre les femmes des ménages classés dans le quintile le plus élevé et celles des ménages du quintile le plus bas. Tous ces résultats confirment l'attachement des Nigériens à une descendance très nombreuse.

LA PLANIFICATION FAMILIALE

Comme lors des précédentes enquêtes, l'EDSN-MICS IV collecte des informations sur les méthodes contraceptives. Les sujets abordés sont la connaissance de la contraception et sa pratique au moment de l'enquête ; la connaissance de la période féconde ; les sources d'approvisionnement en contraceptifs ; l'utilisation future de la contraception ; les sources d'information sur la contraception ; les opinions et les attitudes en matière de contraception. Nous nous intéressons ici surtout aux changements dans l'utilisation des méthodes modernes, car ce sont de bons indicateurs du développement social.

Connaissance de la contraception

L'utilisation de la contraception, tant traditionnelle que moderne, suppose, au préalable, la connaissance d'au moins une méthode contraceptive. Le questionnaire de l'EDSN-MICS IV distingue :

- les méthodes modernes, comprenant la stérilisation féminine et la stérilisation masculine, la pilule, le stérilet ou DIU (Dispositif Intra Utérin), les injectables, les implants (Norplant), le condom masculin, le condom féminin, la pilule du lendemain et la Méthode de l'allaitement maternel et de l'aménorrhée (MAMA) qui a été classée, à la différence de l'enquête précédente, comme une méthode moderne.

- les méthodes traditionnelles, comprenant la continence périodique et le retrait ; toutes les autres méthodes comme les herbes, les tisanes, les cordelettes entrent dans cette catégorie.

89 % des femmes connaissent au moins une méthode contraceptive quelconque (Tableau 3). La pilule est la méthode la plus connue (83 % pour l'ensemble des femmes). En outre, environ les trois quarts des femmes connaissent les injectables (74 % dans l'ensemble) et un peu plus d'une sur deux (53 %) connaît le condom masculin. Enfin, un quart des femmes ont entendu parler des implants, plus du tiers de la stérilisation féminine (36 %) et environ la moitié connaît la MAMA (52 % des femmes en union). Par contre, les proportions de femmes qui connaissent le DIU (20 %) et le condom féminin (15 %) sont plus faibles. Les méthodes comme la pilule du lendemain (4 %) et la stérilisation masculine (6 %) sont les méthodes les moins connues par les femmes.

L'utilisation de certaines méthodes contraceptives telle la méthode du rythme, suppose au préalable la connaissance du cycle menstruel. Bien que cette méthode soit très peu utilisée au Niger, on a demandé aux femmes si elles savaient qu'il existe une période plus propice à la grossesse et, si oui, quand elle se situe. La plupart n'ont pas une idée exacte de l'existence d'une période particulière au cours de laquelle une femme peut tomber enceinte. 35 % des femmes ont déclaré qu'une telle période se situe « Juste après la fin des règles ». 17 % pensent qu'il n'y a pas de période précise et 25 % ont déclaré ne pas savoir. Seulement 20 % des femmes estiment avec raison que la période où une femme a le plus de chance de tomber enceinte se situe « au milieu du cycle/entre deux périodes de règles ».

TABLEAU 3. CONNAISSANCE DES METHODES CONTRACEPTIVES

	Femmes	Hommes
N'importe quelle méthode	89,0	88,3
Méthodes modernes	87,7	87,6
dont :		
Stérilisation féminine	35,6	30,1
Stérilisation masculine	6,3	11,7
Pilule	83,0	74,0
DIU	19,5	10,5
Injectables	73,5	54,7
Implants	25,4	12,3
Condom masculin	52,8	83,7
Condom féminin	15,2	17,9
Méthode de l'allaitement maternel et de l'aménorrhée (MAMA)	49,1	23,9
Pilule du lendemain	4,4	8,1
Méthodes traditionnelles	38,7	49,2
dont :		
Rythme	13,9	28,9
Retrait	14,6	33,1
Autre	4,5	1,3

Les questions sur la connaissance des méthodes de planification familiale ont également été posées aux hommes. Ils sont proportionnellement aussi nombreux que les femmes à connaître les méthodes de contraception. Les méthodes modernes les plus connues par les hommes en union sont, par ordre d'importance, le condom masculin (83,7 %), la pilule (81 %), les injectables (61 %). L'enquête indique les pourcentages de femmes et d'hommes en union, qui connaissent au moins une méthode de contraception selon certaines caractéristiques sociodémographiques. Que ce soit parmi les femmes ou les hommes, il n'apparaît pas d'écarts importants, les niveaux de connaissance des méthodes sont toujours très élevés, quelle que soit la caractéristique considérée (EDS 2012, voir le tableau 5.2, non reproduit ici).

L'accès à l'information

L'accès à l'information constitue un préalable important à la promotion de l'utilisation des méthodes contraceptives. Durant les mois ayant précédé l'enquête, un peu plus de la moitié des femmes (53 %) et plus du tiers des hommes de 15-49 ans (39 %) n'ont entendu aucun message sur la planification familiale, ni à la radio, ni à la télévision, ni vu ou lu de messages dans les journaux et magazines.

Quelle que soit la source d'information considérée (radio, télévision, journaux ou magazine) le pourcentage de femmes ou d'hommes ayant reçu des messages sur la planification familiale augmente avec le niveau d'instruction (tableau non reproduit ; le lecteur pourra consulter le tableau 5.11 de l'EDS). Le pourcentage de femmes ayant reçu des messages sur la planification familiale en écoutant la radio varie de 41 %, chez celles n'ayant aucun niveau d'instruction, à 57 % parmi celles de niveau primaire et à 63 % parmi celles de niveau secondaire ou plus. Chez les hommes, ces proportions sont respectivement de 55 %, 58 % et 70 %. Les messages sur la planification familiale atteignent plus fréquemment leurs cibles en milieu urbain qu'en milieu rural en particulier quand les messages sont diffusés par la télévision : 52 % des femmes du milieu urbain ont vu des messages à la télévision contre seulement 4 % en milieu rural. Chez les hommes, ces proportions sont respectivement de 46 % et de 7 %. Dans la région de Niamey, la télévision reste la principale source d'information chez les femmes (62 % contre 60 % pour la radio) alors que chez les hommes, c'est la radio (62 % contre 55 % pour la télévision).

Plus de huit femmes sur dix (86 %) ont déclaré ne pas avoir parlé de planification familiale avec un agent de terrain ou dans un établissement sanitaire au cours des douze mois ayant précédé l'enquête (EDS 2012, tableau 5.12 non reproduit), alors qu'au niveau des formations sanitaires, les prestataires de services de planification familiale sont censés assurer des services complets à leur clientèle en leur fournissant le maximum d'informations utiles, concernant entre autres l'éventail des différentes méthodes contraceptives existantes, leurs contraintes ainsi que leurs effets secondaires et leurs contre-indications éventuelles. Ces informations ont non seulement pour but d'aider les femmes à faire un choix éclairé, mais aussi de corriger et de combattre les préjugés concernant les méthodes de contraception. Pour cette raison, il a été demandé aux utilisatrices actuelles de méthodes modernes si elles avaient été informées des effets secondaires de la méthode, sur ce qu'il fallait faire si ces effets secondaires se manifestaient et enfin si elles avaient été informées de l'existence d'autres méthodes. Globalement, on constate qu'assez peu de femmes ont reçu les informations utiles qui permettent l'utilisation dans les meilleures conditions des méthodes de planification familiale. Parmi les utilisatrices de méthodes modernes, seulement 40 % ont été informées des effets secondaires ou des problèmes de la méthode utilisée, 35 % des mesures à prendre en cas d'effets secondaires et 57 % de l'existence d'autres méthodes. Les écarts en fonction des caractéristiques sociodémographiques ne sont pas très importants, que ce soit en fonction du niveau d'instruction, du milieu de résidence ou du statut socioéconomique du ménage. On peut néanmoins souligner que parmi les femmes de 25-29 ans, la proportion de celles qui ont parlé de planification familiale est un peu plus élevée que dans les autres groupes d'âge (44 % contre seulement 26 % à 15-19 ans et 27 % à 45-49 ans).

Utilisation actuelle et future de la contraception

Le niveau d'utilisation de la contraception des femmes en union est l'un des indicateurs de réussite des programmes de planification familiale. Le tableau 4 présente la prévalence contraceptive actuelle, c'est-à-dire la proportion de femmes en union qui utilisaient une méthode de contraception au moment de l'enquête. 86,1 % des femmes en union n'utilisent aucune méthode, 12,2 % d'entre elles ont recours à une méthode moderne dont les trois principales sont la pilule (5,6 %), la MAMA (3,9 %) et les injectables (2,1 %). Les autres méthodes ne sont que très peu utilisées (0,3 % pour les implants et 0,1 % pour le DIU et la stérilisation féminine). En ce qui concerne la pilule (6 %), le Mycrogynon (41 % des utilisatrices), le Lofeménal (24 % des utilisatrices) et la pilule SUTURA (19 % des utilisatrices) sont les marques les plus fréquemment utilisées. A peine 1,7 % ont recours à la contraception traditionnelle.

TABLEAU 4. PREVALENCE CONTRACEPTIVE AU MOMENT DE L'ENQUETE

Méthode moderne		Méthode traditionnelle	
Pilule	5,6	Rythme	0,1
MAMA	3,9	Autre	1,6
injectables	2,1		
Implants	0,3		
DIU	0,1		
Autres	0,2		
Total	12,2	Total	1,7

En milieu urbain comme en milieu rural, (Tableau 5), c'est la pilule qui est la méthode moderne la plus fréquemment utilisée par les femmes (respectivement 17 % contre 4 %), suivie de la MAMA (4 % en milieu urbain et rural) et les injectables (respectivement 4 % contre 2 %). Le niveau d'instruction apparaît comme le facteur le plus déterminant de l'utilisation d'une méthode contraceptive. En effet, parmi les femmes sans instruction,

10 % utilisent une méthode moderne contre 18 % au niveau d'instruction primaire et 30 % au niveau secondaire ou plus. L'écart est également important entre les ménages classés dans les deux derniers quintiles et les autres, la proportion d'utilisatrices de méthodes modernes variant de 13 % dans les ménages du quatrième quintile et de 24 % dans ceux du quintile le plus élevé à un minimum de 8 % dans ceux classés dans le second quintile et dans ceux du quintile moyen (Tableau 5).

TABLEAU 5. PREVALENCE CONTRACEPTIVE ACTUELLE SELON CERTAINES CARACTERISTIQUES SOCIOECONOMIQUES (FEMMES EN UNION)

Caractéristique socioéconomique	Toutes méthodes modernes	Stérilisation féminine	Pilule	MAMA
Résidence				
Niamey	31,8	0,8	20,4	5,5
Autres villes	23,6	0,2	14,9	2,7
Ensemble urbain	27,0	0,4	17,1	3,8
Rural	9,7	0,1	3,6	3,9
Niveau d'instruction				
Aucun	10,4	0,1	4,1	4,0
Primaire	18,4	0,1	10,2	3,9
Secondaire ou +	30,0	0,8	20,4	2,0
Quintiles de bien-être économique				
Le plus bas	8,7	0,1	1,3	6,3
Second	7,7	0,0	2,3	3,5
Moyen	8,3	0,1	3,2	3,4
Quatrième	12,8	0,1	6,3	3,2
Le plus élevé	23,7	0,4	14,9	3,2
Ensemble	12,2	0,1	5,6	3,9

Les différences régionales sont très importantes (Carte 1). Quatre régions ont une prévalence contraceptive moderne dépassant le niveau national : Niamey (32%), Dosso, Agadez (18 % chacune) et Zinder (16 %). Par contre, avec une prévalence de 6 %, c'est la région de Tahoua qui enregistre le taux d'utilisation le plus faible, suivie de celle de Maradi (7 %), Tillabéri (12 %) et Diffa (12 %).

CARTE 1. PREVALENCE CONTRACEPTIVE SELON LES REGIONS

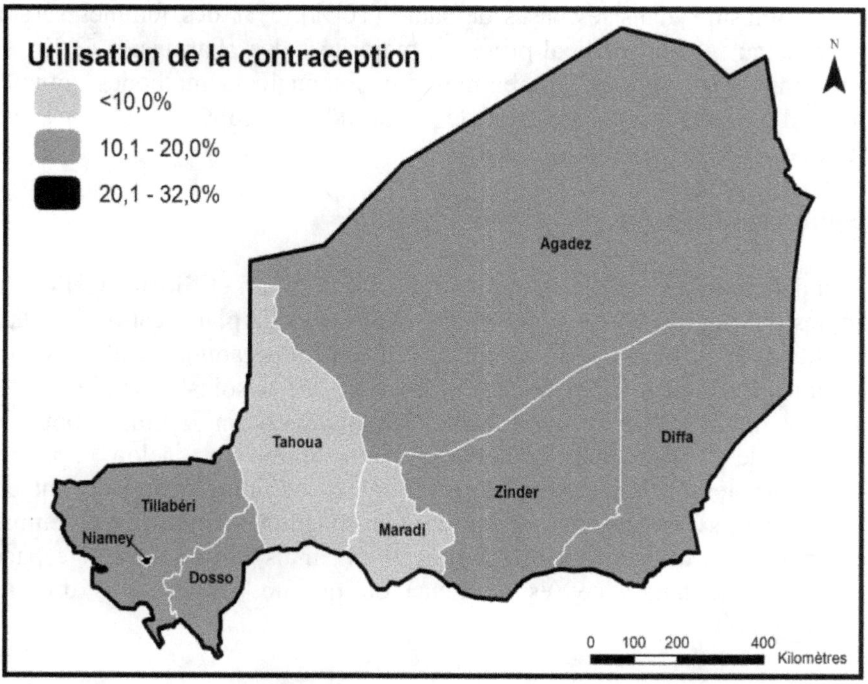

On a demandé aux femmes en union qui n'utilisaient pas la contraception au moment de l'enquête si elles avaient l'intention d'utiliser une méthode dans l'avenir. Le tableau 5.10 de l'enquête (non reproduit) fournit la distribution des femmes en union selon leur intention ou non d'utiliser une méthode dans l'avenir et selon le nombre d'enfants vivants. Parmi les femmes actuellement en union et non utilisatrices au moment de l'enquête, 42 % ont déclaré avoir l'intention d'en utiliser une plus tard. Par contre, près de la moitié (48 %) ont déclaré ne pas avoir l'intention d'en utiliser une dans le futur et dans 9 % des cas, les femmes étaient indécises. Les résultats selon le nombre d'enfants montrent que la proportion de femmes qui n'ont pas l'intention d'utiliser une méthode contraceptive augmente avec le nombre d'enfants, de 39 % à la parité 1 à 53 % à la parité 4 ou plus.

Sources d'approvisionnement de la contraception

Pour évaluer la contribution des secteurs médicaux public et privé dans la distribution ou la vente des différentes méthodes modernes de contraception, il était demandé aux utilisatrices de pilules et d'injectables d'identifier l'endroit où elles avaient obtenu leur méthode actuelle (tableau 5.5 non reproduit). Pour obtenir ces deux méthodes modernes de contraception, la majorité des femmes (85 %) se sont adressées au secteur médical public, essentiellement dans les centres de santé intégrés (61 %) et, dans une moindre mesure, dans les cases de santé (10 %). 5 % des femmes se sont adressées au secteur médical privé, en majorité à des pharmacies (3 %). En outre, dans 7 % des cas, les femmes ont obtenu leurs méthodes actuelles auprès d'autres sources, en majorité des vendeurs ambulants (4 %) et des boutiques (1 %).

Besoins en matière de planification familiale

La demande potentielle en matière de contraception et l'identification des femmes qui ont des besoins importants en services de planification familiale constituent le problème le plus important de tout programme de planification familiale. Le tableau 6 présente l'estimation des besoins satisfaits et non satisfaits ainsi que la demande totale en planification familiale pour les femmes de 15-49 ans actuellement en union et selon certaines caractéristiques sociodémographiques. Sont considérées comme ayant des besoins non satisfaits en matière de planification familiale les femmes fécondes qui n'utilisent pas la contraception, mais qui souhaitent espacer leur prochaine naissance (espacement) ou qui ne veulent plus d'enfant (limitation).

Parmi les femmes en union, 16 % ont des besoins non satisfaits en matière de contraception. Précisons que la demande totale équivaut à la somme des besoins non satisfaits et des besoins satisfaits. Le pourcentage de demande satisfaite équivaut aux besoins satisfaits divisés par la demande totale. Les méthodes modernes comprennent, on l'a dit, la stérilisation féminine, la stérilisation masculine, la pilule, le DIU, les injectables, les implants, le condom masculin, le condom féminin et la MAMA. 13,9 % des femmes ont des besoins satisfaits : ce sont celles qui utilisent actuellement une méthode. L'utilisation est davantage orientée vers l'espacement que vers la limitation des naissances (12 % contre 2 %). Si les femmes en union ayant des besoins non satisfaits en matière de contraception pouvaient les satisfaire, c'est-à-dire si elles utilisaient effectivement la contraception, la prévalence contraceptive pourrait atteindre 30 % (demande totale en planification familiale). Cette demande potentielle totale en planification familiale est orientée dans 26 % des cas vers l'espacement des naissances et dans 4 % des cas vers leur limitation. Actuellement, chez les femmes en union, 47 % de la demande potentielle totale en planification familiale est satisfaite. Pour les seules méthodes modernes, la demande satisfaite est estimée à 41 %.

Les résultats selon les caractéristiques sociodémographiques montrent que le pourcentage de demande satisfaite varie de manière importante : si la demande en services de planification familiale est satisfaite à 63 % en milieu urbain, elle ne l'est qu'à 42 % en milieu rural. De même, le niveau de la demande satisfaite par des méthodes modernes est estimé à 48 % parmi les femmes de niveau d'instruction primaire et à 63 % parmi celles de niveau secondaire ou plus, contre seulement 37 % parmi celles qui n'ont pas d'instruction. En fonction des quintiles de bien-être économique dans lequel est classé le ménage, ces proportions varient de 57 % dans les ménages du quintile le plus élevé à 32 % dans ceux du quintile le plus bas.

TABLEAU 6. BESOINS EN MATIERE DE PLANIFICATION FAMILIALE

Caractéristique socioéconomique	Besoins non satisfaits	Besoins satisfaits (utilisation actuelle)	Demande totale en planification familiale	Demande satisfaite	Demande satisfaite par des méthodes modernes
	%	%	%	%	%
Résidence					
Niamey	18,7	33,9	52,5	64,5	60,6
Autres villes	16,4	25,6	41,9	60,9	56,2
Ensemble urbain	17,3	29,0	46,3	62,6	58,3
Rural	15,8	11,3	27,1	41,7	35,7
Niveau d'instruction					
Aucun	15,9	12,0	27,8	43,0	37,2
Primaire	17,5	20,5	38,0	53,8	48,3
Second. ou +	15,7	32,3	47,9	67,3	62,6
Quintiles de bien-être économique					
Le plus bas	17,7	9,9	27,6	35,8	31,5
Second	15,4	8,8	24,2	36,3	31,8
Moyen	15,2	9,8	25,0	39,3	33,4
Quatrième	16,0	15,3	31,2	48,9	41,0
Le plus élevé	15,9	25,8	41,8	61,9	56,7
Ensemble	16,0	13,9	29,9	46,5	40,8

CONCLUSION

Les principaux résultats établis dans ce chapitre conduisent à nuancer l'hypothèse initiale selon laquelle la fécondité et son principal déterminant, la contraception, sont actuellement des facteurs allant dans le sens du développement social. En effet, la fécondité des femmes nigériennes demeure élevée puisque chaque femme donne naissance, en moyenne, à 7,6 enfants. Elle se caractérise en particulier par des intervalles courts, près d'une naissance sur cinq (23 %) a lieu dans un intervalle inférieur à 24 mois par rapport à la naissance précédente. Elle se caractérise aussi par une forte fécondité des adolescentes, puisque dans le groupe d'âge 15-19 ans, 40 % des jeunes filles ont déjà commencé leur vie procréative.

En revanche, les femmes du milieu urbain ont un niveau de fécondité nettement plus faible que celles du milieu rural (en moyenne, 5,6 enfants par femme contre 8,1) et les plus instruites ont en moyenne, 3,1 enfants de moins que celles qui n'ont aucun niveau d'instruction (respectivement 4,9 et 8,0). En ce qui concerne les préférences en matière de fécondité, à peine 8 % des femmes de 15-49 ans actuellement en union ne désirent plus d'enfant ou sont stérilisées. À l'opposé, 86 % souhaitent un autre enfant, mais, parmi ces femmes, la majorité (59 %) désire espacer la prochaine naissance de deux ans ou plus.

Quant à la contraception, la prévalence reste faible. Dans l'ensemble, 14 % des femmes en union utilisent actuellement une méthode contraceptive : 12 % une méthode moderne et 2 % une méthode traditionnelle. Les méthodes les plus utilisées par les femmes sont la pilule (6 %), la Méthode de l'allaitement maternel et de l'aménorrhée (4 %) et les injectables (2 %). Mais, à nouveau, la réalité est très contrastée. La prévalence contraceptive moderne est environ trois fois plus élevée en milieu urbain qu'en milieu rural (27 % contre 10 %). La proportion d'utilisatrices de méthodes contraceptives modernes augmente avec le niveau d'instruction, variant de 10 % parmi les femmes sans instruction à 30 % parmi celles de niveau d'instruction secondaire ou plus.

Ainsi se dessine au sein de la population un profil de femmes et dans une moindre mesure d'hommes présentant les caractéristiques habituellement associées à la fécondité des pays engagés dans le développement social.

CHAPITRE 4

LES DETERMINANTS DU MAINTIEN DE LA FECONDITE ELEVEE (1992-2012)

Djibrila AMADOU MODIELI, Mariama HIMA MAGAGI, Alio DANGANA, Idrissa ALICHINA KOURGUENI

INTRODUCTION

La fécondité a commencé à amorcer une légère baisse, passant de 7,5 enfants par femme en 1998 (EDSN 1998) à 7,1 en 2006 (EDSN-MICS III). Les résultats de l'EDSN-MICS IV 2012 montrent que le niveau de la fécondité a augmenté par rapport à son niveau de 2006, passant de à 7,6 enfants par femme, en dépit de l'augmentation de la prévalence contraceptive moderne (de 10 % en 2006 à 12 % en 2012). Les résultats globaux définitifs du quatrième Recensement général de la population et de l'habitat 2012 indiquent que le taux d'accroissement intercensitaire moyen est passé de 3,3 % pour la période 1988-2001, à 3,9 % pour la période 2001-2012.

Ce taux élevé d'accroissement de la population, résultant en partie de la baisse de la mortalité et du maintien de la fécondité à un niveau élevé, pose le problème de la transition démographique : le pays a-t-il amorcé sa transition et si oui à quel stade se trouve-t-il ? Au regard du niveau actuel du taux d'accroissement de la population nigérienne comparé à celui des autres pays (2,87 % au Bénin ; 3,07 % au Burkina Faso ; 2,08 % au Cameroun, etc.), il est important d'étudier et de comprendre les causes et les déterminants du maintien de la fécondité à un niveau élevé. Ce chapitre utilise à cet effet les données des quatre EDS réalisées de 1992 à 2012.

PERSPECTIVES THEORIQUES

On peut classer les facteurs explicatifs de la fécondité en deux grands groupes : les facteurs indirects et les facteurs directs ou déterminants proches de la fécondité.

Les facteurs indirects de la fécondité

Forte mortalité infantile et juvénile

Pendant longtemps la mortalité des enfants est restée élevée en Afrique. Cette forte mortalité rendait précaire la survie des lignages et les arguments favorables à la forte fécondité visaient à combler ces lourds déficits. Aujourd'hui, la mortalité des enfants a fortement baissé et le désir d'une descendance nombreuse pourrait être moins ressenti dans les familles. On le sait, un décès précoce peut entraîner un intervalle intergénésique plus court qui, lui-même, favorise un décès en bas âge pour l'enfant suivant. Cependant cette vision strictement démographique doit être nuancée dès qu'on élargit la perspective. Nous empruntons à Charbit et Gaimard (2015) les lignes qui suivent. « Dans des sociétés sans système de protection sociale, les enfants constituent une assurance vieillesse. Lorsque la mortalité infantile est élevée, les couples doivent mettre beaucoup d'enfants au monde pour qu'au moins deux ou trois atteignent l'âge adulte et prennent en charge les vieux parents lorsqu'ils ne seront plus en état de subvenir à leurs besoins. Ainsi, la mortalité infantile doit baisser préalablement à la fécondité et dès que les populations en ont pris pleinement conscience, ce mécanisme de « naissances de remplacement » ne joue plus.

Cependant, la faiblesse de l'argument est que la baisse de la fécondité et de la mortalité infantile pourraient être en réalité deux conséquences de deux variables sous-jacentes, mais non prises en compte dans le raisonnement : le développement économique et l'amélioration du niveau de vie. La réalité est, en effet, beaucoup plus complexe et ne se réduit pas à une simple *relation mécanique* entre la mortalité infantile et la fécondité. D'une part, le développement influe sur la mortalité infantile au niveau des États et des familles, d'autre part il agit aussi sur la fécondité à ces deux niveaux. En ce qui concerne la mortalité infantile, la croissance économique du pays permet des investissements qui améliorent l'offre de soins, mais aussi les transports, facilitant l'accès aux soins et diminuant la mortalité infantile. De même, les familles bénéficient de revenus plus importants et peuvent, une fois les besoins essentiels assurés, en premier lieu l'accès à la nourriture et à l'eau, dépenser plus pour la santé et l'éducation des enfants, ou encore améliorer le logement, tous facteurs qui contribuent à réduire les risques de maladie et donc de mortalité infantile. En outre, l'éducation des mères est décisive. Le fatalisme prévaut là où la mortalité infantile est très forte (« Dieu me l'a donné, Dieu me l'a repris »), les pratiques nocives à la santé sont plus facilement combattues si la mère a des notions d'hygiène (un biberon doit être stérilisé). Par ailleurs, le développement influe sur la fécondité par des mécanismes largement indépendants de ceux de la mortalité infantile. Au niveau des États, les revenus générés par le développement permettent de créer ou d'améliorer les infrastructures et donc d'étendre l'offre en matière de santé et d'éducation, le plus souvent au bénéfice des zones rurales, jusqu'alors délaissées. Les comportements des familles changent aussi avec le développement. On observe très généralement une amélioration du statut de la femme, d'abord liée à l'élévation de leur niveau d'instruction, puisque la généralisation de l'éducation (primaire, puis secondaire et supérieure) se traduit en pratique par un rééquilibrage des taux de scolarité au bénéfice des filles. En effet, elles étaient jusqu'alors sacrifiées quand les parents avaient à choisir entre scolariser leurs garçons ou leurs filles. Enfin, avec une instruction plus poussée, se diffuse dans les jeunes couples, souvent en rupture avec la position des parents, l'idée qu'il est possible et légitime de décider du nombre d'enfants. En même temps, la contraception est mieux acceptée et surtout utilisée plus efficacement. Au Burkina Faso, par exemple, 44 % des femmes de niveau secondaire utilisaient fin 2010 la contraception moderne, contre 11 % des femmes analphabètes. Il n'y a donc pas de relation causale explicative directe entre mortalité infantile et fécondité. » (Charbit et Gaimard, 2015 : 134-139).

Mode de production et type de société

Selon la théorie de la modernisation, qui est largement répandue parmi les spécialistes, avec le développement économique, l'urbanisation et l'élévation du niveau général d'instruction, la famille perd son importance en tant qu'unité de production, les femmes exercent de plus en plus d'emplois rémunérés et diverses activités autres que ménagères ou familiales. Tous ces changements contribuent à alourdir les frais à engager pour élever les enfants et font que ceux-ci participent de moins en moins au revenu familial. Le nombre d'enfants que les couples estiment avoir les moyens d'élever tend également à diminuer au fur et à mesure que s'accroissent les exigences quant au niveau de vie de la famille et à celui de l'éducation à dispenser aux enfants. Les données des enquêtes internationales montrent que ce modèle de comportement s'applique assez bien aux femmes instruites et qui vivent en milieu urbain. Elles se marient plus tard et font moins d'enfants, grâce à une utilisation bien maîtrisée de la contraception. On parle souvent à leur sujet de « pionnières », susceptibles d'entraîner, par un effet d'imitation, les autres femmes, dans une logique de fécondité restreinte. Des spécialistes ont repris cette idée : ce qui explique la baisse de la fécondité c'est la diffusion des idéaux occidentaux, favorisée par la mondialisation de la culture (Cleland et Wilson, 1987). Selon Charbit et Gaimard, « la théorie de la modernisation présente le défaut de généraliser, à partir des trois facteurs contextuels précités (salariat, éducation, urbanisation) qui ont caractérisé l'évolution socioéconomique des pays industrialisés, le basculement des sociétés européennes du monde rural au monde industriel moderne. Cependant, la comparaison entre les villes européennes de la révolution industrielle au

XIXe siècle, par exemple Manchester ou Lille, et Bombay ou Le Caire aujourd'hui, doit être sérieusement nuancée. Alors que les premières étaient créatrices d'emploi et de richesse, la croissance des grandes mégalopoles des pays en développement, et sans doute de plusieurs milliers de villes moyennes, s'explique surtout par l'accumulation de populations pauvres d'origine rurale qui tentent de survivre. Elles contribuent à aggraver une urbanisation en partie anarchique, en s'accumulant dans des quartiers périphériques, sans accès à l'eau, ni à l'électricité et au système de voirie. De même, la part des emplois salariés dans ces villes est sans doute bien inférieure à ce qu'elle était en Europe au XIXe siècle, puisque s'y est surtout développée une économie informelle. Or, ce secteur, qui échappe très largement à l'impôt, rend difficile l'organisation de systèmes de protection sociale et de retraite. Contrairement aux pays industrialisés, qui ont vu s'organiser tout au long du XIXe siècle la socialisation de la santé de la maladie grâce aux ressources du budget de l'État, dans les pays en développement, cette fonction de protection sociale reste l'apanage des familles (…). Au-delà de ces critiques, la modernisation est-elle d'ailleurs le seul cheminement possible ? Le défaut de la théorie est, finalement, de présupposer que tout un ensemble de conditions économiques et culturelles favorables est réuni, ce qui n'est nullement vrai dans le monde rural qui représente encore plus de la moitié de la population de l'Afrique : l'analphabétisme est important, le travail non rémunéré prédominant et le statut de la femme sensiblement inférieur à celui de l'homme. » (Charbit et Gaimard, 2015 : 162-164).

En milieu rural, les facteurs économiques façonnent aussi la réalité sociale, mais selon une tout autre logique. Dans les économies rurales, les modes de production restent encore rudimentaires, faisant intervenir une nombreuse main-d'œuvre. Avoir beaucoup d'enfants constitue, à ce titre, une ressource importante. La valeur productive de l'enfant pour les femmes reste essentielle (Adjamagbo, 2000). Il n'est pas rare que les femmes accèdent à la terre sous condition d'avoir une fécondité élevée (Frank et McNicoll, 1987). Omrane (2015) a analysé l'incidence de la superficie de l'exploitation agricole sur la fécondité à Madagascar : conformément à la « *land-labour demand hypothesis* » émise par Stokes et Schutjer (1984) le ménage qui a accès à de larges surfaces cultivables peut augmenter son revenu en employant un nombre élevé de ses membres dans l'exploitation familiale. Clay et Johnson (1992, cités par Omrane, 2007) soulignent un effet significatif de la taille de l'exploitation agricole sur la fécondité bien que la relation entre le nombre d'enfants et les surfaces cultivées soit surtout visible à partir de sept enfants. Nous testerons cette relation sur les femmes nigériennes agricultrices ayant 5 enfants ou plus.

Plus généralement, « Il est rationnel d'avoir une famille nombreuse parce que la famille reste une unité de production, très peu mécanisée, reposant sur la main-d'œuvre du groupe domestique (femmes, enfants et autres parents hébergés), et que les coûts de l'enfant en matière d'éducation, de santé et de logement sont nuls ou faibles. En l'absence de système public de couverture sociale et de retraite, ceux-ci constituent une véritable assurance multirisque, en tout cas en matière de santé et de vieillesse. L'argument se prolonge : avoir beaucoup d'enfants permet de satisfaire prioritairement les besoins en main-d'œuvre pour la production agricole, surtout dans le cas des familles vivant en autosubsistance. Une fois satisfaite cette condition de survie, les enfants « excédentaires » peuvent être orientés vers des métiers d'artisan et, mieux encore, le chef de famille peut investir dans leur éducation en les envoyant dans une ville voisine. Ceci revient, certes, à réduire l'aléa climatique qui pèse sur les revenus de l'agriculture et donc la vulnérabilité. Mais, en arrière-plan, le calcul probabiliste est imparable : si chaque enfant supplémentaire ne coûte presque rien, mais qu'il peut rapporter gros (réussite en ville), alors pourquoi se priver de cette possibilité ? Tout repose sur la *weltanschauung* du père de famille : sa stratégie s'étend-elle au-delà des limites du village ? D'un point de vue socioculturel cette fois, à la famille nombreuse est associé un grand prestige, tandis que la société valorise l'autorité des parents et des anciens, ce qui ne favorise pas l'émancipation des femmes et entretient des valeurs traditionnelles orientées vers la reproduction du groupe. C'est pourquoi les femmes sont confinées dans leur rôle de reproductrice, outre leur contribution à l'économie familiale. Il n'est pas question qu'elles envisagent un destin personnel et elles doivent se marier tôt pour répondre aux attentes du groupe familial, social ou ethnique en Afrique. » (Charbit et Gaimard, 2015 : 164-166).

Au total, la procréation revêt un caractère primordial au sein des sociétés patriarcales dans la mesure où elle contribue non seulement à la stabilité du couple, mais aussi à la perpétuation du lignage et du groupe social. Les écarts entre hommes et femmes sont importants. Comme dans d'autres pays de la région, au Niger le nombre d'enfants désirés par les maris est supérieur à celui indiqué par leurs femmes : 13 enfants contre 9.

Les facteurs directs ou déterminants de la fécondité

Les EDS rendent mal compte de la complexité des facteurs indirects, mais elles mesurent bien des variables qui déterminent au contraire directement le niveau de la fécondité. C'est en particulier le cas de l'âge au mariage et de la contraception. Nous les présenterons rapidement avant de produire les données relatives au Niger.[1]

L'âge au mariage

Les pratiques matrimoniales habituelles en Afrique, qui conduisent à une entrée relativement précoce des femmes en union, sont un des déterminants principaux du niveau élevé de la fécondité. Dans les villes, le retard à l'entrée en union est un des déterminants importants de la baisse de la fécondité. L'entrée précoce en union des femmes n'est certes pas le seul facteur qui influence la fécondité, la polygamie et la fréquence des remariages jouent un rôle en favorisant l'exposition des femmes au risque de concevoir. Cependant l'âge d'entrée en union est de loin le plus important.

La prévalence contraceptive

La pratique de la contraception est encore à ses débuts en Afrique subsaharienne. Les programmes de planification familiale qui ont été mis en place n'ont pas eu l'efficacité attendue ni la rapidité de diffusion escomptée, pour des raisons diverses selon les sociétés, bien que les recherches menées dans le domaine dénotent des besoins non satisfaits en planification familiale (Westoff et Bankole, 1995 ; Casterline et Sinding, 2000). « Le Kenya, écrivent Charbit et Gaimard, est une exception notable. En 1977, la première enquête de fécondité avait révélé qu'il détenait le record mondial de fécondité avec 8,3 enfants par femme. En 2012, dans ce pays rural à 72 %, où 31 % des femmes en âge de procréer sont analphabètes, la baisse de la fécondité est très marquée : 4,4 enfants, soit une diminution de 47 % en 35 ans.

Que s'est-il passé ? La contraception a certainement permis aux femmes kényanes de réduire leur fécondité. L'offre de contraception, mais plus généralement les prestations en matière de santé, se sont améliorées avec le plan quinquennal de 1975-1979 : autorisation de l'avortement pour protéger la santé de la femme, aide aux couples en cas de stérilité, fourniture gratuite et décentralisée des services de planification familiale. Mais l'explication par

[1] Nous n'évoquerons pas les pratiques d'abstinence post-partum ni l'allaitement prolongé qui ne sont pas à proprement parler des indicateurs du développement social. Ces pratiques, fortement valorisées par les croyances et la pression sociale, sont le facteur principal de la maîtrise de la fécondité africaine en l'absence de contraception moderne. Leur abandon, lorsqu'elles ne sont pas remplacées par une pratique contraceptive efficace, conduit à des intervalles entre naissances plus rapprochés et par conséquent à une augmentation de la fécondité. C'est ce que l'on a observé dans certains groupes sociaux urbanisés mais peu scolarisés au Nigeria (Page et Lesthaeghe, 1981).

le seul comportement d'une élite de « femmes pionnières » ne suffit pas. En 2008, 46 % des femmes urbaines et, fait encore plus notable, 37 % des femmes rurales, et même 12 % des femmes analphabètes utilisaient une méthode moderne de contraception (Kenya National Bureau of Statistics, 2010). Plusieurs facteurs socioéconomiqueset institutionnels expliquent le changement dans le comportement des femmes, mais aussi des hommes, et ceci en ville comme en milieu rural. D'importantes mesures législatives ont été prises : l'âge minimum au mariage a été fixé à 18 ans pour les femmes et à 20 ans pour les hommes, et de nouvelles lois foncières et successorales ont considérablement accru les droits des femmes. Elles interdisent à l'homme de vendre les terres dont les femmes et leurs enfants ont besoin pour subsister. Une des lois prévoit que toutes les personnes en ligne directe qui étaient à la charge du défunt (ses veuves, ses fils et ses filles) doivent hériter de ses biens et, en l'absence de testament, le partage égalitaire s'impose. Le résultat a été de faire prendre conscience aux hommes des conséquences d'une fécondité élevée, puisque chaque naissance supplémentaire réduit les parts d'héritage et surtout cette réforme a accru l'autonomie des femmes. Simultanément, on a observé que la dot tend à perdre son importance et même à disparaître dans certaines ethnies. Enfin, à partir de 1979, la principale association féminine a joué un rôle décisif dans la promotion de la planification familiale, non seulement par l'organisation de campagnes d'information, mais aussi en offrant des services en milieu rural et en améliorant l'autonomie des femmes grâce à des projets de développement économique. Ainsi, le développement social, associé à un effort pour mettre à la disposition de la population la contraception, a pu efficacement contrebalancer le système de valeur nataliste. » (Charbit et Gaimard, 2015 : 153-155).

En conclusion, l'analyse de la fécondité requiert que soient pris en compte tant les facteurs liés au contexte, au ménage, que ceux relatifs aux individus.

LES DETERMINANTS DE LA FECONDITE

La stabilité de la parité atteinte (1992-2012)

Au Niger, le niveau de fécondité est resté stable et élevé entre 1992 et 2012 : entre 7,1 et 7,6 enfants en moyenne par femme. Cette stabilité de l'indice synthétique de fécondité est le résultat de plusieurs facteurs dont la précocité de l'âge au premier mariage, la faible prévalence contraceptive moderne et d'autres facteurs que nous identifierons à partir d'une analyse multivariée. Un autre indicateur, la parité moyenne atteinte à divers âges, confirme le niveau de fécondité observé plus haut (Graphique 1). Avec près de huit enfants par femme dans le dernier groupe d'âge, ce résultat montre que le niveau de fécondité ne connaîtra pas une baisse dans un futur proche. Pourtant cette stabilité de la fécondité masque des disparités. Selon les résultats des quatre EDS, le niveau de fécondité est resté plus faible en milieu urbain qu'en milieu rural et a connu une baisse de près d'un point. Pendant ce temps, ce niveau est resté élevé en milieu rural et a même connu une hausse au cours de la même période.

GRAPHIQUE 1. EVOLUTION DE LA PARITE MOYENNE SELON LES EDS

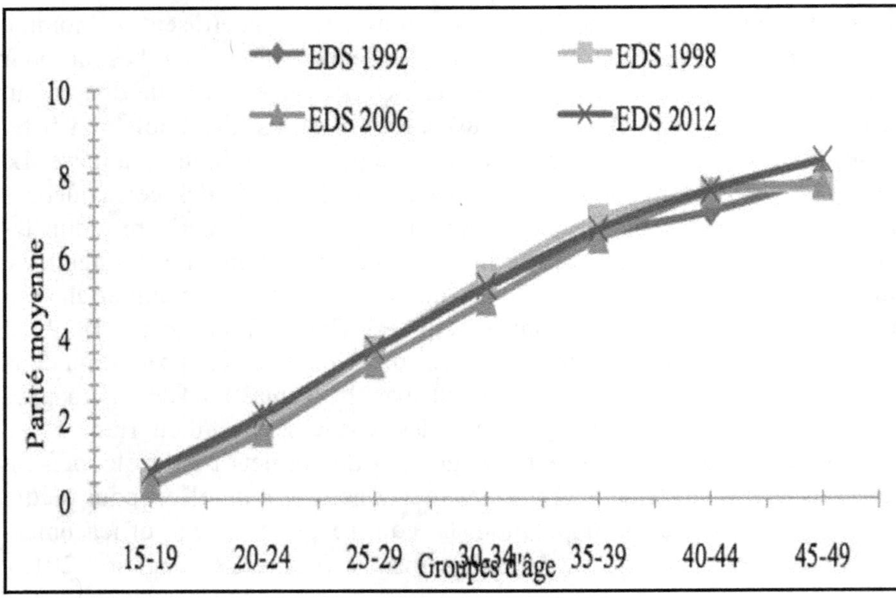

Evolution des principaux déterminants de la fécondité de 1992 à 2012

Les femmes nigériennes contractent leur première union aux alentours de 15 ans, rendant ainsi la durée d'exposition plus longue. Ce qui explique le niveau encore élevé de la fécondité. On note cependant une augmentation de l'âge au premier mariage de 2,5 ans en milieu urbain alors qu'il est resté stable à près de 15 ans en milieu rural au cours des vingt dernières années (Tableau 1). L'écart d'âge au premier mariage entre les femmes du milieu urbain et celles du milieu rural dépasse deux ans en 2012.

La contraception est rarement utilisée pour limiter ou éviter des grossesses. En 1992, seule une femme sur cinquante utilisait une méthode contraceptive moderne. Près de 20 ans après, moins de 10 % des femmes ont utilisé une méthode contraceptive moderne. Comme pour l'âge au premier mariage, on enregistre des disparités selon le milieu de résidence dans l'utilisation de la contraception. C'est en milieu urbain que son utilisation est la plus répandue (23 %) contre seulement 6 % en milieu rural en 2012.

TABLEAU 1. EVOLUTION DE L'AGE AU MARIAGE ET DE LA CONTRACEPTION PAR MILIEU DE RESIDENCE DE 1992 A 2012

EDS	ISF		Age moyen au premier mariage (Années)		Prévalence contraceptive moderne (%)	
	Urbain	Rural	Urbain	Rural	Urbain	Rural
1992	6,7	7,5	15,4	15,0	8,6	0,7
1998	5,9	7,9	15,8	15,0	18,6	2,1
2006	6,0	7,4	16,7	15,4	18,2	2,7
2012	5,6	8,1	17,9	15,6	23,0	5,8

La parité élevée et ses déterminants

Nous prenons comme critère de la parité élevée 5 enfants et plus, soit la parité atteinte entre 30 et 35 ans (Graphique 1). Les résultats de la régression logistique font ressortir six déterminants clés qui prédisposent la femme à avoir 5 enfants ou plus (Tableau 2). Il s'agit de certaines caractéristiques sociodémographiques : sexe du chef de ménage et pour la femme elle-même, type d'union, activité économique, niveau d'instruction, utilisation d'une méthode contraceptive moderne, âge au premier mariage.

Le fait que le chef de ménage soit une femme a une influence négative sur le nombre de ses enfants. Par rapport à ceux dirigés par un homme, on note jusqu'à 50 % moins de risque d'avoir 5 enfants ou plus durant sa vie féconde. A cela, il faut ajouter dans le contexte nigérien la difficulté que ces femmes ont à se remarier. Comparée à une femme mariée en union monogamique, une femme mariée à un homme polygame a presque 2 fois plus de risques de faire 5 enfants ou plus. Dans la perspective du partage de l'héritage en cas du décès du conjoint, chacune aura tendance à vouloir faire plus d'enfants dans l'espoir d'avoir plus de biens à hériter.

L'activité économique de la femme a une influence significative sur le nombre de ses enfants. Ainsi, comparées aux femmes sans emploi, les commerçantes ou agricultrices ont 2 fois plus de risques d'avoir une descendance nombreuse. Pour les agricultrices l'hypothèse de la « *land-labour demand hypothesis* » semble confirmée. Nous avons mis l'accent sur deux déterminants proches de la fécondité, la contraception et l'âge au mariage. La régression confirme un résultat attendu : le recours aux méthodes contraceptives modernes a une influence négative sur la descendance de la femme.

TABLEAU 2. RISQUES RELATIFS DE FAIRE CINQ ENFANTS OU PLUS

	EDSN 1992	EDSN 1998	EDSN 2006	EDSN 2012
Nbre d'observations	5 200	6 085	7 360	11 160
Région de résidence				
Maradi	*Réf.*	*Réf.*	*Réf.*	*Réf.*
Agadez	0,80 (ns)		1,21 (*)	0,77 (ns)
Diffa	0,44 (***)		0,82 (*)	0,37 (***)
Dosso	0,98 (ns)	1,05 (ns)	0,89 (ns)	1,11 (ns)
Tahoua	0,93 (ns)	1,08 (ns)	0,85 (*)	1,10 (ns)
Tillabéri	0,98 (ns)	1,10 (ns)	1,07 (ns)	1,65 (**)
Zinder	0,77 (**)	0,83 (**)	1,19 (ns)	1,04 (ns)
Niamey	0,98 (ns)	1,47 (ns)	1,01 (ns)	1,03 (ns)
Milieu de résidence				
Rural	*Réf.*	*Réf.*	*Réf.*	*Réf.*
Urbain	0,97 (ns)	1,11 (ns)	0,99 (ns)	0,98 (ns)
Sexe du chef de ménage				
Masculin	*Réf.*	*Réf.*	*Réf.*	*Réf.*
Féminin	0,67 (***)	0,74 (***)	0,84 (***)	0,51 (***)
Type d'union				
Monogame	*Réf.*	*Réf.*	*Réf.*	*Réf.*
Polygame	1,82 (***)	1,67 (***)	1,73 (***)	1,79 (***)
Occupation				
Aucune	*Réf.*	*Réf.*	*Réf.*	*Réf.*
Agriculture	1,11 (ns)	1,26 (***)	1,3 (***)	2,75 (***)
Commerce	2,10 (***)	2,17 (***)	2,51 (***)	2,71 (***)
Cadre	3,25 (***)	0,61 (ns)	1,54 (ns)	1,69 (ns)
Ouvrière	1,48 (***)	1,81 (***)	1,17 (*)	1,87 (*)
Autres activités	3,63 (***)	3,03 (***)	1,16 (ns)	1,54 (ns)
Utilisation de la contraception moderne				
Oui	*Réf.*	*Réf.*	*Réf.*	*Réf.*
Non	1,82 (***)	1,34 (***)	1,24 (**)	0,81 (ns)
Discussion de la PF au sein du couple				
Jamais	*Réf.*	*Réf.*		
Parfois	0,89 (*)	1,06 (ns)		
Souvent	0,90 (*)	1,08 (ns)		
Décision de l'utilisation de la PF				
Enquêtée				*Réf.*
Mari				0,62 (**)
Les deux				0,85 (ns)
Autre personne				0,98 (ns)
Âge au premier mariage				
8-14 ans	*Réf.*	*Réf.*	*Réf.*	*Réf.*
15-19 ans	0,80 (***)	0,58 (***)	0,72 (***)	0,55(***)

	EDSN 1992	EDSN 1998	EDSN 2006	EDSN 2012
Nbre d'observations	5 200	6 085	7 360	11 160
20 ans et plus	0,53 (***)	0,27 (***)	0,53 (***)	0,27(***)
Niveau d'instruction de la femme				
Aucun	*Réf.*	*Réf.*	*Réf.*	*Réf.*
Primaire	0,43 (***)	0,52 (***)	0,63 (***)	0,64 (***)
Secondaire et plus	0,17 (***)	0,40 (***)	0,40 (***)	0,29 (***)
Constante	0,70 (***)	0,74(***)	0,74 (***)	1,42 (ns)

Note : (***) significatif au seuil de 10 % ; (**) significatif au seuil de 5 % ; (*) significatif au seuil de 1 % ; (ns) non significatif.

L'âge au premier mariage, on l'a vu, est reconnu comme fortement déterminant. De fait, comparées aux femmes qui se sont mariées avant 14 ans, celles qui se marient entre 15 et 19 ans ont 20 à 50 % moins de risques d'avoir une descendance nombreuse. Mieux, quand la femme se marie après 20 ans, elle a jusqu'à 50 % à 80 % moins de risques d'avoir une descendance nombreuse. La dernière variable, l'éducation est un indicateur du développement social. Nos résultats confirment l'hypothèse selon laquelle la scolarisation de la femme réduit le nombre de ses enfants. Ainsi, quand la femme a atteint le niveau primaire, elle a 50 % moins de risques d'avoir plus de cinq enfants. Mieux, quand la femme atteint le niveau secondaire ou plus, elle a jusqu'à 80 % moins de risques d'avoir une fécondité élevée.

CONCLUSION

Cette analyse des déterminants du maintien à un niveau élevé de la fécondité reste très partielle et incomplète (petit nombre des variables utilisées, absence des facteurs culturels, notamment). Les résultats mis en évidence dans ce chapitre montrent qu'il faut élargir les investigations sur la fécondité au Niger en recherchant les causes profondes de la situation actuelle et en particulier identifier l'importance et la représentation de l'enfant dans les sociétés nigériennes ; les causes culturelles profondes du mariage de jeunes filles; les obstacles à l'utilisation de la contraception moderne au Niger. Au regard des résultats obtenus, quelques conclusions et recommandions importantes peuvent être tirées.

Il est souhaitable de sensibiliser la population sur les avantages des espacements des naissances, qui permettent aux couples de mieux assurer les besoins spécifiques de leurs enfants et d'aboutir à une descendance en bonne santé et instruite. Dans le même sens, il est souhaitable de sensibiliser les populations nigériennes sur les défis d'un accroissement rapide de la population et surtout de son rajeunissement. En effet, la forte fécondité du Niger se traduit par une population très jeune nécessitant une attention particulière en termes de santé, d'éducation et d'emploi.

Compte tenu de l'importance de l'instruction sur la réduction de la fécondité, l'Etat doit continuer à promouvoir la scolarisation de la jeune fille. Et pour parvenir à un effet durable, il faut maintenir la jeune fille à l'école au moins jusqu'au secondaire. L'éducation doit être améliorée tant au niveau quantitatif que qualitatif. Les filles doivent avoir les mêmes chances que les garçons. Les structures doivent être développées et les effectifs du personnel de l'enseignement secondaire, l'enseignement supérieur et la formation professionnelle augmentés pour que les jeunes acquièrent les compétences requises afin de trouver un emploi. Cela permettrait, par la même occasion, d'élever l'âge au premier mariage. Dans ce sens, les lois contre les mariages précoces doivent être promulguées et appliquées. Les filles qui se marient tôt ont des enfants plus tôt que celles qui restent à l'école et se marient plus tard. Le mariage précoce réduit également la contribution économique des femmes.

BIBLIOGRAPHIE

Adjamagbo A., 2000, Rapports de production et relation de genre dans les sociétés rurales des pays en développement in Locoh T (dir.), *Rapports de genre et questions de population dans les pays du Sud.* Coll. Dossiers et recherches de l'INED, Paris.

Charbit Y., Gaimard M., 2015, *La bombe démographique en question,* Paris, PUF.

Clay D.C., Johnson N.E., 1992, Size of farm or size of family: which comes first ?, *Population Studies*, vol. 46, n°3: 491-505.

Cleland J., Wilson C., 1987, Demand theories of the fertility transition. An iconoclastic view, *Population Studies*, vol. 41, n°1: 5-30.

Frank O., McNicoll G., 1987, An interpretation of fertility and population policy in Kenya, *Population and Development Review,* vol. 13, n°2: 209-244.

Kenya National Bureau of Statistics, 2010, *Kenya Demographic and Health Survey 2008-2009*, Nairobi.

Omrane M., 2007, *Accès à la terre, dynamique démographique et ancestralité dans les Hautes Terres de Madagascar*, Paris, L'Harmattan.

Stokes C.S., Schutjer W.A., 1984, Access to land and fertility in developing countries in Schutjer W.A., Stokes C.S (eds.), *Rural development and human fertility*, New York, Macmillan, 195-215.

CHAPITRE 5

L'ALLAITEMENT PRECOCE

Naoko HORII, Oumarou HABI, Alio DANGANA, Abdou MAINA, Souleymane ALZOUMA

POURQUOI PROMOUVOIR UN ALLAITEMENT PRECOCE ET EXCLUSIF ?

L'OMS définit comme *précoce* l'allaitement pratiqué dans la première heure qui suit l'accouchement (World Health Organization, 2003). C'est en effet primordial pour la survie et la santé néonatale car il peut réduire la mortalité néonatale de 45 % (Bhutta et al., 2013). Les bénéfices de l'allaitement *exclusif* dans la période postpartum sont plus faibles lorsqu'il n'est pas précoce. Or, au Niger moins de la moitié des femmes pratiquent l'allaitement précoce dans l'heure qui suit l'accouchement (48 %) et encore moins nombreuses sont celles qui pratiquent l'allaitement exclusif jusqu'à l'âge de 6 mois (14 %) (INS, 2007). Quels sont les facteurs qui déterminent l'allaitement précoce ? Quelles difficultés entravent la pratique de l'allaitement précoce, tel que recommandé par l'OMS et l'UNICEF (World Health Organization, 2001a, 2001b) ? L'inégalité sociale et économique, notamment, constitue un sujet préoccupant pour les chercheurs et intervenants qui souhaitent améliorer la santé infanto-juvénile (Chopra et al., 2012 ; Chopra, Campbell, Rudan, 2012).[1]

L'UNICEF a lancé un programme de recherche-action participative au Niger depuis 2008 pour promouvoir les pratiques familiales essentielles. Sauf mention contraire, tous les chiffres des tableaux de ce chapitre sont tirés de l'enquête de ce programme. Il a débuté dans les deux régions de Maradi et Zinder, et a été élargi à deux autres régions, Tillabéri et Thaoua depuis 2011 à l'initiative des institutions publiques communales et départementales, des associations locales et des ONG, avec l'appui financier et technique de l'UNICEF. Ce programme pilote avait pour but de modéliser les diverses méthodes de communication qui avaient le plus changé le comportement des

[1] Ce chapitre est une version remaniée de Horii et al., 2014. Le lecteur trouvera d'autres informations, notamment sur la méthodologie de l'Enquête sur les pratiques familiales essentielles dans : Institut National de la Statistique du Niger, 2012.

mères. On trouvera en annexe une présentation succincte de l'enquête. Dans les quatre régions de Maradi, Zinder, Tillabéri et Tahoua, la plupart des mères (N = 1 546, soit 80 %) ont arrêté d'allaiter exclusivement leur enfant pendant les trois premiers jours suivant la naissance. Il est important de développer une stratégie spécifique portant sur cette période postpartum. Parmi ces mères, plus de la moitié ont donné d'autres types de lait que du lait maternel. Ce chapitre examine les effets de ce programme. Les déterminants clés de l'allaitement optimal dans la première heure qui suit l'accouchement sont identifiés. Puis est évalué le programme de communication auprès des mères les plus vulnérables qui portait sur l'allaitement précoce.

DETERMINANTS DE L'ALLAITEMENT PRECOCE

Statut socioéconomique et recours aux soins de santé

Certains indicateurs sociodémographiques et économiques des mères, tels que leur statut matrimonial et familial ou leur occupation s'avèrent statistiquement significatifs (Tableau 1). Comparées aux femmes en union monogamique, celles en union polygamique (54 %, 66 % respectivement, p=0,002) pratiquent plus souvent l'allaitement précoce. Celles qui ont le statut de conjointe du chef de ménage ont allaité plus souvent leur enfant moins d'une heure après l'accouchement (59 %) que les autres (39 %, p<0,001). Les mères qui exercent des travaux ménagers sans revenu comme activité principale (44 %) ont particulièrement du mal à initier l'allaitement moins d'une heure après l'accouchement, comparées à celles qui sont agricultrices ou commerçantes (80 %, 85 % respectivement, p<0,001). Des activités génératrices de revenu sont fortement liées à la pratique de l'allaitement postpartum (70 %, p<0,001) et incitent davantage les mères à initier l'allaitement précoce.

L'allaitement précoce varie selon le niveau d'instruction : seules les mères qui ont atteint le niveau secondaire (74 %) ont un taux d'allaitement précoce nettement supérieur à celles de niveau primaire (54 %) ou qui n'ont aucune instruction (60 %, p=0,02). L'absence de liaison entre l'allaitement précoce et le nombre d'accouchements contredit les résultats des autres études ayant démontré que les femmes multipares pratiquent l'allaitement précoce plus que les primipares (Horii et al., 2011). Les mères qui ont effectué au moins quatre consultations prénatales dans un centre de santé ont plus souvent allaité précocement leur enfant que celles qui n'en ont jamais effectué (61 % et 46 % respectivement, p<0,001).

TABLEAU 1. ALLAITEMENT PRECOCE ET RECOURS AUX SOINS DE SANTE SELON LE STATUT SOCIOECONOMIQUE DES MERES (N=2 091)

Caractéristiques		Catégorie d'enfants				
		Ensemble des enfants		Enfants allaités 1h après l'accouchement		
		n	%	n	%	*p*
Statut de gravide	Primipare	217	10,4	82	60,3	0,39
	Multipare	1 872	89,6	660	56,5	
Statut matrimonial	Mariée monogame	1 485	71,7	497	53,7	0,002
	Mariée polygame	510	24,6	209	65,7	
Lien avec le chef de ménage	Conjointe	1 855	89,0	685	59,4	<0,001
	Autres	230	11,0	57	38,8	
Occupation	Agriculture/élevage	522	25,1	261	79,8	<0,001
	Commerce/service	195	9,4	99	85,3	
	Travaux ménagers	1 361	65,5	378	44,4	
Niveau d'instruction	Aucun	1 259	60,1	449	56,3	0,02
	Coranique	466	22,3	154	56,2	
	Primaire	246	11,8	81	54	
	Secondaire ou plus	123	5,9	57	74	
Activités génératrices de revenu	Oui	717	34,4	308	69,7	<0,001
	Non	1 367	65,6	431	50,2	
Nombre de consultations prénatales	Jamais ou 1 fois	186	9,0	36	46,2	<0,001
	2 à 3 fois	660	32,1	187	49,9	
	Plus de 4 fois	1 211	58,9	510	61,3	
Type de personnel aux CPN	Sages-femmes	823	44,6	370	71.0	<0,001
	Agent de santé/médecin	1 023	55,4	323	49,5	
Décision de dépenses pour soins de l'enfant	Oui	1 324	63,6	451	54,0	0,004
	Non	757	36,4	291	62,2	
Discussion avec le mari ou la grand-mère sur les PFE***	Oui	1 151	55,2	482	66,5	<0,001
	Non	934	44,8	258	44,8	
Engagement actif des mères à promouvoir	Allait.exclusif	348	16,7	165	67,1	<0,001
	Autres PFE	825	39,6	321	61,3	
	Aucune activité	911	43,7	254	47,7	

De même avoir effectué la consultation prénatale auprès d'une sage-femme plutôt qu'un autre professionnel de santé (médecin ou agent de santé) favorise l'allaitement précoce (71 % contre 50 %, p<0,001). Avoir un pouvoir de décision sur les dépenses de soins de leur enfant indépendamment du mari n'a pas d'effet positif sur l'allaitement précoce (54 %, p=0,004). Une influence positive et statistiquement significative est constatée également chez les mères ayant eu une discussion avec leurs maris sur les Pratiques familiales essentielles (67 %, p<0,001). Celles qui ont pris l'initiative de promouvoir des pratiques telles que l'allaitement exclusif pratiquent davantage l'allaitement précoce (67 %) comparées à celles qui ne se sont engagées dans aucune activité de promotion de santé de l'enfant (48 %, p<0,001).

Comparaison entre le groupe d'intervention et le groupe témoin

Lorsque l'on compare le groupe d'intervention et les groupes témoins du programme de communication, ni le statut matrimonial (être en union polygamique ou monogamique), ni les caractéristiques liées à l'activité n'ont d'effet sur l'allaitement précoce dans le groupe d'intervention (Tableau 2). Exercer des travaux ménagers sans revenu n'a pas d'influence négative sur la pratique de l'allaitement postpartum (90 %) comparé à d'autres occupations telles que l'agriculture et le petit commerce (87 % et 94 %, respectivement, p=0,3).

La majorité des mères pratique l'allaitement précoce (90 %, p=0,6) dans le groupe d'intervention. Avoir effectué les quatre consultations prénatales n'influe pas sur l'allaitement précoce quand on compare les groupes : les consultations prénatales offertes par les sages-femmes révèlent une liaison à peine significative (91 %, p=0,07) dans le groupe d'intervention. La prise de décision sur les dépenses de soins de leur enfant s'avère faiblement significative (91 %, p=0,09) alors que cet indicateur défavorise la pratique de l'allaitement précoce (37 %, p<0,01) dans le groupe témoin. Avoir discuté avec le mari sur les soins préventifs de l'enfant n'a pas d'effet statistiquement significatif sur l'allaitement précoce (91 %, p=0,13).

Malgré leur vulnérabilité socio-économique, les mères enquêtées au Niger qui allaitent leur enfant moins d'une heure après l'accouchement sont plus nombreuses (57 %) que dans le reste de l'Afrique de l'ouest et centrale (41 %). Notre hypothèse est que les mères en union monogamique sont plus vulnérables que celles en union polygamique et c'est cette vulnérabilité qui rend l'allaitement précoce plus rare. Nos données suggèrent que l'allaitement est un acte dépendant de l'inégalité socioéconomique qui est le principal obstacle à l'allaitement précoce (Dyson, 2010).

TABLEAU 2. CARACTERISTIQUES DES MERES AYANT PRATIQUE L'ALLAITEMENT PRECOCE PAR ZONE D'INTERVENTION (N=2 091)

		Groupe d'intervention			Groupe témoin		
		Maradi et Zinder			Maradi, Zinder, Tillabéri et Tahoua		
		n	%	*p*	n	%	*p*
Statut matrimonial	Mariée monogame	264	89,8	0,33	233	36,9	0,001
	Mariée polygame	116	86,6		93	50,5	
Occupation	Agriculture/élevage	190	87,2	0,29	71	65,1	<0,001
	Commerce/service	73	93,6		26	68,4	
	Travaux ménagers	129	89,6		249	35,2	
Activités génératrices de revenu	Oui	220	89,1	0,96	88	45,1	0,11
	Non	174	89,2		257	38,8	
Nombre de consultations prénatales	Jamais ou 1 fois	14	93,3	0,57	22	34,9	0,07
	2 à 3 fois	89	86,4		98	36,0	
	Plus de 4 fois	286	89,7		224	43,7	
Type de personnel aux CPN	Sages-femmes	226	91,1	0,07	144	52,8	<0,001
	Agent de santé/médecin	154	85,6		169	35,7	
Décision de dépenses pour soins de l'enfant	Oui	239	91,2	0,09	212	36,9	0,004
	Non	155	86,1		136	47,2	
Discussion avec le mari sur PFE	Oui	307	90,6	0,13	175	45,3	0,006
	Non	87	85,3		171	36,1	

Les variables telles que le dialogue avec le mari et la participation des mères aux séances de promotion de l'allaitement auprès des autres femmes dans le village indiquent des interactions élevées entre les mères et leur entourage. Celles-ci influencent positivement la pratique de l'allaitement précoce, car les femmes sont souvent réticentes à adopter une nouvelle pratique indépendamment des autres par peur d'être exclues de leur communauté et la décision d'adopter une nouvelle pratique est souvent prise collectivement en imitant ce que font leurs pairs. Etre mariée en union monogamique, caractéristique identifiée plus haut comme influant négativement l'allaitement précoce, conduit les femmes à s'isoler avec leur mari et leur belle-mère, alors que celles qui sont mariées en union polygamique vivent souvent dans la même concession et sont en contact avec les autres femmes en âge de procréer. Il se peut que vivre dans un ménage polygamique favorise un changement de comportement pour les soins préventifs de santé de leur enfant. Toutefois, les résultats sont inconsistants et variables quant aux interactions familiales chez les femmes polygames (Madhavan, 2001) et le statut matrimonial ne peut être considéré comme un déterminant de l'allaitement précoce.

Par ailleurs, l'engagement des mères à promouvoir l'allaitement auprès de leurs pairs (Naudet, 2012) indique également que les groupements des femmes favorisent l'adoption de la pratique de l'allaitement postpartum et qu'il peut être considéré comme un déterminant plus constant que l'état matrimonial. L'autonomie des mères dans la prise de décision sur les dépenses de soins de leur enfant (Raine, 2003) a émergé comme un déterminant de l'allaitement précoce dans le groupe d'intervention alors qu'avoir une discussion avec les maris n'a plus d'effet sur l'allaitement précoce. Autrement dit, les mères plus autonomes dans leur décision sont désormais en mesure de prendre une décision sur la pratique de l'allaitement postpartum indépendamment du lieu de discussion avec leur mari.

Plusieurs acteurs jouent un rôle déterminant dans l'allaitement postpartum aux côtés des mères : les maris, les grand-mères, qui font souvent fonction d'accoucheuse traditionnelle au village et les groupements de femmes qui s'engagent dans la promotion de l'allaitement dans leur entourage. L'appui des maris et d'autres femmes engagées à promouvoir l'allaitement auprès de leurs pairs est déterminant. Les services de maternité souvent surchargés reçoivent des mères pour les consultations prénatales à la minute près dans les Centres de santé intégrés de district. Beaucoup de mères ont témoigné avoir préféré se rendre au CSI pour être reçues par les professionnels de santé plus qualifiés. Alors que les sages-femmes sont souvent mieux formées par de nombreux programmes d'appui aux soins de santé intégrés du nouveau-né et aux techniques de counseling, le niveau d'expertise dans ce domaine parmi les médecins et les agents de santé des cases de santé au niveau communautaire semble inégal.

Dans le groupe d'intervention, les indicateurs statistiquement liés à l'allaitement précoce ont perdu leur influence positive ou négative sur la pratique de l'allaitement postpartum. La vulnérabilité socioéconomique des mères n'a plus d'influence sur l'allaitement précoce dans le groupe d'intervention. En effet, les mères d'enfants de moins de 24 mois du groupe d'intervention ont pratiqué l'allaitement précoce quel que soit leur statut socio-économique. Une évaluation plus approfondie des différents types de stratégie de changement comportemental des mères permettrait de confirmer les effets du programme de communication participative pour l'amélioration des soins de santé de l'enfant en particulier l'allaitement optimal postpartum quel que soit le niveau de vulnérabilité socio-économique. Examinons maintenant les effets du programme de communication sous l'angle de l'équité socio-économique.

VULNERABILITE ET ALLAITEMENT POSTPARTUM

Evaluation des modalités d'intervention

L'enquête sur les pratiques familiales essentielles a permis de quantifier les différents types d'interventions de communication pour la promotion de l'allaitement précoce. Les analyses bivariées (Tableau 1 ci-dessus) ont montré que certains indicateurs de vulnérabilité socioéconomique contribuent au retard de l'allaitement. La polygamie était significativement associée à l'allaitement précoce (N=209, 66 %, p=0,002) sachant que les mères en union polygamique au Niger s'avèrent plus favorisées que celles en union monogamique, au regard du niveau d'éducation, des activités génératrices de revenus et de l'occupation. De multiples facteurs de risque sont susceptibles d'affecter l'allaitement précoce notamment lorsqu'on relie les caractéristiques sociodémographiques et économiques des mères et la pratique de l'allaitement postpartum.

Parmi les mères ayant bénéficié des interventions du programme de communication, la plupart ont dit avoir débuté l'allaitement dans la première heure qui suit l'accouchement (89 %) alors que 77 % des mères du groupe témoin dans les mêmes régions que celles du groupe d'intervention (Maradi et Zinder) ont pratiqué l'allaitement précoce (p<0,001). Seules 26 % des femmes du groupe témoin dans les deux autres régions (Tahoua et Tillabéri) ont adopté l'allaitement précoce (Tableau 3). Dans l'ensemble, les différences entre groupe d'intervention et groupe témoin sont statistiquement significatives. Ainsi, la stratégie de communication pour la promotion des soins intégrés de santé de l'enfant a amélioré la pratique de l'allaitement précoce.

Les activités à base communautaire ayant incité les maris à s'engager à promouvoir les pratiques familiales essentielles (59 %) n'ont pas eu d'influence significative sur l'allaitement précoce comparés à ceux qui ne se sont jamais engagés (56 %, p=0,23). De même, les activités organisées par les ONG n'ont pas non plus influé sur l'allaitement précoce. Au contraire les visites à domicile effectuées par les volontaires communautaires, recrutés et formés par le programme, qui sont pour la plupart des femmes issues du même village, sont significativement liées à l'augmentation du taux d'allaitement précoce (62 % comparées à celles qui n'ont reçu aucune visite à domicile : 54 %, p=0,003).

TABLEAU 3. EFFETS DU PROGRAMME DE COMMUNICATION SUR L'ALLAITEMENT PRECOCE AU NIGER (N=2 091)

		Répartition des mères		
		Ensemble des enfants	Enfants allaités 1h après l'accouchement	
		n (%)	n (%)	*p*
Type de zone				
Intervention (Maradi, Zinder)		674 (32,3)	394 (89,1)	<0,001
Témoin (Maradi, Zinder)		352 (16,8)	183 (76,6)	
Témoin (Tahoua, Tillabéri)		1 065 (50,9)	165 (26,4)	
Participation du mari				
(1) à la promotion des PFE				
oui		706 (44,1)	263 (59,4)	0,23
non		896 (55,9)	318 (55,6)	
(2) au débat local abordant les PFE				
oui		412 (26,1)	136 (52,7)	0,07
non		1 168 (73,9)	433 (59,2)	
Participation aux événements des ONG				
(1) les mères	Oui	729 (35,0)	263 (57,3)	0,79
	Non	1 355 (65,0)	476 (56,5)	
(2) les maris ou d'autres femmes de la même famille	Oui	626 (38,5)	233 (59,7)	0,45
	Non	1 001 (61,5)	363 (57,4)	
Visite à domicile par les relais communautaires	Oui	798 (38,3)	301 (62,2)	0,003
	Non	1 288 (61,7)	441 (53,9)	
Engagement des mères dans la promotion de :				
Allaitement exclusif		348 (16,7)	165 (67,1)	
Autres PFE*		825 (39,6)	321 (61,3)	<0,001
Aucune activité		911 (43,7)	254 (47,7)	

Note : *Autre PFE : incluent la prise en charge des diarrhées avec le SRO, la reconnaissance des signes de danger de maladies des enfants, l'utilisation des services de soins préventifs pour la vaccination et le déparasitage et l'espacement des naissances.

Ces résultats sont cohérents avec les études antérieures conduites dans d'autres pays d'Afrique subsaharienne. La stratégie de communication participative pour promouvoir l'allaitement précoce fondée sur l'engagement actif des mères qui ont joué le rôle de pairs éducateurs a été la plus efficace : 67 % contre 48 % parmi celles n'ayant jamais été impliquées dans une telle activité de promotion (p<0,001). Ainsi les approches participatives de type dialogue communautaire (UNICEF, 2008) sont plus efficaces que la communication interpersonnelle (visites à domicile effectuées par des volontaires communautaires).

Typologie des interventions du programme de communication

Pour identifier les modalités d'intervention qui ont amélioré l'allaitement postpartum, selon le niveau de vulnérabilité socioéconomique des mères, nous avons procédé à une régression logistique multivariée (Tableau 4). La communication interpersonnelle à travers les visites à domicile n'est pas significative. Quel que soit le niveau de vulnérabilité socioéconomique des mères, leur engagement dans la communication participative auprès de celles qui ont des enfants de moins de 24 mois se traduit par un taux d'allaitement précoce multiplié par deux (IC 95 %: 1,4 - 2,9).

TABLEAU 4. EFFETS DES DIVERS TYPES DE PROMOTION DE L'ALLAITEMENT PRECOCE AUPRES DES MERES VULNERABLES (N=2 091)

	Odds Ratios	IC95 %	*p*
Type de zone			
Intervention (Maradi, Zinder)	1,00	-	-
Témoin (Maradi, Zinder)	0,39	0,25-0,61	<0,001
Témoin (Tahoua, Tillabéri)	0,04	0,02-0,06	<0,001
Participation du mari			
(1) à la promotion des PFE			
Oui	1,00	-	-
Non	1,11	0,83-1,48	0,49
(2) au débat local abordant les PFE			
Oui	1,00	-	-
Non	1,36	0,98-1,88	0,07
Participation aux événements des ONG			
(1) les mères			
Oui	1,00	-	-
Non	1,19	0,91-1,55	0,2
(2) les maris ou d'autres femmes de la même famille			
oui	1,00	-	-
non	1,30	0,95-1,76	0,1
Visite à domicile par les relais communautaires			
oui	1,00	-	-
non	0,85	0,66-1,11	0,24
Engagement des mères dans la promotion sur			
Aucune activité	1,00	-	-
Allaitement exclusif	1,99	1,39-2,85	<0,001
Autre PFE	1,68	1,27-2,22	<0,001

Note : les Odd Ratio ajustés ont été calculés en contrôlant les effets de confusion des variables suivantes : état matrimonial, rapport avec le chef de famille, occupation, niveau d'éducation, activités génératrices de revenus, moyens de transport.

En résumé, les mères du groupe d'intervention ont diminué par 1,6 le risque du retard de l'allaitement après l'accouchement par rapport à celles du groupe témoin dans les régions de Maradi et Zinder (IC 95 %: -0,8; -0,4). De même, on constate une diminution par deux du risque du retard de l'initiation de l'allaitement par rapport au groupe témoin dans les régions de Tahoua et Tillabéri (IC 95 %: -0,98; -0,94). Dans l'ensemble, l'impact du programme intégré combinant différents types de stratégies de communication est donc très net sur l'allaitement précoce alors que les actions de communication isolées sont d'une efficacité inégale.

CONCLUSION

La majorité des mères enquêtées dans les quatre régions du Niger se caractérisent par leur vulnérabilité socio-économique. La faible pratique de l'allaitement peut être considérée comme le reflet de l'inégalité socioéconomique tant au niveau individuel et familial que communautaire. Nous avons analysé les différentes modalités d'intervention à base communautaire qui pourraient contribuer à l'amélioration de l'allaitement postpartum, et ceci quel que soit le niveau de vulnérabilité socioéconomique des mères. Leur participation à la vie familiale et communautaire constitue la modalité la plus appropriée.

Notre étude de cas propose un modèle efficient qui pourrait réduire la mortalité néonatale en Afrique subsaharienne. Les résultats de l'enquête indiquent que l'approche d'équité socioéconomique adoptée par le programme de communication participative pour la promotion des pratiques familiales essentielles mis en place par l'UNICEF a permis que la vulnérabilité socioéconomique ne représente plus une barrière contre l'allaitement précoce. La stratégie de communication du programme a nettement amélioré l'allaitement précoce chez les mères vulnérables (inégalités sociales, démographiques, environnementales et économiques). Quelques recommandations se déduisent de l'enquête.

(1) Etant donné la fréquence des accouchements à domicile au Niger, une collaboration avec des accoucheuses traditionnelles devrait avoir une répercussion immédiate et positive sur l'allaitement précoce et exclusif.

(2) Les femmes enceintes qui se rendent à la consultation prénatale, celles qui accouchent dans un centre de santé, et les mères qui suivent les parcours de soins de leur enfant sont en contact direct avec les agents de santé. En raison de leur expertise et de la confiance qu'ils inspirent à la population, ils pourraient ainsi étendre leurs activités aux femmes enceintes qui ne se sont jamais rendues aux consultations prénatales.

(3) La promotion des soins de santé néonatale devrait s'orienter vers les mères aux caractéristiques sociodémographiques et économiques vulnérables qui sont fortement associées à la pratique de l'allaitement précoce : les mères en union monogamique, celles sans activités génératrices de revenu, celles éloignées de points d'eau accessibles.

La stratégie de communication participative est prometteuse. La communication interpersonnelle par le biais des visites à domicile avec les volontaires communautaires devrait être intégralement repensée afin de rendre la stratégie de communication mieux adaptée. Il serait aussi utile de déterminer les groupes de populations vulnérables prioritaires au niveau de chaque village.

ANNEXE
METHODOLOGIE DE L'ENQUETE

Une enquête d'évaluation a posteriori a été réalisée de 2011 à 2012 dans le cadre du programme de la recherche action participative de la promotion des pratiques familiales essentielles lancé en 2008 au Niger. Il s'agissait de mesurer le changement de comportements des femmes enceintes et des mères d'enfants de moins de cinq ans dans leur famille et leur communauté en ce qui concerne huit pratiques de soins préventif et curatif pour la santé et la survie de l'enfant. Faute d'étude sur les zones d'intervention, l'enquête s'est appuyée sur le modèle d'évaluation d'impact en comparant le groupe d'intervention et le groupe témoin. Les strates couvrent quatre régions : Maradi, Zinder, Tillabéri et Tahoua. Les échantillons sont constitués des deux groupes suivants:

- Groupe d'intervention : 102 villages à Maradi et Zinder exposés aux interventions du programme de communication pour la promotion des Pratiques Familiales Essentielles;

- Groupe témoin : 25 villages à Maradi et Zinder qui ne sont pas couverts par les interventions, et 127 villages à Tillabéri et Tahoua qui ne sont pas couverts lors du passage de l'enquête, mais qui ont été présélectionnés pour de futures interventions.

Sur la base des données de cette enquête, un échantillon restreint a été extrapolé en vue d'une analyse secondaire sur les pratiques de l'allaitement postpartum des femmes enquêtées. L'effectif de cet échantillon s'élève à 2 091 mères dont 674 du groupe d'intervention et 1 417 du groupe témoin. Les critères d'éligibilité de la population de l'étude sont les suivants : le sexe, l'âge des femmes et l'âge du dernier enfant né afin de répertorier les femmes ayant accouché il y au moins deux ans. Il s'agit de femmes qui sont enceintes ou non, sont âgées de 14 à 49 ans et qui ont au moins un enfant de moins de 23 mois.

BIBLIOGRAPHIE

Bhutta Z.A., Das J.K., Rizvi A., Gaffey M.F., Walker N., Horton S., Webb P., Lartey A., Black R.E., 2013, Nutrition Interventions Review Group, Maternal and Child Nutrition Study Group, Evidence-based interventions for improvement of maternal and child nutrition: what can be done and at what cost? *Lancet,* 382: 452–477.

Chopra M., Sharkey A., Dalmiya N., Anthony D., Binkin N., 2012, Strategies to improve health coverage and narrow the equity gap in child survival, health, and nutrition, *Lancet*, 380: 1331–1340.

Chopra M., Campbell H., Rudan I., 2012, Understanding the determinants of the complex interplay between cost-effectiveness and equitable impact in maternal and child mortality reduction, *J Glob Health,* 2(1): 1-10.

Dyson L., Green J.M., Renfrew M.J., McMillan B., Woolridge M., 2010, Factors influencing the infant feeding decision for socio-economically deprived pregnant teenagers: the moral dimension, *Birth*, Jun, 37: 141–149.

Horii N., 2014, La promotion de l'allaitement optimal au Niger, in Charbit Y., Mishima T., *Questions de migrations et de santé en Afrique subsaharienne*, Paris, L'Harmattan, 149-174.

Horii N., Guyon A.B., Quinn V.J., 2011, Determinants of delayed initiation of breastfeeding in rural Ethiopia: programmatic implications, *Food Nutr Bull*, Jun, 32: 94–102.

Institut National de la Statistique du Niger., 2007, *Enquête démographique et de santé et à indicateurs multiples 2006*, Niamey, Maryland.

Institut National de la Statistique du Niger., 2012, *Enquête quantitative relative à la recherche-action sur les Pratiques Familiales Essentielles, la nutrition et les dépenses de consommation des ménages*, Niamey, INS,UNICEF.

Madhavan S., 2001, Female Relationships and Demographic Outcomes in sub-Saharan Africa, *Sociological Forum*, 16 : 503–527.

Naudet J., 2012, Devenir dominant, *Revue Européenne des Sciences Sociales*, 50(1): 161–189.

Raine P., 2003. Promoting breast-feeding in a deprived area: the influence of a peer support initiative, *Health Soc Care Community*, 11: 463–469.
UNICEF, 2008, *Communication for Development (C4D) Strategic Framework and Plan of Action 2008-2011, Draft 02*, New York.

World Health Organization,
- 2001(a), *The Optimal duration of exclusive breastfeeding: Report of an Expert Consultation*, Geneva.

- 2001(b), *Infant and Young Child Nutrition: Global Strategy for Infant and Young Child Feeding,* Geneva.

-2003, *Global Strategy for Infant and Young Child Feeding - 55th World Health Assembly*, Geneva.

CHAPITRE 6

LA BAISSE DE LA MORTALITE INFANTO-JUVENILE (1992-2012)

Ibrahim MAAZOU, Halimatou AMADOU GARBA, Gapto MAI MOUSSA, Sani OUMAROU

INTRODUCTION

Le Niger a amorcé une baisse sensible de la mortalité des enfants de moins de cinq ans au cours de la période 1998-2012. Cette tendance à la baisse a été confirmée par les résultats définitifs de la quatrième Enquête démographique et de santé et à indicateurs multiples (EDSN-MICS IV) de 2012. La mortalité infanto-juvénile a en effet chuté de 198 ‰ en 2006 à 130,5 ‰ en 2010 et enfin à 127 ‰ en 2012, tandis que la mortalité infantile est passée de 81‰ en 2006 à 63,2 ‰ en 2010, et à 51 ‰ en 2012. Les résultats d'une première analyse conduite par l'Institut National de la Statistique (INS) et l'Université Johns Hopkins ont été publiés dans *The Lancet* en septembre 2012. En l'espace de dix ans, le Niger a réussi à réduire de 40 % le niveau de la mortalité infanto-juvénile. Une autre analyse des progrès réalisés par le Niger dans l'atteinte des Objectifs du Millénaire pour le Développement (OMD) révèle qu'entre 1998 et 2009, la mortalité infanto-juvénile a baissé de 5,4 % par an (INS, 2012). Sensiblement plus que le niveau requis (4,3 % par an) pour atteindre l'OMD 4 pour la survie de l'enfant. Par ailleurs, la prévalence du VIH/Sida a connu une baisse sensible, passant de 0,7 % en 2006 à 0,4 % en 2012. Cependant, si les progrès sont importants, le niveau de la mortalité infanto-juvénile reste encore élevé et la santé des enfants demeure préoccupante au Niger.

L'objectif principal de ce chapitre est d'identifier les principales causes et déterminants de cette baisse. Les données nationales disponibles montrent que le rang et le type de naissance, la parité, l'instruction de la mère, la région et le milieu de résidence sont les variables les plus déterminantes. Il faut aussi noter le rôle des programmes mis en œuvre dans le domaine de la santé de la mère et de l'enfant.

THEORIES ET SCHEMAS EXPLICATIFS

Mosley et Chen (1984), Garenne et Vimard (1984) ont proposé des modèles pour définir et articuler les liens directs et indirects entre les facteurs potentiels pouvant agir sur la santé et la mortalité des enfants. Garenne et Vimard (1984), ont proposé un cadre d'analyse qui intègre aussi bien les conditions socioéconomiques individuelles que le contexte politique et écologique. Ces auteurs ont identifié cinq groupes de variables : variables discriminantes (zones géographiques, catégories sociales, etc.) ; variables indépendantes (milieu de résidence, revenus des ménages, accessibilité aux soins, instruction des parents, promiscuité, etc.) ; variables intermédiaires (le capital santé, l'état nutritionnel, etc.) ; déterminants (causes médicales du décès) ; la variable à expliquer est le niveau global de la mortalité des enfants. L'une des critiques adressées au modèle de Garenne et Vimard est qu'ils ne donnent explicitement aucune cause ou maladie, mais précisent qu'il ne s'agit pas du résultat d'un diagnostic médical simpliste « car un décès d'enfant est souvent le résultat d'un processus complexe qui peut rarement être résumé par une cause unique de décès, celle qui est en principe inscrite sur le certificat de décès (Garenne et Vimard, 1984 : 308) ». Mosley et Chen (1984) ont quant à eux repris l'idée de la distinction entre variables indépendantes et intermédiaires, mais classent les variables indépendantes par niveau d'observation ou d'analyse en variables individuelles, variables relatives au ménage et variables communautaires. Leur schéma tient compte à la fois de l'approche des sciences sociales et de celle des sciences biomédicales. L'intérêt du modèle de Mosley et Chen vient du rôle important accordé à l'instruction de la mère dans l'explication du niveau de la mortalité infanto-juvénile.

La mise en application des schémas explicatifs et des théories de la mortalité se heurte aux problèmes de la disponibilité des données adéquates. C'est pour cela que certaines études privilégient un aspect particulier : offre de soins, demande de soins, genre, facteurs économiques, etc. Le niveau de développement socioéconomique (Fotso et Kuate-Defo, 2005 ; Gaimard, 2011) et les facteurs culturels occupent une place de choix dans l'étude des déterminants de la mortalité des enfants (Akoto, 1989 ; Akoto et Tabutin 1989 ; Cantrelle et Locoh, 1990 ; Boco et Bignami, 2008). Ainsi, selon les résultats de l'étude de Barbieri (1991), dans une société conservatrice très attachée à la sexualité pendant le mariage, un enfant né en dehors de l'union conjugale est soumis à un risque de décès supérieur à celui né dans le mariage. L'instruction, notamment celle de la mère est, dans bon nombre de cas, citée comme l'élément de changement culturel le plus important. En effet, Caldwell (1979) ainsi que Farah et Preston (1982) montrent qu'il existe une relation négative entre instruction de la mère et mortalité des enfants, bien que le niveau de scolarisation nécessaire pour produire un changement varie d'une population à l'autre. Les différences de mortalité constatées entre milieux de résidence sont aussi attribuées en partie à la concentration des ressources sanitaires dans la zone urbaine (Lalou et Le Grand, 1997 ; Gakidou et King 2002 ; Van de Poel et al., 2009 ; Mosso, 2012). Toutefois, l'accessibilité géographique ne suffit pas à elle seule pour assurer une fréquentation des services de santé. Encore faut-il que les ménages disposent des ressources financières nécessaires pour une prise en charge effective. La question des déterminants de la mortalité des enfants est aussi traitée en distinguant les facteurs agissant sur l'exposition au risque (environnement malsain, problème d'hygiène, promiscuité, etc.) et ceux qui ont un effet sur la résistance de l'hôte de la maladie (Garenne et Cantrelle, 1984). Enfin, le niveau de mortalité a été mis en relation avec les caractéristiques de l'enfant et le niveau et/ou l'évolution de la fécondité (parité atteinte, intervalle intergénésique, etc.).

L'EVOLUTION DE LA MORTALITE ET SES FACTEURS

Afin d'apporter des éléments de réponse aux questions de recherche, nous appliquons des modèles statistiques appropriés aux données des Enquêtes démographiques et de santé (EDS) réalisées de 1992 à 2012 avec l'appui technique d'ICF International. Elles fournissent divers renseignements sur les caractéristiques sociales, économiques et démographiques des enfants, des femmes ainsi que des ménages (Tableau 1). Toutefois, compte tenu de problèmes d'effectifs, certaines variables telles que l'ethnie et la religion ne peuvent être retenues dans l'analyse. En effet, pour ces variables, l'essentiel de l'information est contenu dans une ou deux modalités.

L'étude des déterminants de la mortalité des enfants de moins de cinq ans requiert que soit définie clairement l'unité d'étude dans le temps. Ainsi, pour analyser la mortalité infanto-juvénile (0-4 ans), les enfants éligibles doivent être soumis au même risque de connaître l'évènement étudié (le décès). Par ailleurs, la variable dépendante utilisée pour analyser la mortalité infanto-juvénile prend la valeur 1 si l'enfant est décédé avant d'avoir 5 ans et 0 lorsqu'il est encore en vie à l'âge de 5 ans. L'un des modèles les plus appropriés pour cette étude est le modèle logit, qui cherche à expliquer la survenue de l'événement considéré (le décès) en fonction d'un certain nombre de caractéristiques observées pour les individus de l'échantillon. L'analyse des résultats présentés dans ce chapitre met en évidence que le rang et le type de naissance, la parité, l'instruction de la mère, la région et le milieu de résidence sont les variables les plus déterminantes dans l'explication de la mortalité infanto-juvénile au Niger. Mais auparavant, il faut aussi souligner le rôle des programmes mis en œuvre dans le domaine de la santé de la mère et de l'enfant.

TABLEAU 1. VARIABLES D'ANALYSE DISPONIBLES

	EDSN			
	1992	1998	2006	2012
Sexe de l'enfant	√	√	√	√
Rang de naissance	√	√	√	√
Type de naissance	√	√	√	√
État de survie de l'enfant	√	√	√	√
Âge de la mère	√	√	√	√
Âge à la maternité	√	√	√	√
Âge au premier mariage	√	√	√	√
Méthodes contraceptives utilisées	√	√	√	√
Statut matrimonial/type d'union de la mère	√	√	√	√
Activité de la mère	√	√	√	√
Niveau d'instruction de la mère	√	√	√	√
Durée de l'allaitement	√	√	√	√
Durée de l'aménorrhée	√	√	√	√
Intervalle intergénésique	√	√	√	√
Descendance désirée	√	√	√	√
Parité	√	√	√	√
Sexe du chef de ménage	√	√	√	√
Attitude du conjoint sur la PF	√	√		
Niveau de vie du ménage			√	√
Source d'eau de boisson	√	√	√	√
Type de toilette	√	√	√	√
Ethnie	√	√	√	
Religion	√	√	√	
Région	√	√	√	√
Milieu de résidence	√	√	√	√

L'impact des programmes et des politiques

L'évaluation des politiques et programmes mis en œuvre par l'Etat nigérien et ses partenaires en faveur de la mère et de l'enfant montre qu'entre 2000 et 2009 presque 60 000 décès d'enfants de moins de cinq ans ont été évités. Globalement, ce sont les programmes de promotion de la moustiquaire imprégnée (25 %) et la prise en charge de la malnutrition (19 %) (Malnutrition aigüe globale et retard de croissance) qui ont permis de sauver le plus grand nombre de vies. La prise en charge du paludisme et la supplémentation en vitamine A ont contribué chacune à sauver 9 % des vies (Tableau 2).

Les efforts de l'Etat nigérien et de ses partenaires se sont donc traduits par la mise en œuvre d'un paquet d'interventions au profit de la mère et de l'enfant. C'est ainsi qu'en 2001 les interventions à haut impact sur la santé des enfants ont été mises en place à travers la Prise en charge intégrée des maladies de l'enfant (PCIME). A la suite de la déclaration de la Politique nationale de la santé en 2002, des actions sur la santé de la reproduction, notamment dans ses volets santé de la femme et de l'enfant (nutrition, planification familiale, lutte contre le sida/IST, etc.) ont été lancées. Dans la période 2000-2010, l'Etat s'est engagé à améliorer l'accessibilité géographique des formations sanitaires en augmentant progressivement le nombre de cases de santé et de centres de santé intégrés.

TABLEAU 2. POURCENTAGE DE VIES SAUVEES AU NIGER EN 2009 PAR INTERVENTION OU CAUSE (N= 59 795 VIES SAUVEES)

Intervention ou cause	%
MILDA	25
Pris en charge du paludisme	9
Supplémentation en vitamine A	9
Prise en charge de la pneumonie	8
Hib	4
Prise en charge de la rougeole	5
Pratique de l'allaitement	3
TT durant la grossesse	2
Réduction MAG	9
Réduction des retards de croissance	10
SRO + Zinc	5
Autres	11
Total	100

Source: "Reduction in child mortality in Niger: a Countdown to 2015 country case study", 2012 : 5.

Les caractéristiques associées à la demande

Entre 1992 et 2006, le sexe de l'enfant n'a pas constitué un facteur de différenciation de la mortalité infanto-juvénile au Niger (Tableau 3). Cependant, on note une légère surmortalité masculine en 2012 : les enfants de sexe féminin ont un risque de décéder inférieur de 16,8 % par rapport aux garçons. L'avantage des filles sur les garçons proviendrait de leur héritage génétique (Soliani et Lucchetti, 2002), qui les rend plus résistantes aux maladies que les garçons. La surmortalité masculine qui apparaît en 2012 par rapport aux enquêtes précédentes est à mettre en relation avec la baisse de la mortalité infanto-juvénile qui s'accompagne d'une baisse de la surmortalité sociale féminine du fait d'une meilleure considération des filles (Vallin,

2002 ; Tabutin et al., 2008). Aujourd'hui les cas de surmortalité féminine des enfants se rencontrent surtout dans les pays asiatiques comme la Chine, l'Inde, le Népal ou le Pakistan.

Le rang de naissance est resté déterminant dans l'explication de la mortalité infanto-juvénile au Niger au cours de ces vingt dernières années. Ainsi, en 1992, l'enfant de rang 7 ou plus a 37,3 % de risques en moins de décéder avant d'avoir cinq ans que le premier enfant ; cette différence est évaluée à presque 79 %. Ce constat pourrait traduire une fécondité de remplacement. En effet compte tenu du niveau élevé de la mortalité, les femmes procréent beaucoup plus pour espérer qu'un nombre important d'enfants survivent. En somme, le premier enfant présente beaucoup plus de risques de décès que les autres enfants. Le rang de naissance de l'enfant est en étroite relation avec l'âge de la mère à l'accouchement. Les enfants de rang 1 ont généralement des mères très jeunes immatures biologiquement ou qui manquent d'expérience dans la prise en charge de l'enfant, exposant ce dernier à l'insuffisance pondérale ou à la prématurité (Boco, 2011 ; Akoto, 1993 ; Masuy-Stroobant, 2002). L'âge à la maternité exerce une influence sur l'utilisation des services de santé. Dans le contexte africain, plusieurs travaux ont mis en évidence qu'à une maternité tardive et surtout précoce (moins de 20 ans) est associée une propension plus faible à recourir aux services obstétricaux et à respecter les règles de prévention (Beninguissé, 2003 ; Magadi et al., 2000 ; Rakotondrabe, 2001).

Par ailleurs le risque de mortalité infanto-juvénile augmente avec la parité atteinte et ce quelle que soit l'année considérée. Ainsi en 1992, un enfant né d'une femme n'ayant qu'un ou deux enfants a 55,7 % moins de risques de décéder avant d'avoir cinq ans relativement à un enfant dont la mère a sept enfants ou plus. Les données de l'EDSN 2012 montrent que cette différence est d'environ 89 %. De plus, les enfants de parité nombreuse (comme ceux de rang élevé) subissent les conséquences d'un état de santé médiocre, notamment l'épuisement maternel, provoqué par les grossesses successives de la mère (Baya, 1993). Plus la femme est âgée et approche de la ménopause, plus les risques de malformation sont fréquents (Mayanda et al., 1991). L'expérience en matière de soins peut aussi conduire les mères multipares à moins recourir aux services de santé, notamment pour les soins prénataux, augmentant ainsi les risques de mortalité des enfants (Mosso, 2012).

Le type de naissance est la caractéristique de l'enfant qui entraîne une plus grande inégalité devant la mort. Ainsi en 1992, un enfant issu d'une naissance multiple (jumeaux, triplés, ...) avait presque 3,4 fois plus de risques de décéder avant de fêter son cinquième anniversaire que celui issu d'une naissance simple. Les naissances multiples sont plus exposées que les autres à des complications au moment de l'accouchement, à un faible poids et à une éventuelle prématurité ainsi qu'à des problèmes de nutrition En 2012, ce risque est 1,7 fois plus important pour les naissances multiples relativement aux naissances simples. Cette réduction des inégalités de mortalité entre les naissances simples et multiples sur toute la période traduit une amélioration des conditions sanitaires à la naissance.

Contrairement à ce qui ressort de la littérature, le niveau d'instruction de la mère semble avoir une influence mitigée sur la mortalité infanto-juvénile au cours du temps. En effet, alors que l'on n'observe une différence significative de mortalité infanto-juvénile que lorsque les mères d'enfants ont atteint au moins le niveau secondaire (années 1992 et 2006), en 2012, aucune différence n'est constatée entre les mères des différents niveaux d'instruction. Ainsi en 1992, les enfants dont les mères ont un niveau d'instruction secondaire ou plus ont un risque de décéder avant l'âge de cinq ans d'environ 42 % inférieur à ceux dont les mères n'ont aucun niveau d'instruction. Il en est de même en 2006. L'instruction de la mère exerce une influence positive sur la propension qu'elle a de recourir aux services de santé tant pour le suivi prénatal que pour celui de la santé de l'enfant, notamment le respect du calendrier de vaccination et le recours aux soins en cas de maladie (Baya, 1998 ; Gage et Calixte, 2006). Des recherches ont montré que dans le cadre de la nutrition, les femmes instruites sont celles qui pratiquent le moins l'allaitement maternel préconisé par l'OMS, ce qui pourrait augmenter le risque de malnutrition et donc rendre l'enfant plus exposé au risque de décès (Meegama, 1980 ; Akoto et Hill, 1988 ; Akoto et Tabutin, 1989). Cependant, cet aspect est largement compensé par les bénéfices retirés de l'instruction des mères qui peuvent être analysés à plusieurs niveaux : elle donne accès à un niveau de vie plus favorable et à un logement plus confortable, ainsi qu'un accès financier à des soins de santé de meilleure qualité (Gaimard, 2011). L'environnement familial peut avoir une influence sur la santé et la mortalité infanto-juvénile. Nos résultats montrent que l'impact des caractéristiques du ménage sur la mortalité infanto-juvénile varie d'une enquête à l'autre. En effet, il n'existe pas de différence significative selon le sexe du chef de ménage de 1998 à 2012 alors qu'en 1992, lorsqu'un ménage était dirigé par une femme, le risque de décès est réduit de presque 24 % par rapport au ménage dont le chef est un homme. Selon Masuy-Stroobant (2002), le statut de la femme au sein du ménage lui permet de mieux négocier la répartition des ressources en faveur d'une meilleure protection de l'enfant.

Il existe des disparités importantes de mortalité des enfants de moins de cinq ans selon la région (Tableau 3). Ainsi, à l'exception de Zinder en 2006 et 2012 et de Dosso en 2012, la région de Maradi (prise comme référence) est celle où le niveau de mortalité infanto-juvénile est le plus élevé. Il faut aussi noter que le risque de décès infanto-juvénile s'accroît selon le milieu de résidence. En effet, un enfant vivant en milieu rural courait 77,6 % plus de risques de décéder que celui résidant en milieu urbain en 1998. L'écart s'est progressivement réduit pour atteindre 23 % en 2012. Les différences entre régions et milieux de résidence pourraient être expliquées par des inégalités dans la répartition des ressources humaines et matérielles sur la santé en quantité et qualité suffisantes (Fournier et Haddad, 1995). Dans la plupart des pays africains, les infrastructures sanitaires et les investissements sociaux sont en général implantés dans les grandes villes (Mosso, 2012). Les disparités de mortalité selon le milieu de résidence sont également liées aux conditions d'habitat qui déterminent les conditions d'hygiène et donc la santé des enfants. En 1989, Aaby montrait déjà que les caractéristiques de l'habitation, notamment le mode d'approvisionnement en eau et le type de lieu d'aisance, le nombre de personnes vivant dans la même pièce, influencent la survie des enfants (Gaimard, 2011). Cependant nos données montrent que ni l'eau, ni le type de toilette possédés par le ménage ne jouent un rôle important dans l'explication de la mortalité infanto-juvénile seulement entre 1992 et 1998.

TABLEAU 3. RISQUES RELATIFS DE DECES INFANTO-JUVENILE

	1992	1998	2006	2012
Nombres d'observations	6 482	7 322	9 246	12 455
Caractéristiques de l'enfant				
Sexe				
Masculin	*Réf.*	*Réf.*	*Réf.*	*Réf.*
Féminin	0,969 (ns)	1,006 (ns)	0,955 (ns)	0,836 (*)
Rang de naissance				
Rang 1	*Réf.*	*Réf.*	*Réf.*	*Réf.*
Rang 2	0,799 (**)	0,806 (**)	0,617 (*)	0,555 (*)
Rang 3	0,674 (*)	0,761 (*)	0,485 (*)	0,401 (*)
Rang 4	0,611 (*)	0,491 (*)	0,409 (*)	0,303 (*)
Rang 5	0,601 (*)	0,604 (*)	0,281 (*)	0,243 (*)
Rang 6	0,463 (*)	0,495 (*)	0,298 (*)	0,227 (*)
Rang 7 et plus	0,627 (*)	0,522 (*)	0,290 (*)	0,211 (*)
Type de naissance				
Simple	*Réf.*	*Réf.*	*Réf.*	*Réf.*
Multiple	4,367 (*)	3,445 (*)	2,759 (*)	2,718 (*)
Caractéristiques de la mère				
Parité				
1-2 enfants	0,443 (*)	0,287 (*)	0,227 (*)	0,111 (*)
3-4 enfants	0,563 (*)	0,408 (*)	0,320 (*)	0,234 (*)
5-6 enfants	0,811 (**)	0,648 (*)	0,559 (*)	0,466 (*)
7 enfants et plus	*Réf.*	*Réf.*	*Réf.*	*Réf.*
Age à la maternité				
12-14 ans	1,376 (ns)	1,032 (ns)	1,892 (**)	1,522 (***)

	1992	1998	2006	2012
Nombres d'observations	6 482	7 322	9 246	12 455
15-19 ans	1,046 (ns)	1,329 (*)	1,164 (ns)	1,003 (ns)
20-24 ans	*Réf.*	*Réf.*	*Réf.*	*Réf.*
25-29 ans	0,985 (ns)	0,970 (ns)	0,952 (ns)	0,793 (**)
30-34 ans	0,926 (ns)	0,870 (ns)	0,913 (ns)	0,831 (ns)
35-39 ans	0,930 (ns)	0,751 (**)	0,775 (ns)	0,993 (ns)
40-49 ans	0,975 (ns)	0,658 (**)	0,883 (ns)	1,134 (ns)
Niveau d'instruction				
Aucun	*Réf.*	*Réf.*	*Réf.*	*Réf.*
Primaire	0,821 (ns)	0,779 (**)	1,116 (ns)	0,870 (ns)
Secondaire et plus	0,582 (***)	0,747 (ns)	0,564 (**)	0,920 (ns)
Caractéristiques du ménage				
Sexe du CM				
Masculin	*Réf.*	*Réf.*	*Réf.*	*Réf.*
Féminin	0,763 (***)	0,863 (ns)	0,922 (ns)	1,112 (ns)
Source d'eau				
Robinet	*Réf.*	*Réf.*	*Réf.*	*Réf.*
Puits protégé	1,120 (ns)	0,804 (***)	0,924 (ns)	0,897 (ns)
Puits non protégé	0,986 (ns)	0,877 (ns)	0,909 (ns)	0,964 (ns)
Eau de surface/pluie	1,371 (**)	0,898 (ns)	1,036 (ns)	0,766 (ns)
Type de toilette				
Latrine avec chasse	0,346 (*)	0,358 (***)	0,667 (ns)	0,909 (ns)
Latrine améliorée	0,759 (**)	0,682 (*)	1,035 (ns)	0,932 (ns)
Latrine traditionnelle	0,864 (ns)	0,986 (ns)	1,037 (ns)	1,042 (ns)
Pas de latrine	*Réf.*	*Réf.*	*Réf.*	*Réf.*
Région				
Agadez	0,396 (*)	0,802 (***)	0,543 (**)	0,307 (*)
Diffa	0,332 (*)	0,839 (***)	0,507 (*)	0,227 (*)
Dosso	0,535 (*)	0,576 (*)	0,972 (ns)	1,238 (**)
Maradi	*Réf.*	*Réf.*	*Réf.*	*Réf.*
Tahoua	0,718 (*)		0,939 (ns)	0,887 (ns)
Tillabéri	0,518 (*)	0,576 (*)	0,784 (***)	1,148 (ns)
Zinder	0,888 (ns)		1,297 (**)	1,234 (**)
Niamey	0,479 (*)	0,678 (**)	0,910 (ns)	0,777 (ns)
Milieu de résidence				
Urbain	*Réf.*	*Réf.*	*Réf.*	*Réf.*
Rural	1,603 (*)	1,776 (*)	1,250 (ns)	1,230 (***)

Note : (***) significatif au seul de 10 %; (**) significatif au seul de 5 %; (*) significatif au seul de 1 % et (ns) non significatif.

CONCLUSION

Cette analyse des déterminants de la baisse de la mortalité infanto-juvénile reste très partielle et incomplète (petit nombre des variables utilisées, absence des facteurs culturels, etc.). Elle permet cependant d'identifier les facteurs qui ont joué un rôle déterminant dans les niveaux de la mortalité infanto-juvénile au cours de ces deux décennies. Elle ouvre aussi la voie à des discussions plus approfondies sur ces questions.

Au regard des résultats obtenus, quelques conclusions et recommandations importantes peuvent être formulées.

- Compte tenu de l'importance de l'instruction dans la réduction de la mortalité infanto-juvénile, l'Etat doit continuer à promouvoir la scolarisation de la jeune fille et pour parvenir à un effet durable, il faut maintenir la jeune fille à l'école au moins jusqu'au secondaire.

- Le Niger est en proie à des sécheresses récurrentes qui rendent vulnérables les populations à l'insécurité alimentaire et particulièrement les femmes et les enfants. Une maîtrise de ce phénomène pourra permettre de réduire la prévalence de la malnutrition des enfants de moins de cinq ans.

- Il convient de renforcer les capacités des structures de récupération nutritionnelles pour les enfants malnutris.

- Il faut enfin améliorer la couverture des interventions à haut impact sur la santé de la mère et de l'enfant notamment la prise en charge du paludisme (utilisation de la moustiquaire imprégnée et traitement).

BIBLIOGRAPHIE

Akoto E.M.,
-1993, *Déterminants socioculturels de la mortalité des enfants en Afrique noire. Hypothèses et recherches d'explication*, Academia, Louvain-la-Neuve.
-1989, *Déterminants socioculturels de la mortalité des enfants en Afrique Noire. Hypothèses et recherche d'explication au Cameroun, au Kenya et au Sénégal,* Thèse de doctorat, Institut de Démographie, Université Catholique de Louvain.

Akoto E.M. et Hill G.,1988, Morbidité, malnutrition et mortalité des enfants in Tabutin D., *Population et société au sud du Sahara,* Paris, L'Harmattan.

Akoto E.M., Tabutin D., 1989, Les inégalités socioéconomiques et culturelles devant la mort in Pison G., Van de Walle E., Sala-Diakanda D., *Mortalité et Société en Afrique,* Paris, INED.

Amouzou A., Habi O., Bensaïd K. et al., 2012, The Niger Countdown Case Study Working Group. *The Lancet*, Published online September 20, http://dx.doi.org/10.1016/S0140-6736(12)61376-2

Barbieri M., 1991, *Les déterminants de la mortalité des enfants dans le Tiers-Monde*, Les dossiers du CEPED, Paris, France.

Baya B.,
- 1998, *Instruction des parents et survie de l'enfant au Burkina Faso,* Les dossiers du CEPED, Paris, France.
-1993, *Les déterminants de la mortalité des enfants en milieu urbain au Burkina Faso*, Collection des thèses et mémoires, Université de Montréal.

Beninguissé G., 2003, *Entre tradition et modernité. Fondements sociaux de la prise en charge de la grossesse et de l'accouchement au Cameroun,* Louvain-la-Neuve, Academia Bruylant, L'Harmattan.

Boco A.G., 2001, *Déterminants individuels et contextuels de la mortalité des enfants de moins de cinq ans en Afrique au Sud du Sahara : analyse comparative des enquêtes démographiques et de santé*, Collection des thèses et mémoires, Université de Montréal.

Boco A.G., Bignami S., 2008, *Religions et survie des enfants de 0-5 ans en Afrique au Sud du Sahara : l'exemple du Bénin,* Actes du colloque du Québec, AIDELF : 1119-1137.

Caldwell J., 1979, Education as a Factor in Mortality Decline*, Population Studies,* vol. 33, n° 3 : 395-413.

Cantrelle P., Locoh T., 1990, *Facteurs culturels et sociaux de la santé en Afrique de l'Ouest*. CEPED, Paris. Les Dossiers du CEPED, n°10.

Farah A., Preston S., 1982, *Child Mortality Differentials in Demographic Transition in Metropolitan Sudan*, Australian National University Press, Canberra.

Fotso J.C., Kuate-Defo B., 2005, Socioeconomic Inequalities in Early Childhood Malnutrition and Morbidity: Modification of the Household-

Level Effects by The Community SES, *Health & Place*, vol. 11 (3) : 205-225.

Fournier P., Haddad S., 1995, Les facteurs associés à l'utilisation des services de santé dans les pays en développement in Gérard H., Piché V (dir.), *La sociologie des populations,* Montréal, AUPELF/UREF : 289-325.

Gage A.J., Calixte M.G., 2006, Effects of the Physical Accessibility of Maternal Health Services on their Use in Rural Haiti, *Population Studies,* vol. 60 (3): 271-288.

Gaimard M., 2011, *Population et santé dans les pays en développement,* Paris, L'Harmattan.

Gakidou E., King G., 2002, Measuring Total Health Inequality: Adding Individual Variation to Group-Level Differences, *International Journal for Equity in Health.*

Garenne M., Cantrelle P., 1984, *Éléments pour une analyse des facteurs de la mortalité infanto-juvénile*, Cahiers ORSTOM, série Sciences Humaines, vol. 20, n° 2 : 31I-320.

Garenne M., Vimard P., 1984, *Un cadre pour l'analyse des facteurs de la mortalité des enfants*, Cahiers ORSTOM, série Sciences Humaines, vol. 20, n°2: 305-310.

Lalou R., Le Grand T.K., 1997, Child Mortality in the Urban and Rural Sahel, *Population: An English Selection,* 9:147-168.

Magadi M et al., 2000, Frequency and timing of antenatal care in Kenya: explaining the variation between women of different communities, *Social Science & Medicine,* vol. 51 (4): 551-561.

Mayanda H. F. et al., 1991, Malformations congénitales observées dans le service de néonatologie du centre Hospitalier Universitaire de Brazzaville, *Médecine d'Afrique Noire*, vol. 38 (7) : 506-509.

Masuy-Stroobant G., 2002, Les déterminants de la santé et de la mortalité infantiles in Caselli G., Vallin J., Wunsch G (dir.), *Démographie, analyse et synthèse, III,* Paris, INED : 421-438.

Meegama S., 1980, *Socio-economic determinants of infant and child mortality in Sri-Lanka an analysis of post-war experience*, Londres, World Fertility Survey Scientific Report n°8.

Mosley W.H., Chen L.C., 1984, An analytical framework for the study of child survival in developing countries, *Population and Development Review,* a supplement to Volume 10: 25-49.

Mosso R.A., 2012, *Santé et mortalité des enfants en Côte d'Ivoire urbaine : vers une réduction de l'avantage urbain ?,* Thèse de doctorat en démographie, Université Paris Descartes.

Rakotondrabe F.P., 2001, *Contribution du genre à l'explication de la santé des enfants : cas de Madagascar* in Colloque international genre, population et développement en Afrique, session VII : santé et système de genre, Abidjan, UEPA/INED/ENSEA/IFORD.

Soliani L., Lucchetti E., 2002, Les facteurs génétiques de la mortalité in Caselli G., Vallin J., Wunsch G (dir.), *Les déterminants de la mortalité,* INED, Paris, 205-227.

Vallin J., 2002, Mortalité, sexe et genre, in Caselli G., Vallin J., Wunsch G (dir.), *Les déterminants de la mortalité,* INED, Paris : 421-438.

Van de Poel E., O'Donnell O., Van Doorslaer E., 2009, What Explains the Rural-Urban Gap, in Infant Mortality: Household or Community Characteristics?, *Demography* 46: 827-850.

Tabutin D et al., 2008, Mortalité et santé, in Ferry B (dir.), *L'Afrique face à ses défis démographiques. Un avenir incertain,* AFD-CEPED-Karthala, Paris : 123-154.

CHAPITRE 7

DISPONIBILITE ET UTILISATION DES SOINS OBSTETRICAUX ET NEONATALS D'URGENCE

Aboubacar ADAKAL, Gabriel Moïse MOUSSA, Aida MOUNKAILA

INTRODUCTION

Au Niger, six types d'établissements sanitaires assurent l'offre de soins : les hôpitaux nationaux ; les centres hospitaliers régionaux ; les hôpitaux de district ; les maternités de référence ; les centres de santé intégrés et les cases de santé. Parallèlement, le secteur privé contribue aussi à l'offre de soins dans les hôpitaux privés, les polycliniques et cliniques et les salles de soins. Au cours de la dernière décennie, le taux de mortalité maternelle et le taux de mortalité infanto-juvénile ont connu une réduction significative. En 1992 le premier était égal à 648 pour 100 000 naissances vivantes et le second à 198 pour 1 000 naissances vivantes. Pour s'inscrire dans les Objectifs du millénaire pour le développement (OMD), le Niger a adopté en 2008 les Soins obstétricaux et néonatals d'urgence (SONU) comme stratégie pour réduire la mortalité maternelle et néonatale vers les OMD 4 et 5. En 2012, l'Enquête démographique et de santé et à indicateurs multiples (EDSN-MICS12) a révélé un taux de mortalité maternelle de 535 décès pour cent mille naissances vivantes et un taux de mortalité infanto-juvénile de 127 décès pour mille naissances vivantes.

On constate que des efforts ont été réalisés, mais si les tendances se maintiennent, seul l'OMD 4 pourrait être atteint fin 2015 (Tableau1). Cette forte mortalité maternelle pourrait s'expliquer par la faiblesse de la couverture sanitaire (< 50,0 %) et de l'utilisation des services de santé de base (< 30,0 %), l'insuffisance et la mauvaise répartition du personnel qualifié (50,0 % des Centres de santé intégrés sont tenus par un seul agent), l'obsolescence du plateau technique, le faible pouvoir de décision des femmes et leur faible taux de scolarisation.

TABLEAU 1. TABLEAU COMPARATIF DE LA MORTALITE MATERNELLE ET DE LA MORTALITE INFANTILE

Sources des données	Ratio Mortalité Maternelle (RMM)
Enquête MICS 2012 (Niger 2008)	535
Enquête Santé Mortalité 2010 (Niger 2008)	554
Margaret et al. (Niger 2008)	601
Margaret et al. (Burkina Faso 2008)	332
Margaret et al. (Mali 2008)	670
Margaret et al. (Bénin 2008)	469

Selon les chiffres de 2005 de l'OMS, peu de pays en développement sont dans les temps pour atteindre l'objectif. Dans 56 des 68 pays prioritaires où l'on recense 98,0 % des décès maternels, les taux de mortalité sont encore élevés (> 300 décès maternels pour 100 000 naissances vivantes). L'objet de ce chapitre est de permettre au ministère de la Santé publique de recadrer les stratégies de lutte contre la réduction de la mortalité maternelle et infantile afin d'aller vers l'élimination des causes de décès évitables de la mère et du nouveau-né. La présentation de la méthodologie (I) est suivie par celle des résultats majeurs de cette enquête (II).

METHODOLOGIE

La liste des formations sanitaires publiques et privées, qui figure dans l'*Annuaire statistique 2008* publié par la Direction des statistiques du ministère de la Santé publique, a servi de base de sondage. Pour établir l'échantillon de cette enquête un critère a été retenu : la formation sanitaire doit avoir assuré en 2008 au moins 30 accouchements par an. Sont inclus dans l'échantillon de cette enquête : tous les centres hospitaliers régionaux ; les hôpitaux de district et les hôpitaux privés ; toutes les maternités y compris les maternités de références ; tous les centres de santé intégrés de type II ; tous les centres de santé intégrés type I ayant assuré en 2008 au moins 30 accouchements. Au total, l'échantillon est constitué par l'ensemble des formations sanitaires publiques et privées pouvant assurer au moins 30 accouchements par an, soit 586 formations sanitaires aussi bien publiques que privées réparties sur l'ensemble du territoire national et représentant 56,5 % de l'effectif échantillonné (1 037). Les cases de santé n'ont pas été prises en compte dans l'échantillonnage parce qu'elles ne remplissent pas le critère d'éligibilité des activités des soins obstétricaux et néonatals d'urgence.

Pour la collecte des données dans ces formations sanitaires, dix modules portant sur les entretiens, les observations, l'examen de registres et de dossiers et une liste de médicaments, de fournitures et de matériel ont été élaborés. Cette collecte a été réalisée par 13 équipes composées chacune d'un chef d'équipe, de quatre enquêteurs, d'un agent de saisie et d'un chauffeur. La saisie des données s'est déroulée en même temps que l'opération de collecte. Cette intégration a plusieurs avantages dont l'amélioration de la qualité des données, la correction des erreurs et inconsistances pendant que les enquêteurs sont encore sur le terrain, l'obtention des bases de données fiables créées sur le terrain et en temps opportun, l'assurance d'une application de critères uniformes. Pour assurer la qualité des données collectées des contrôles de qualité informatiques ont été intégrés lors de la saisie sur Personal Digital Assistant. La participation à l'étude était basée sur un consentement éclairé. Auparavant, le protocole d'étude avait été soumis au Comité national d'éthique qui a donné son approbation pour la conduite de l'étude.

L'évaluation a été conduite sur deux mois, d'avril à mai 2010 et 503 formations sanitaires ont été enquêtées sur 507 prévues. Des quatre établissements sanitaires non enquêtés, deux sont situés dans la région d'Agadez (pour raison d'insécurité) et deux dans celle de Niamey (non fonctionnels au moment de l'enquête). Les formations sanitaires enquêtées sont inégalement réparties selon le milieu de résidence. En effet 81,0 % sont situées en milieu rural contre 19,0 % en milieu urbain.

RESULTATS

Disponibilité des SONU

Les résultats de l'enquête ont montré que toutes les régions disposent d'au moins 2 formations sanitaires offrant des SONU. Cependant, à l'exception de la région d'Agadez, toutes les autres régions accusent un déficit (Tableau 2), qui varie de 42 % à Niamey à 92 % à Tillabéri. Les régions de Diffa, Niamey et Tillabéri ne disposent d'aucun SONUB. Cette situation ne reflète pas la répartition géographique qui est tout autre lorsqu'on mène l'analyse au niveau du district et pour chaque région (Tableau 2). Ceci est corroboré par les constats suivants.

- Agadez, qui apparemment répond au minimum de formations sanitaires SONU requis, n'en dispose que de 6 concentrées dans seulement 2 districts : Agadez avec 1 centre de soins intégrés en SONUB, 1 centre hospitalier régional SONUC et à Arlit avec 3 SONUB dont 1 privé et 1 SONUC privé et ce, au détriment de 2 autres districts Bilma et Tchirozérine.

TABLEAU 2. RÉPARTITION GÉOGRAPHIQUE DES FORMATIONS SANITAIRES SONU PAR RÉGION AU NIGER EN JUIN 2010

Région	Population	Nb SONU attendu[1]	Nb SONU B	Nb SONU C	Total SONU	Déficit SONU
Agadez	487 313	5 dont au moins 1 SONUC	3	2	5	0
Diffa	473 563	5 dont au moins 1 SONUC	0	2	2	3 SONUB
Dosso	2 016 690	20 dont au moins 4 SONUC	4	3	7	13 dont 2 SONUC
Maradi	3 021 169	30 dont au moins 6 SONUC	2	5	7	23 dont 1SONUC
Niamey	1 222 066	12 dont au moins 2 SONUC	0	4	4	8 SONUB
Tahoua	2 658 099	26 dont au moins 5 SONUC	1	6	7	19 SONUB
Tillaberi	2 500 454	25 dont au moins 5 SONUC	0	2	2	23 dont 3 SONUC
Zinder	2 824 468	29 dont au moins 6 SONUC	1	6	7	22 SONUB
Niger	15 203 822	152 dont au moins 30 SONUC	11	30	41	111 SONUB

- Diffa avec 3 districts et 23 formations sanitaires ne dispose d'aucune SONUB et seulement 2 sur les 23 sont des SONUC, respectivement 1 centre hospitalier régional SONUC à Diffa et 1 hôpital de district SONUC à Mainé-Soroa.

- Dosso avec 5 districts et 82 formations sanitaires dispose de 6 SONU réparties dans 4 districts : Dogondoutchi avec 1 SONUB sur 18 publiques et 1 SONUC privé, Dosso avec 1 SONUB sur 17 formations sanitaires et Loga avec 2 SONUB sur 11 FS et Dosso avec 1 Centre hospitalier régional SONUC.

- Maradi dispose de 7 districts avec 81 formations sanitaires. Il dispose de 7 SONU réparties dans 5 districts. Ainsi, on note une disponibilité très limitée, mais une répartition géographique meilleure dans cette région.

[1] Le nombre de formations sanitaires SONU attendues se réfère au minimum de formations sanitaires SONU requises pour une population de 500 000 habitants. Ce minimum est 4 formations sanitaires SONU dont au moins une formation sanitaire SONUC

- Niamey a 3 districts avec 43 formations sanitaires. Seule Niamey dispose de SONU, soit 2 SONUB privées et 4 SONUC (1 centre hospitalier régional, 1 maternité de référence et 2 formations sanitaires privées). Cette concentration des formations sanitaires SONU dans le même district désavantage lourdement la population des deux autres districts.

- Tahoua dispose de 8 districts dont 7 disposent de SONU, soit Tchintabaraden avec 1 centre de santé intégré SONUB, Birni N'Konni avec 1 SONUB privé, 6 hôpitaux de district SONUC au niveau de six districts. Seul Abalak ne dispose pas de formations sanitaires SONU. Cette répartition géographique est similaire à celle de Maradi.

- Tillabéri a 6 districts avec une centaine de formations sanitaires. Seuls 2 hôpitaux de district sont qualifiés pour être des SONUC, respectivement Filingué et Ouallam.

- Zinder est composé de 6 districts avec 86 formations sanitaires. Parmi celles-ci, 7 sont qualifiés pour être des SONU, soit, 1 centre de santé intégré SONUB et 6 hôpitaux de district régionaux SONUC.

Ainsi la disponibilité des formations sanitaires en SONU révèle un déficit de 111 SONU avec une répartition géographique inadéquate des 44 SONU identifiées.

Utilisation des SONU

L'étude a permis également d'appréhender les raisons pour lesquelles certaines formations sanitaires n'ont pas offert certaines fonctions. Le tableau 3 ci-dessous rapporte les principales contraintes qui pèsent sur l'offre des fonctions SONU. Le manque de matériel et ou de médicament constitue le principal obstacle (49 % pour l'administration des utéro-toniques). L'AMIU, l'accouchement assisté par ventouse, la réanimation du nouveau-né et la transfusion sanguine sont les trois fonctions nécessitant un matériel médico-technique spécifique. Ce matériel n'est pas souvent disponible au niveau des centres de santé intégrés. Le manque de ressources humaines et/ou de compétences a été mentionné fortement comme raison à la non-offre de la réanimation du nouveau-né, soit 85 % des formations sanitaires enquêtées. Au niveau national, les besoins satisfaits en SONU sont estimés à 20 % : environ 1 femme sur 5 présentant des complications majeures directes est prise en charge, proportion très loin du niveau acceptable mentionné par les Nations unies.

TABLEAU 3. CARENCES DE L'OFFRE EN SONUB

	Manque de ressources humaines/compétence	Manque de matériel/médicament
Administration parentale		
Antibiotiques	-	-
Ocytociques	11,6	48,8
Anticonvulsivants	-	1,8
Délivrance artificielle Placenta	-	-
AMIU	9,4	73,2
Procédures		
Accouchement assisté ventouse	10,5	76,2
Réanimation du nouveau-né	85,4	85,4
Transfusion sanguine	6,7	46,7
Césarienne	11,1	0,3

Au niveau régional, cette proportion varie de 10 % à Diffa à 40 % à Zinder. D'autre part, bien que la région d'Agadez soit nantie en formations sanitaires, peu de complications sont prises en charge dans celles-ci. La situation est similaire pour la région de Niamey (Graphique 1). Des indicateurs retenus pour cette évaluation figurent ceux des accouchements assistés par un personnel qualifié et ceux réalisés par césarienne.

Ces derniers traduisent une utilisation limitée des services de soins à la mère et au nouveau-né comme en témoigne le taux d'accouchement assisté par un personnel qualifié (Graphique 2). En effet, à l'exception de Niamey et Agadez, dans la majorité des autres régions seulement 1 femme sur 5 a recours à une formation sanitaire pour accoucher ; pour la plupart, des accouchements eutociques (92 %). Quant à l'accouchement par césarienne, la situation observée signifie que les cas compliqués ne viennent pas aux formations sanitaires et les cas qui nécessitent réellement des SONU, c'est-à-dire des interventions salvatrices telles une césarienne, une laparotomie et/ou une réanimation, demeurent à risque (Graphique 3).

GRAPHIQUE 1. BESOINS SATISFAITS EN SONU PAR REGION EN 2010 (%)

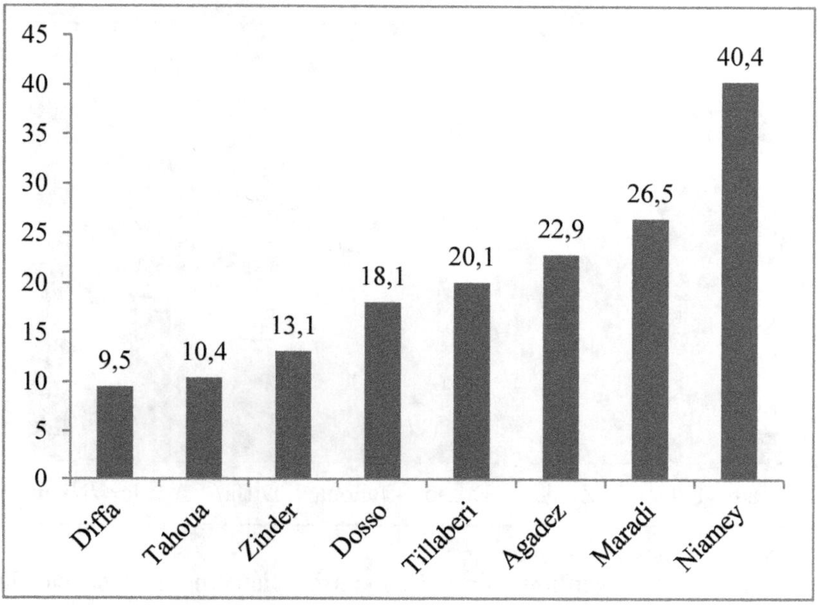

GRAPHIQUE 2. FREQUENCE DES ACCOUCHEMENTS ASSISTES PAR UN PERSONNEL QUALIFIE (2010)

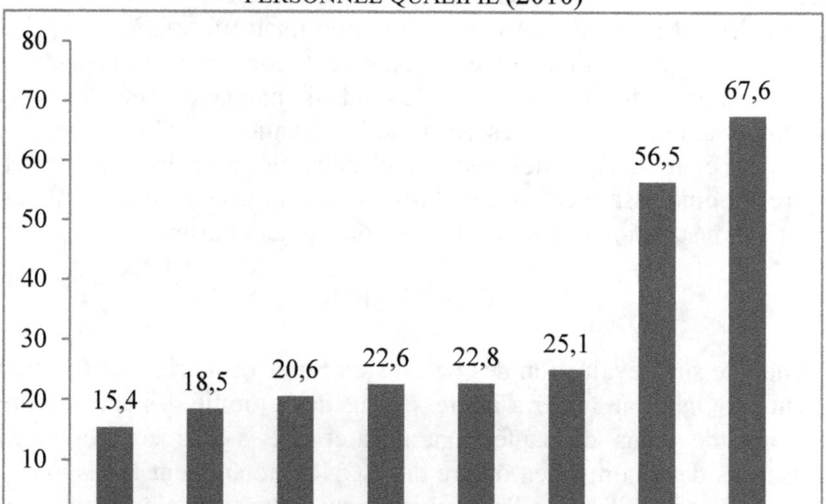

GRAPHIQUE 3. FREQUENCE DES ACCOUCHEMENTS PAR CESARIENNE REALISEES (2010)

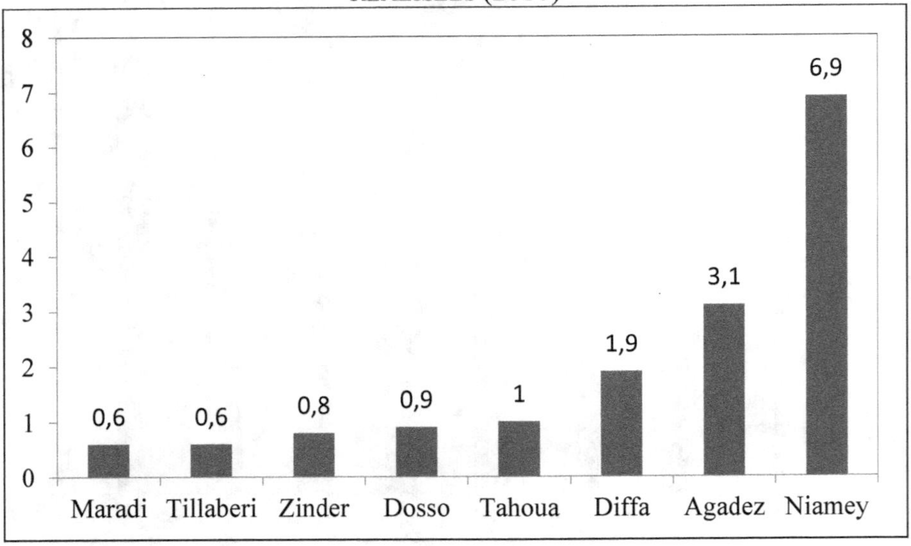

Les soins ou interventions simples, mais cruciaux pour la survie de la mère et du nouveau-né demeurent eux aussi insatisfaisants. Ainsi, bien que la gestion active de la troisième phase de la grossesse (GATPA) soit une stratégie mise en place à l'échelle nationale depuis trois ans pour prévenir les décès par hémorragie du post-partum, environ quatre formations sur dix ne pratiquent pas cette gestion active. Pareillement, pour les soins spéciaux aux nouveau-nés prématurés et/ou de faible poids de naissance, seules 35 % des formations sanitaires offrent ces services. La situation est plus préoccupante pour la prise en charge des fistules obstétricales ; seule une formation sanitaire sur cinq assure ce service. Enfin, deux sur trois ne disposent pas de kit pour la consultation prénatale et un accouchement normal

CONCLUSION

L'enquête sur l'évaluation des besoins en Soins obstétricaux et néonatals d'urgence (SONU) au Niger a intéressé plus de la moitié des établissements prestataires de soins de santé maternels et elle a mis en évidence les insuffisances dans la mise en œuvre des SONU, notamment la disponibilité limitée et la sous-utilisation des services, qui pourraient s'expliquer par le fait que certains services SONU ne répondent pas aux normes de l'offre des soins. En se référant aux normes internationales la couverture en SONUC est satisfaisante. Ces résultats ont motivé un renforcement du système de santé à travers une révision de la politique de l'offre de soins, particulièrement la révision du paquet minimum de soins à chaque niveau de la pyramide sanitaire, y compris les relais communautaires en vue d'améliorer l'accessibilité et l'utilisation des soins de santé. Une étude sur les déterminants sociaux du faible taux d'accouchement assisté s'avère nécessaire en vue d'améliorer la disponibilité et l'utilisation des SONU au Niger.

Compte tenu de l'effort fourni dans le cadre de la mise en œuvre de la Feuille de Route pour l'accélération de la réduction de la mortalité maternelle et néonatale, notre étude a fourni au ministère de la Santé publique l'opportunité d'appréhender le fossé en matière de SONU afin d'apporter des solutions idoines. La faiblesse et l'inégalité de la répartition des soins obstétricaux et néonatals d'urgence de base (SONUB) sont patentes au Niger, alors que la disponibilité des soins obstétricaux et néonatals d'urgence complets (SONUC) était conforme aux normes[1] même si au vu de l'étendue du pays (1 267 000 Km2) l'utilisation reste très insuffisante. Ainsi, 41 formations sanitaires sur les 152 théoriquement attendues (28,9 %) offrent les soins obstétricaux et néonatals d'urgence dont 11 offrant des SONUB et 30 des SONUC. Au regard des normes les 41 formations sanitaires SONU sont loin de satisfaire les besoins du pays. En effet, si on rapporte les 41 SONU à la population totale, on note que la disponibilité est de 5 formations sanitaires SONU pour 1 727 707 habitants. Ainsi, le premier indicateur SONU révèle un déficit de 108 formations sanitaires SONU dont au moins 1 SONUC alors que le deuxième indicateur SONU souligne une répartition géographique inadéquate des 44 formations sanitaires SONU identifiées.

La disponibilité des SONU est étroitement liée à la disponibilité de toutes les composantes de l'offre de soins à savoir les infrastructures, les prestataires de services, les équipements techniques et fournitures, les médicaments et fongibles. Cependant deux éléments principaux sont cruciaux : la faible disponibilité et l'insuffisante compétence du personnel de santé, particulièrement pour la réanimation du nouveau-né ; la faiblesse de la disponibilité de certains matériels et médicaments clés comme la ventouse, les kits AMIU, et l'ocytocine. Dans le cadre de la mise en œuvre de la Feuille de route, le ministère de la Santé publique en collaboration avec ses partenaires techniques et financiers a développé une stratégie de prise en charge du nouveau-né avec le développement des soins du nouveau-né dans toutes les maternités et l'élaboration d'un plan d'équipement de toutes les structures qui doivent offrir les SONU en rendant disponible l'ocytocine dans ces structures.

[1] La norme est d'un minimum de 5 formations sanitaires de SONU dont au moins 1 SONUC pour 500.000 habitants.

En ce qui concerne l'utilisation des services de soins maternels et néonataux plus des deux tiers des femmes accouchent à domicile sans l'assistance d'un personnel qualifié. Ainsi même si la césarienne est gratuite, la faiblesse de l'accouchement par un personnel qualifié (24,1 %) limite le recrutement des femmes pour qui une césarienne est indiquée (1,4 %). Pour faire face à ces défis le ministère de la Santé publique a pris quatre mesures principales :

- la gratuité de l'accouchement dans six régions sur huit ce qui a permis d'améliorer le taux d'accouchement assisté ;

- la révision du Paquet minimum d'activité de la case de santé et la construction des centres mère-enfant dans sept régions sur les huit que compte le pays ;

- le renforcement de la fonctionnalité des blocs opératoires à travers la formation des médecins généralistes en capacité de chirurgie de district (dont la césarienne), l'ouverture de formation des techniciens supérieurs en anesthésie réanimation et la construction/réhabilitation des blocs opératoires ;

- la programmation d'une étude sur les déterminants sociaux de l'accouchement à domicile au Niger.

CHAPITRE 8

LA DISCONTINUITE DES SOINS OBSTETRICAUX

Mahamadou ALZOUMA

INTRODUCTION

« L'Afrique subsaharienne est la région du monde où les risques liés à la grossesse et à l'accouchement sont les plus élevés du monde » (Beninguissé et al., 2009 : 373). L'Afrique est aussi celle où les femmes ont le moins recours aux services obstétricaux déployés pour faire face aux problèmes de santé maternelle. La fréquence des naissances ayant bénéficié d'une assistance médicale pendant l'accouchement demeure encore très faible. Seules 46 % des femmes des pays à faible revenu (dont ceux de l'Afrique subsaharienne) bénéficient de l'assistance d'un personnel de santé qualifié lors de l'accouchement (OMS, 2012).

La discontinuité des soins obstétricaux est une rupture dans le processus de prise en charge de la grossesse à l'accouchement (Beninguissé et al., 2009). Cette définition opérationnelle fait référence à la fois à une rupture de la continuité relationnelle et du plan d'intervention. La rupture de la continuité du plan d'intervention signifie une entrave au respect du protocole d'intervention thérapeutique. La discontinuité entre les soins prénatals et les soins à l'accouchement se définit par le fait qu'une femme, ayant effectué au moins une consultation prénatale sur les quatre recommandées ou la totalité des quatre consultations, ne peut pas accoucher dans un centre de santé. Pourtant, l'accès à l'assistance médicale pendant l'accouchement est essentiel pour la survie et la santé maternelle et infantile parce que la plupart des complications obstétricales (hémorragies, dystocies, infections, etc.) surviennent le plus souvent pendant ou juste après la délivrance. Or, l'accès aux soins à l'accouchement contribue à réduire sensiblement les décès maternels, grâce à une prise en charge efficace des complications. Les soins prénatals constituent une stratégie efficace de réduction de la mortalité maternelle en sensibilisant la femme à la reconnaissance des signes de complications obstétricales. La discontinuité des soins obstétricaux constitue de ce fait un manque à gagner dans la lutte contre la mortalité maternelle.

Par ailleurs, les statistiques sur la proportion d'accouchements assistés par du personnel de santé qualifié, un des indicateurs de suivi de l'OMD5, semblent aussi indiquer que l'objectif à la date butoir de 2015 visant à réduire à 165 pour 100 000 naissances vivantes, le ratio de mortalité maternelle, est loin d'être atteint. De 15 % en 1990, elle passe à 17,6 % en 1998 puis 15,7 % et à 17,7 % respectivement en 2000 et en 2006 et 39 % en 2012. Globalement, on assiste donc à une évolution en dents de scie de cet indicateur se situant en 2008 (14,8 %) pratiquement au même niveau qu'en 1990. Néanmoins, le recours aux soins prénatals reste relativement plus important. On relève qu'en 2012, 83 % des femmes ont effectué au moins une consultation prénatale, alors qu'en 2006 moins d'une sur deux (46 %) s'était rendue à une ou plusieurs consultations prénatales dispensées par du personnel de santé formé. Cette proportion était légèrement supérieure à celles enregistrées en 1998 (40 %) et en 1992 (30 %). Il ressort clairement qu'entre 1992 et 2012 les proportions des femmes ayant effectué au moins une visite prénatale et celles ayant accouché en étant assistées ont fortement augmenté : de 30 % à 83 % pour les consultations et de 16 % à 39 % pour les accouchements assistés. Les recours aux soins prénatals sont donc plus fréquents qu'aux soins à l'accouchement. Ce constat définit la discontinuité des soins obstétricaux. Quels sont les facteurs qui peuvent expliquer celle-ci et comment a-t-elle évolué?

TENDANCES DE LA DISCONTINUITE DES SOINS OBSTETRICAUX ENTRE 1992 ET 2012

Les tendances de la discontinuité des soins obstétricaux s'observent dans les proportions des femmes ayant eu des soins discontinus en 1992, en 1998 en 2006 et en 2012 (Tableau 1).

TABLEAU 1. EVOLUTION DU TAUX DE DISCONTINUITE DES SOINS OBSTETRICAUX ENTRE 1992 ET 2012

Années	Soins discontinus
1992	35,3
1998	52,2
2006	55,1
2012	53,7

Entre 1992 et 2012, la proportion des femmes ayant eu des soins discontinus a augmenté régulièrement jusqu'en 2006, mais enregistre une chute légère entre 2006 et 2012. Cette situation est plus inquiétante lorsqu'on la met en regard d'autres indicateurs. D'une part entre 2006 et 2012 les proportions des femmes ayant eu au moins une consultation prénatale pendant la dernière grossesse ont considérablement augmenté, passant de 46 % à 83 % ; d'autre part, cette même tendance s'observe dans la proportion du recours à l'assistance médicale pendant l'accouchement, qui passe de 17 % à 30 % entre 2006 et 2012.

On peut attribuer l'amélioration de ces deux indicateurs d'une part à la politique de gratuité des soins obstétricaux en vigueur depuis 2006 et d'autre part à la construction de 1 000 cases de santé communautaire sur le territoire national. Par contraste on peut donc considérer que le phénomène de discontinuité s'est aggravé.

Evolution de la discontinuité selon le niveau de vie

Quelle que soit l'année d'observation, la discontinuité des soins diminue quand le niveau de vie s'élève. L'écart avec les femmes riches est très profond (Tableau 2).

TABLEAU 2. EVOLUTION DU TAUX DE DISCONTINUITE DES SOINS OBSTETRICAUX SELON LE NIVEAU DE VIE ENTRE 1992 ET 2012

Niveau de vie	1992	1998	2006	2012
Pauvre	46,4	72,3	79,1	71,3
Moyen	40,3	67,4	40,0	59,9
Riche	23,0	23,4	39,0	26,3

Plusieurs facteurs peuvent être évoqués : les difficultés de transport, le moindre accès à l'information : l'éloignement par rapport aux centres de santé ; enfin, les coûts des soins les rendent difficilement accessibles aux femmes des ménages pauvres par rapport aux autres, malgré l'avènement de la gratuité des soins. Il nous est en revanche difficile d'expliquer pourquoi *seules* les femmes des ménages de niveau de vie moyen ont connu une baisse de leur discontinuité entre 1992 et 2006 et pourquoi le constat inverse s'observe au cours de la période 2006-2012 (augmentation de 40 % à 59,9 %).

Evolution de la discontinuité selon le niveau d'instruction

Comme on pouvait s'y attendre les taux de discontinuité sont en relation inverse du niveau d'instruction, les femmes les plus instruites connaissant mieux les risques liés à la grossesse et l'accouchement (Tableau 3). Elles auront de ce fait plus tendance à recourir aux soins obstétricaux en général et aux soins à l'accouchement en particulier que les autres. Entre 1992 et 2006 la discontinuité chez les femmes non instruites a augmenté, puis baissé entre 2006 et 2012. Chez les femmes de niveau primaire, elle n'a augmenté qu'entre 1992 et 1998 et baissé entre 1998 et 2012. Chez les plus instruites, la discontinuité a augmenté entre 1992 et 1998, diminué entre 1998 et 2006 et augmenté de nouveau entre 2006 à 2012. En résumé, parmi les femmes de niveau d'instruction primaire et secondaire ou plus, la discontinuité des soins commence à baisser à partir de 2006. C'est aussi probablement l'effet de la gratuité des soins obstétricaux mise en œuvre depuis 2006 et l'amélioration de l'accessibilité physique consécutive à la construction de nouveaux centres de santé (centres de santé intégrés, cases de santé).

TABLEAU 3. EVOLUTION DU TAUX DE DISCONTINUITE DES SOINS OBSTETRICAUX SELON LE NIVEAU D'INSTRUCTION ENTRE 1992 ET 2012

Niveau d'instruction	1992	1998	2006	2012
Aucun	40,9	59,8	65,2	61,6
Primaire	25,9	36,6	36,3	31,7
Secondaire +	10,3	16,4	13,1	14,6

STATUT SOCIOECONOMIQUE ET RISQUES RELATIFS DE DISCONTINUITE DES SOINS OBSTETRICAUX

Nous tentons de mesurer l'impact du statut socioéconomique sur le risque de discontinuité des soins obstétricaux. Autrement dit, il s'agit de dégager les effets nets de chacune des variables (niveau de vie, niveau d'instruction) sur la discontinuité des soins obstétricaux. Pour cela, nous recourons à une régression logistique binomiale pas à pas. C'est le modèle saturé pour toutes les périodes d'observation (1992, 1998 et 2000, 2012) qui est le modèle de référence dans l'analyse qui suit. Les quatre modèles (1992, 1998, 2006 et 2012) de la régression logistique ont un pouvoir discriminant chacun de 0,8 (Tableau 4).

Niveau de vie

La littérature sur le recours aux soins obstétricaux met en exergue le lien entre la fréquentation des services de santé et le statut économique des individus, leur capacité matérielle à payer les prestations des services des soins de santé, mais aussi la prédisposition des patients ou des utilisateurs à payer pour maintenir ou améliorer leurs chances de survie. Les coûts de soins sont susceptibles d'encourager ou d'empêcher le recours aux soins selon qu'ils sont supportables ou non (Akoto et al., 2002). Quant à la discontinuité en tant que rupture dans la prise en charge des soins obstétricaux, Beninguissé et al. (2009) ont abouti à la conclusion que sa propension serait plus élevée chez les pauvres.

TABLEAU 4. RAPPORTS DE COTES DE DISCONTINUITE DES SOINS OBSTETRICAUX SELON LE STATUT SOCIOECONOMIQUE (1992-2012)

Variables indépendantes	ODDS RATIO			
	1992	1998	2006	2012
Niveau de vie	***	***	***	***
Pauvre	Réf	réf	réf	Réf
Moyen	0,91ns	0,76***	0,24***	0,62 ***
Riche	0,58***	0,17***	0,29***	0,24***
Niveau d'instruction	***	***		***
Sans niveau	Réf	ref	réf	Réf
Primaire	0,61***	0,62**	0,40***	0,41***
Secondaire & +	0,27***	0,28***	0,15***	0,21***
Région	***	***	***	***
Tillabery	Ref	ref	réf	ref
Agadez	0,09***	1,36*	0,19***	0,22***
Diffa	0,09***	1,04ns	0,96ns	0,51***
Dosso	0,26***	1,38*	0,77*	0,83*
Maradi	0,12***	0,76ns	0,44***	1,05 ns
Tahoua	0,12***	1,36*	0,68**	0,99ns
Zinder	0,14***	1,04ns	0,41***	1,48***
Niamey	0,07***	0,54***	0,15***	0,16***
Khi-deux	408	478	1112	1673
Pseudo R2(%)	16 ,69	18,11	24,16	18,22

Notes : (***) significatif à 1 % ; (**) significatif à 5 % ; (*) significatif à 10 % ; (ns) non significatif à 10 % ; (réf) : modalité de référence.

Le niveau de vie influence significativement la discontinuité des soins obstétricaux tout au long de la période 1992-2012. En 1992, toutes choses égales par ailleurs, à l'échelle nationale, les femmes qui vivent dans les ménages riches courent 42 % moins de risques d'avoir des soins discontinus que leurs homologues des ménages pauvres, tandis que le risque de discontinuité des soins obstétricaux n'est pas significativement différent entre les femmes des ménages moyens et celles des ménages pauvres.

En 1998, les femmes des ménages riches courent 83 % moins de risques que celles des ménages pauvres, et ce risque est réduit de 24 % chez les femmes des ménages moyens par rapport à celles des ménages pauvres. En 2006, les différences entre les catégories de niveau de vie sont significatives. Toutes choses égales par ailleurs, les femmes des ménages moyens et riches ont un risque réduit respectivement de 71 % et 76 % d'avoir des soins discontinus par rapport à celles des ménages pauvres. En 2012, les femmes des ménages moyens et riches courent respectivement 38 % et 76 % moins de risques d'avoir des soins discontinus que leurs homologues des ménages pauvres.

Nos données confirment les résultats obtenus par Beninguissé et al. (2009) ; Akoto et al. (2002) ; Ndiaye et al. (2008) ; Dia Abdoul (2008) ; Kabore (2005), etc. Remarquons que les différences de risque de discontinuité entre les différentes catégories ont évolué en dents de scie entre 1992 et 2012, même si l'on note une tendance générale à l'augmentation des écarts de risque entre elles au cours de la période. Pour les riches, le niveau de différence de risque par rapport aux pauvres passe de 42 % en 1992 à 83 % en 1998, 76 % en 2006 et 2012. Chez les femmes des ménages moyens, la différence de risque par rapport aux pauvres passe de 24 % en 1998 à 71 % en 2006 pour redescendre à 38 % en 2012.

La réduction des écarts entre les catégories à partir de 2006-2012 s'expliquerait par la gratuité des soins en application depuis 2006. En effet au Niger les frais des soins étaient généralement pris en charge par le ménage. Ainsi certains se trouvaient dans l'incapacité d'assumer les soins liés à l'accouchement de leurs membres. D'où la faible probabilité pour les femmes issues des ménages pauvres d'échapper à la discontinuité des soins.

Plusieurs facteurs peuvent limiter le recours des femmes aux services de santé pour l'accouchement. Tout d'abord, l'accouchement ou l'entrée en travail est une courte période, qui peut surprendre la femme à tout moment et en toute circonstance. Les femmes extrêmement pauvres, soit 34 % de la population et 86 % en milieu rural, peuvent se trouver dans l'obligation d'accoucher à domicile, car elles n'ont le plus souvent pas de moyen de transport personnel, dans un pays où à peine la moitié de la population se trouve à moins de 5 km des infrastructures, ni même la capacité de payer les services des transports publics, pour autant qu'ils existent (15 % de la population vit à plus de 15 km d'un centre de santé). En outre, les services de santé maternelle recommandent aux femmes d'apporter un équipement minimum constitué de savons et d'encens afin de tenir les locaux propres. Ainsi, une femme n'ayant pas les moyens de s'en procurer peut renoncer à aller accoucher dans un centre de santé par crainte d'être humiliée. Par ailleurs plus de 50 % du personnel de santé sont des hommes, ce qui crée une véritable barrière entre les parturientes et les services de santé maternelle. En outre, dans le construit social des populations nigériennes, celles du milieu rural surtout, l'on ne doit recourir au centre de santé qu'en cas de complication. Il n'est pas de ce fait souhaitable, qu'un accouchement se termine dans un centre de santé. Toutefois, avec les nouvelles technologies d'information et de communication, malgré la pauvreté beaucoup des femmes commencent à comprendre la nécessité d'un recours régulier aux soins obstétricaux.

Niveau d'instruction

L'instruction favorise le recours aux soins, la rupture avec certaines pratiques traditionnelles et l'adhésion à la culture occidentale. Dans une société où la perception de la maladie ou de la mort relève des croyances populaires, la grossesse et l'accouchement sont un processus normal qui n'a pas besoin de suivi médical. Une femme instruite est capable de s'affranchir de cette vision car elle est à même de mieux comprendre les informations relatives aux soins maternels, de développer de nouveaux comportements en matière de santé et d'hygiène, de suivre des soins prénatals régulièrement et de bénéficier d'un accouchement assisté par un personnel de santé qualifié (Beninguissé, 2003 ; Akoto et al., 2002).

L'effet du niveau d'instruction sur la discontinuité des soins obstétricaux est significatif en 1992, en 1998, en 2006 tout comme en 2012. En 1992, le modèle saturé révèle une différence de risque de discontinuité entre les femmes sans instruction et celles de niveau primaire d'une part, et entre les femmes sans instruction et celles de niveau secondaire ou plus d'autre part. Les femmes de niveau primaire ont 39 % moins de risques d'avoir des soins discontinus que celles sans niveau d'instruction. Les femmes les plus instruites ont un risque inférieur de 73 % à celles-ci. En 1998, entre les femmes sans instruction et les plus instruites l'écart est de 72 % et de 38 % avec celles de niveau primaire. En 2006, les écarts restent profonds par rapport aux femmes sans instruction : 85 % et 60 % respectivement. En 2012 enfin, ces écarts sont égaux à 79 % (niveau secondaire et plus) et 59 % (niveau primaire). Au total, la différence de risque de discontinuité selon le niveau d'instruction s'est accentuée au cours de la période (1992-2006), particulièrement entre les femmes sans aucune instruction et celles de niveau secondaire et plus. Toutefois, elle s'est réduite entre 2006 et 2012 non seulement entre les différentes catégories, mais aussi au sein d'une même catégorie. Ces résultats sont similaires à ceux obtenus par Beninguissé (2003 et 2009), Akoto et al. (2002), Cantrelle et Locoh (1990), Kone (2008), etc.

L'instruction est le canal permettant à une femme d'être en contact avec les valeurs universelles comme l'importance des soins de santé. Or seulement 15,1 % des femmes adultes savent lire et écrire, les filles représentant 25 % des effectifs du primaire, 3 % du secondaire et seulement 1 % du supérieur. En outre, ces femmes sans instruction, en proie à la tradition et à l'ignorance, vivent dans l'extrême pauvreté (17 % seulement occupent un emploi salarié). La barrière linguistique et socio-culturelle, qui empêche l'accès à la modernité et aux sensibilisations à la nécessité de l'assistance à l'accouchement, a creusé l'écart au bénéfice des femmes de niveau supérieur.

Région de résidence

Au Niger, les régions présentent des particularités qui peuvent être culturelles, économiques, climatiques et en fonction des caractéristiques propres à une région, le recours aux soins des femmes peut varier. Mais quelle que soit la région considérée, les femmes de la région de Tillabéri sont celles qui risquent le plus d'avoir des soins discontinus. La région de résidence de la femme influence significativement la discontinuité de soins obstétricaux de 1992 à 2012 alors que son effet est plus faible voire non significatif en 1998. En 1992, les femmes des régions de Dosso, Maradi, Tahoua et Zinder ont respectivement 26 %, 12 %, 12 % et 14 % plus de chances d'avoir des soins discontinus qu'à Tillabery. A Niamey, Agadez et Diffa les écarts sont plus faibles (entre 7 % et 9 %).

En 1998, les risques de discontinuité sont à peine plus élevés dans toutes les régions par rapport à celle de référence (Tillabéri). La différence n'est significative que pour quatre régions : Agadez, Dosso, Tahoua et Niamey. Les femmes des régions d'Agadez, Dosso et Tahoua ont respectivement 1,36, 1,38 et 1,36 fois plus de chances d'avoir des soins discontinus que leurs homologues de la région de Tillabéri. Quant à celles de Niamey, elles courent 46 % moins de chance d'avoir des soins discontinus que celles de la région de Tillabéri. En 2006, on assiste à une accentuation des différences de risque. Ainsi, les femmes des régions d'Agadez et Niamey ont 80 % plus de chances d'avoir des soins continus que celles de la région de Tillabéri. La même année, celles des régions de Maradi, Dosso, Tahoua et Zinder ont elles aussi plus de chances d'avoir des soins continus que celles de Tillabéri. En 2012 aussi, les femmes des régions de Niamey et Agadez sont celles qui risquent moins d'avoir des soins discontinus, soit respectivement 84 % et 78 % de moins qu'à Tillabéri, tout comme les femmes des régions de Diffa et Dosso (respectivement 49 % et 17 % moins de chances). Dans la région de Zinder en revanche, le risque de discontinuité est 1,48 fois plus fort qu'à Tillabéri. On note néanmoins une baisse du niveau de risque de discontinuité par rapport à 2006.

En récapitulant les résultats des régressions, les facteurs niveau de vie, niveau d'instruction, région de résidence, génèrent tous d'importantes différences de comportement en matière de discontinuité des soins. L'intensité de cette variabilité de comportement varie selon les périodes mais elle se maintient quelle que soit la période.

CONCLUSION

La santé de la mère constitue une préoccupation tant pour le monde de la recherche que pour celui des décideurs. Depuis plus d'une décennie, plusieurs stratégies ont été mises en œuvre pour lutter contre la mortalité maternelle, parmi lesquelles les recours aux soins prénatals, l'assistance à l'accouchement par un personnel de santé formé et la pratique de la planification familiale. Toutefois les femmes continuent à accoucher sans assistance médicale. Pire, celles ayant effectué des consultations prénatales continuent à accoucher à domicile, autrement dit continuent à avoir des soins discontinus.

L'objectif de ce chapitre était de dégager les tendances de la discontinuité des soins obstétricaux en relation avec le contexte socioéconomique des femmes. Les EDS du Niger disponibles (de 1992 à 2012) s'adaptent bien à cet objectif. Ce niveau d'analyse micro révèle que les femmes vivant dans les ménages pauvres et celles sans niveau d'instruction risquent plus souvent d'avoir des soins discontinus quelle que soit l'année. Ces facteurs expliquent en grande partie la discontinuité des soins obstétricaux. En outre, l'effet du contexte socioéconomique est souvent amplifié ou réduit par d'autres facteurs qui peuvent favoriser le niveau de vie ou le niveau d'instruction comme le milieu de résidence et la région.

Les résultats obtenus auraient pu être approfondis si l'étude ne présentait pas les trois limites suivantes. Elle est d'abord purement quantitative. Il serait intéressant de compléter les résultats obtenus par des analyses qualitatives et en explorant davantage la dimension sociologique des comportements, mais aussi la psychologie des perceptions face aux soins modernes. Ensuite, le recours aux données transversales pose un problème dans l'approche explicative. Les caractéristiques associées aux variables explicatives sont celles observées à un moment donné, tandis que la décision de recourir aux soins relève de toute une histoire et est régie par un construit social. Enfin, le manque de données sur le système de santé pourtant nécessaire à l'explication des résultats, est aussi une limite de cette étude.

BIBLIOGRAPHIE

Akoto E et al., 2002, Se *soigner aujourd'hui en Afrique de l'ouest : pluralisme thérapeutique entre tradition et modernité* (Bénin, Côte d'Ivoire et Mali). Les Cahiers de l'IFORD, n°27, Yaoundé, Cameroun.

Beninguissé G., 2003, *Entre tradition et modernité. Fondements sociaux de la prise en charge de la grossesse et de l'accouchement au Cameroun,* Académia-Bruylant, L'Harmattan, Paris.

Beninguissé G et al., 2004, L'accessibilité culturelle : une exigence de la qualité des services et soins obstétricaux en Afrique in *UEPA, Population et questions de santé en Afrique*, Supplément B : Dakar, : UEPA : 244–266.

Beninguissé G., Nikiema B., Fournier P., et Haddad S., 2003, L'accessibilité culturelle: une exigence de la qualité des services et soins obstétricaux en Afrique in *Étude de la population africaine*, vol. 19 : 244–266.

Beninguissé G., Nikiema B., Haddad S., Fournier P., 2009, La discontinuité des soins obstétricaux en Afrique subsaharienne: les fondements historiques du phénomène in Marcoux R. et Dion J. (dir.), *Mémoires et Démographie. Regards croisés au Sud et au Nord, Cahiers du CIEQ*, Agence Universitaire de la Francophonie (AUF) : 366-385.

Cantrelle P., Locoh T., 1990, Facteurs culturels et sociaux de la santé en Afrique de l'Ouest, *Les dossiers du CEPED*, n°10.

Dia Abdoul Y., 2008, Les déterminants de la discontinuité entre les soins prénatals et les soins à l'accouchement en Mauritanie, Mémoire DESSD, IFORD, Yaoundé.

Kabore M., 2005, *Les facteurs de la prise en charge médicale de la grossesse et de l'accouchement au Burkina Faso*, Mémoire DESSD, IFORD, Yaoundé.

Kone K., 2008, *Facteurs contextuels prépondérants du recours aux soins durant l'accouchement : cas de la religion dans l'adoption des comportements sanitaires sains durant l'accouchement,* Université Catholique de Louvain.

Ndiaye P., Kaba S., Kourouma M., Barry A.N., Barry A., Criel B., 2008, Les MURIGA en Guinée : une expérience de mutualisation des risques liés à la grossesse et à l'accouchement in *Studies in Health Services Organisation & Policy,* 25 : 129-163.

CHAPITRE 9

RAPPORTS DE GENRE ET RECOURS AUX SOINS PRENATALS

Nassirou IBRAHIM

INTRODUCTION

Chaque jour, environ 800 femmes meurent de causes liées à la grossesse et à l'accouchement (OMS, 2013) et la quasi-totalité (99 %) de ces décès se produit dans les pays en développement dont plus de la moitié en Afrique subsaharienne. Une femme enceinte sur 160 risque de mourir des complications liées à la grossesse contre 1 sur 3 700 dans les pays développés (OMS, 2013). L'amélioration de la santé maternelle repose en partie sur les consultations prénatales, mais peu de femmes en bénéficient au Niger : en 1992, 39 % seulement avaient effectué au moins une consultation prénatale auprès d'un personnel de santé qualifié. Quatorze ans plus tard, cette proportion n'avait augmenté que de 7,4 points et s'élevait à 46,4 % (EDSN-MICS, 2006). En 2012, 83 % des femmes ont effectué au moins une consultation prénatale, mais seules 46 % d'entre elles ont effectué les quatre visites recommandées par l'OMS. La situation du Niger est donc inquiétante et ce faible recours aux services apparaît comme l'une des causes de la mortalité maternelle dont le niveau élevé est resté quasiment stable entre 1992 et 2012 (652 et 648 et 545 décès sur 100 000 naissances vivantes respectivement en 1992, 2006 et 2012).

On explique le recours aux services de santé en général et aux consultations prénatales en particulier à la fois par l'offre et par la demande des soins qui s'analysent en termes économiques ou socio-culturels. L'offre de soins étant traitée dans un autre chapitre, nous nous centrons ici sur certains aspects de la demande. Le Niger est un pays dont le système matrimonial fortement patriarcal marque profondément les rapports de genre ; l'homme est le principal détenteur du pouvoir de décision dans le foyer et la femme doit soumission à son mari. Ainsi, dans la mesure où elle vit dans un contexte socioculturelqui lui est défavorable et où le pouvoir de décision ne lui appartient pratiquement pas, surtout si son niveau d'instruction est bas, on peut penser que les rapports de genre au sein du couple influencent le recours aux consultations prénatales. Ce chapitre cherche principalement à dresser le profil des femmes qui effectuent le recours aux consultations prénatales, en identifiant et hiérarchisant les facteurs liés aux rapports de genre, outre les facteurs explicatifs habituels : l'occupation économique, le niveau d'instruction, l'âge, l'ethnie, le milieu et la région de résidence de la femme. Nous formulons trois hypothèses principales :

Hypothèse 1 : La femme étant la personne la plus à même d'apprécier son état de santé pendant la grossesse, celles qui ne participent pas à la prise de décision sur leur santé courent plus de risques de ne pas effectuer de consultations prénatales que les autres.

Hypothèse 2 : La discussion au sein du couple étant un mode de communication fréquent, les femmes qui ne discutent pas de la planification familiale avec leur partenaire courent plus de risques de ne pas effectuer de consultations prénatales que les autres.

Hypothèse 3 : Les femmes ayant un écart d'âge de moins de cinq avec leur conjoint ont plus de chances d'effectuer les consultations prénatales que les autres.

Il faut souligner que plusieurs des variables utilisées dans nos analyses fondées sur l'EDSN-2006 n'ont pas été collectées en 2012. Il s'agit des discussions au sein des couples, des attitudes de la femme face à la planification familiale, de celles de l'homme, du milieu de socialisation, de l'ethnie et enfin de la religion de la femme. Il a donc été impossible d'actualiser les analyses faites sur les données de l'Enquête démographique et de santé à indicateurs multiples du Niger de 2006. La population cible est composée de 5 622 femmes en union (mariées et en union libre), âgées de 15 à 49 ans, qui ont eu au moins une naissance vivante au cours des cinq dernières années ayant précédé l'enquête. Elles ont été interrogées sur leur dernière grossesse. La démonstration s'effectue à deux niveaux d'analyse. Le premier niveau, descriptif, s'appuie sur une analyse factorielle des correspondances multiples. Le second niveau repose sur une analyse explicative multivariée fondée sur une régression logistique multinomiale. La modalité de référence est le fait pour la femme de n'avoir effectué aucune des quatre consultations prénatales préconisées Deux cas sont distingués : elle a effectué une à trois visites seulement ; elle a effectué les quatre visites préconisées par l'OMS.

LES PROFILS SOCIODEMOGRAPHIQUES

L'analyse factorielle des correspondances multiples a permis de dégager trois principaux groupes de femmes. Le premier est celui des femmes qui n'effectuent aucune consultation pendant la grossesse : tout comme leur conjoint elles n'ont aucune instruction ; le partenaire est seul à décider au sein du couple et la femme est la seule des deux partenaires à approuver l'utilisation de la contraception. L'écart d'âge entre les deux partenaires est d'au moins quinze ans. Enfin, ce sont des femmes qui ne discutent jamais de la contraception avec leur partenaire.

Dans le deuxième groupe, les femmes ont effectué entre une et trois consultations prénatales. L'homme et la femme ont un niveau d'instruction primaire, leur écart d'âge n'atteint pas quinze ans. Les couples de ce groupe ont un pouvoir économique élevé. Ces femmes prennent des décisions relatives à leur santé, seules ou avec leurs partenaires. Toutefois, les deux conjoints désapprouvent la contraception.

Dans le troisième groupe, les femmes ont effectué au moins quatre consultations. Elles discutent au moins une ou deux fois avec leur conjoint. Tous deux, de niveau d'instruction au moins égal au primaire, approuvent la contraception. Enfin il faut noter que le niveau économique des différents couples est moyen.

LES FACTEURS EXPLICATIFS

Niveau d'instruction du couple

Le tableau 1 montre que par rapport aux femmes des couples sans niveau d'instruction, toutes les autres ont, au seuil de 1 %, plus de chances d'avoir effectué entre 1 et 3 consultations qu'aucune : 3,26 fois pour celles appartenant à des couples de niveau d'instruction primaire ; 7,21 fois si le couple a un niveau d'instruction secondaire et plus ; 1,69 fois si elles sont moins instruites que leur conjoint ; et 2,02 fois lorsqu'elles sont plus instruites que lui. Au même seuil de 1 % et toujours par rapport aux femmes de référence, les femmes de ces mêmes catégories ont respectivement 3,5, 31,8, 2,68 et 2,54 fois plus de chances d'avoir effectué les quatre consultations recommandées plutôt qu'aucune. On le voit, l'effet du niveau d'instruction, qui influe positivement sur le nombre de consultations prénatales, s'intensifie et l'écart se creuse par rapport aux autres groupes dans le sens d'un suivi optimal, qui fait référence aux comportements socioculturels réputés modernes.

TABLEAU 1. RAPPORTS DE RISQUES RELATIFS D'EFFECTUER UN NOMBRE INADEQUAT OU ADEQUAT DE CONSULTATIONS PLUTOT QU'AUCUNE

Variables liées aux de genre	1 à 3 consultations prénatales		4 consultations prénatales	
	Modèle brut	Modèle saturé	Modèle brut	Modèle saturé
Niveau de vie du ménage	***	***	***	***
Elevé		Réf.		
Faible	0,396***	0,833**	0,244***	0,749***
Moyen	0,413***	0,826*	0,247***	0,674***
Niveau d'instruction du couple	***	***	***	***
Sans niveau		Réf.		
Primaire	5,796***	3,257***	7,069***	3,502***
Secondaire et plus	48,187***	7,212**	261,127***	31,873***
Conjoint plus instruit	2,474***	1,693***	4,676***	2,678***
Femme plus instruite	3,168***	2,022***	4,606***	2,538***
Pouvoir économique du couple	***	***	***	***
Homme plus élevé		Réf.		
Faible	0,483***	0,753***	0,359***	0,700***
Moyen	0,944 ns	1,111 ns	1,561***	1,601***
Elevé	1,560*	1,211 ns	2,754***	1,603 ns
Femme plus élevé	0,635***	0,856 ns	0,571***	0,905 ns
Résidu	0,666***	0,769 ns	0,441***	0,726 ns
Ecart d'âge entre conjoints	***	***	***	***
Faible		Réf.		
Moyen	0,754***	0,726***	0,707***	0,639***
Elevé	0,861**	0,804**	0,739***	0,728***
Très élevé	0,964 ns	0,944 ns	0,953 ns	0,949 ns
Attitude du couple face à la PF	***	***	***	***
Couple désapprouve		Réf.		
Femme seule approuve	0,470***	0,811*	0,425***	0,629***
Homme seul approuve	0,902 ns	1,004 ns	1,069 ns	1,133 ns
Couple approuve	0,508***	0,918 ns	0,587***	0,912 ns
Couple ne sait pas	0,373***	0,725**	0,265***	0,576***
Discussion au sein du couple	***	***	***	***
Parfois		Réf.		
Jamais	0,535***	0,800**	0,373***	0,638***
Souvent	1,267**	0,929ns	1,218*	0,918 ns
Résidu	0,244***	0,236*	0,924 ns	1,601ns
Prise de décision sur la santé de la femme	***	***	***	***
Homme seul décide		Réf.		
Femme seule décide	1,396***	0,932 ns	0,872 ns	0,659***
Couple décide	1,866***	1,303**	1,375**	1,054 ns
Quelqu'un d'autre décide	1,430**	0,945 ns	0,901 ns	0,775 ns
Significativité du modèle		***		***
Pseudo R^2 de McFadden		0,18		0,18
Khi-deux		2032		2032

Note : (***) significatif au seul de 1 % ; (**) significatif au seul de 5 % ; (*) significatif au seul de 10 % et (ns) non significatif.

Pouvoir économique du couple

Par rapport aux femmes des couples dont le conjoint a un pouvoir économique plus élevé que celui de la femme, celles où le pouvoir économique est faible ont 25 % moins de chances (au seuil de 1 %) d'avoir effectué à un nombre inadéquat de consultations prénatales (1 à 3) plutôt qu'aucune. En outre, ces dernières présentent des comportements similaires à ceux des autres catégories de femmes (hormis celles des couples de faible revenu) quant au nombre adéquat de consultations prénatales (plutôt qu'aucune consultation).

Par ailleurs, au même seuil, les femmes des couples ayant un pouvoir économique faible et moyen ont respectivement 30 % moins de chances et 1,6 fois plus de chances d'avoir respecté le nombre adéquat de consultations prénatales, comparativement à celles dont leur conjoint possède un pouvoir économique plus élevé que le leur. Toutefois, il n'y a pas de différence significative entre les femmes du groupe de référence et les autres catégories, notamment celles disposant d'un pouvoir économique plus élevé que celui de leur partenaire. Ainsi, avoir un pouvoir économique plus élevé que son conjoint ne donne pas plus de chances à une femme d'avoir respecté le nombre adéquat de consultations prénatales. Il faut voir dans ce résultat le fait que dans le contexte nigérien c'est l'homme qui est le maître de la prise de décisions au sein du couple et la femme ne peut lui désobéir, acte non toléré par la société.

Ecart d'âge entre conjoints

Par référence aux femmes ayant un écart d'âge de moins de 5 ans avec leur conjoint, celles ayant un écart de 5 à 9 ans et de 10 à 14 ans ont respectivement 27,4 % (au seuil de 1 %) et 19,6 % (au seuil de 5 %) moins de chances d'avoir effectué entre une et trois consultations (toujours plutôt qu'aucune). Pour les quatre consultations prénatales, ces ratios sont plus élevés : 36 % et 27 % respectivement et toujours au seuil de 1 %, comparativement aux femmes du groupe de référence. Par contre, il n'y a pas de différence significative entre les femmes du groupe de référence et celles ayant un écart d'âge très élevé avec leur partenaire.

Ce résultat peut être expliqué par le fait que, lorsque l'écart d'âge augmente entre les conjoints, la discussion au sein du couple devient très rigide et que presque toutes les décisions relatives à la vie du couple sont prises par l'homme. Ainsi l'hypothèse selon laquelle les femmes ayant un faible écart d'âge avec leur conjoint ont plus de chance de recourir aux consultations prénatales que les autres, est partiellement confirmée.

Attitude du couple face à la planification familiale

Comparativement aux couples qui désapprouvent la contraception, les femmes qui ne connaissent pas l'attitude de leur conjoint face à la contraception et celles qui approuvent seules la contraception ont respectivement 26 % et 19 % moins de chances d'avoir effectué 1 à 3 consultations prénatales plutôt qu'aucune. Par ailleurs, au même seuil, les femmes qui approuvent la contraception seules et celles qui ne connaissent pas l'attitude de leur conjoint ont respectivement 36 % et 42 % moins de chances d'effectuer un nombre adéquat de consultations plutôt qu'aucune consultation. Cependant, il n'y a pas de différence significative entre les couples où seul le conjoint approuve la contraception, ceux où les deux conjoints l'approuvent et enfin, à l'inverse, ceux qui la désapprouvent. Ainsi, les couples qui ont une attitude favorable face à la contraception courent plus de risque de ne pas effectuer de consultations prénatales que les couples qui y sont défavorables.

Ce résultat est contraire à nos attentes. En effet, une attitude positive des couples face à la contraception va de pair avec la gestion de leur vie reproductive et on pouvait s'attendre à un environnement propice à des discussions de couple sur la prise en charge de la grossesse. Il faut donc supposer que lorsque le recours aux consultations va à l'encontre des normes et valeurs socioculturelles ou lorsque seule la femme approuve la contraception dans un régime matrimonial patriarcal, celle-ci aura peu de chances d'effectuer ces consultations prénatales.

Discussions au sein du couple

Au seuil de 5 % et comparativement aux femmes qui discutent parfois avec leur partenaire, celles qui ne discutent jamais de la contraception avec lui ont 20 % moins de chances d'avoir effectué entre 1 et 3 consultations plutôt qu'aucune. Cependant, il n'y a pas de différence significative entre les femmes qui en discutent souvent et celles qui en discutent parfois. Par ailleurs, au seuil de 1 % et comparativement aux femmes qui en discutent parfois, celles qui ne discutent jamais avec leur partenaire ont 62 % moins de chance d'avoir effectué les 4 consultations plutôt qu'aucune.

Toutefois, on n'observe pas de différence significative entre celles qui discutent parfois ou souvent avec leur partenaire. L'hypothèse selon laquelle les femmes qui ne discutent pas de la planification familiale avec leur partenaire courent plus de risques de ne pas effectuer de consultations prénatales que celles qui en discutent, est confirmée. La discussion au sein du couple est un élément important reflétant l'autonomie et le pouvoir de décision de la femme au sein du couple. Et lorsqu'il s'agit de sa santé, ses chances d'avoir effectué des consultations prénatales s'améliorent. En outre, la discussion à l'intérieur d'un couple peut favoriser un comportement favorable du conjoint à la prise en charge de la grossesse.

Prise de décision sur la santé de la femme

Pour ce qui est d'avoir effectué 1 à 3 consultations plutôt qu'aucune, il n'y a pas de différence significative entre les femmes dont le partenaire décide seul de leur santé, celles qui prennent seules les décisions relatives à leur propre santé ou lorsque quelqu'un d'autre décide à leur place. Néanmoins, au seuil de 5 % et comparativement aux femmes dont le partenaire décide de leur santé, celles qui décident ensemble avec leur partenaire ont 1,30 fois plus de chances d'avoir effectué 1 à 3 consultations. Quant aux quatre consultations, au même seuil et comparativement aux mêmes femmes de référence, celles qui décident seules de leur santé ont 34 % moins de chance de les avoir effectuées. Cependant, il n'y a pas de différence significative entre les femmes qui décident ensemble avec leur partenaire, celles dont une autre personne décide de leur santé et celles dont le partenaire décide seul de leur santé. Ainsi, l'hypothèse selon laquelle les femmes qui ne participent pas à la prise de décision sur leur santé courent plus de risques de ne pas effectuer de consultations prénatales est confirmée. En effet, la prise de décision en général et celle relative au recours aux consultations prénatales en particulier est un critère important d'évaluation des rapports de genre dans le couple. Le fait que la femme participe à la prise de décision sur sa santé est révélateur d'une atténuation du pouvoir et de l'autorité de l'homme sur le contrôle des décisions au sein du couple. Ceci milite pour garantir son recours aux consultations prénatales.

CONTRIBUTION ET HIERARCHISATION DES FACTEURS

Le tableau 1 a permis de déterminer les facteurs qui influencent de manière significative le recours aux consultations prénatales. Au seuil de 5 %, le niveau d'instruction du couple, son pouvoir économique, l'écart d'âge entre conjoints, l'attitude du couple face à la contraception, les discussions au sein du couple et la prise de décision sur la santé de la femme expliquent le recours aux consultations prénatales au Niger. Néanmoins, ces facteurs ne contribuent pas de la même manière à l'explication du phénomène. Ainsi, le niveau d'instruction apparaît au premier rang dans l'explication du recours aux consultations prénatales, ensuite vient le pouvoir économique du couple, puis la discussion au sein du couple sur la contraception. En quatrième position, vient l'attitude du couple face à celle-ci. En cinquième rang, on trouve l'écart d'âge entre conjoints. La prise de décision sur la santé de la femme vient en dernier rang. Le tableau 2 résume la part de chaque facteur dans l'explication du phénomène.

TABLEAU 2. CONTRIBUTION ET HIERARCHISATION DES VARIABLES LIEES AUX RAPPORTS DE GENRE

	Contribution relative (%)	Classement	1 à 3 CPN	4 CPN
Niveau d'instruction du couple	52,3	1	oui	oui
Pouvoir économique du couple	15,2	2	oui	oui
Ecart d'âge entre conjoints	7,62	5	oui	oui
Attitude du couple face à la planification familiale	8,63	4	oui	oui
Discussions au sein du couple	11,8	3	oui	oui
Prise de décision sur la santé de la femme	4,49	6	oui	oui
Ensemble des variables	100			

CONCLUSION

Plusieurs stratégies ont été adoptées afin de prévenir les risques liés à la grossesse et de lutter contre la mortalité maternelle. Parmi celles-ci figure la consultation prénatale, qui vise à optimiser l'état de santé de la femme pendant et après la grossesse afin qu'elle donne naissance à un enfant en bonne santé. Toutefois la prévention reste très insuffisante en Afrique subsaharienne, notamment au Niger où moins d'une femme sur deux (46 % EDSN-MICS III, 2006) a seulement effectué au moins une consultation prénatale. En 2012, 83 % des femmes en ont effectué au moins une, mais seules 46 % d'entre elles ont effectué les quatre visites recommandées par l'OMS. Pour identifier les causes de ce faible recours, ce chapitre s'est interrogé sur l'influence des rapports de genre, tels qu'ils se reflètent dans les caractéristiques sociodémographiques et économiques des conjoints, sur le recours aux consultations prénatales au Niger. L'analyse factorielle des correspondances a permis d'identifier trois groupes de femmes : celles qui n'effectuent pas de consultations pendant la grossesse, celles qui en ont effectué entre une et trois et celles qui les ont toutes effectuées. L'utilisation de la régression multinomiale non ordonnée a permis quant à elle de modéliser l'influence des rapports de genre sur le recours aux consultations prénatales.

Toutes les variables liées aux rapports de genre influencent le nombre de consultations prénatales au seuil de 5 %. Par ordre décroissant de pouvoir explicatif, on trouve le niveau d'instruction du couple, son pouvoir économique, la discussion au sein du couple, l'attitude des conjoints face à la planification familiale, l'écart d'âge entre conjoints et la prise de décision sur la santé de la femme. Ainsi, au seuil de 5 %, les résultats suivants se dégagent : le niveau d'instruction du couple favorise le recours aux consultations pendant la grossesse ; la discussion entre les conjoints donne aux femmes une certaine autonomie dans la prise de décision sur le recours aux consultations, mais lorsque l'écart d'âge entre les conjoints est élevé, cette autonomie est remise en cause et entraîne un recours limité aux services de maternité. Par ailleurs, quand le pouvoir économique des conjoints est élevé, le recours aux consultations devient plus adéquat, mais le fait que la femme dispose d'un pouvoir économique plus élevé que son conjoint ne lui garantit aucunement le recours à au moins une visite prénatale.

Toutefois, l'étude comporte certaines limites qui méritent d'être évoquées. Premièrement, la démarche est restrictive dans la mesure où elle est basée sur les comportements des individus en supposant une disponibilité des services de soins maternels alors que rien ne la garantit. D'autres facteurs prédictifs n'ont pas été pris en compte, parce qu'ils ne sont pas disponibles dans la base de données. Il s'agit notamment des facteurs institutionnels, de l'ethnie, du milieu de socialisation et de résidence du conjoint. Deuxièmement, certaines caractéristiques des femmes enceintes et de leur conjoint peuvent avoir une occurrence antérieure à leur comportement en matière de recours aux consultations prénatales. En effet, le pouvoir économique et le niveau d'instruction de la femme et de son partenaire notamment, étaient ceux qu'ils avaient au moment de l'enquête, alors qu'il est possible qu'ils ne soient pas les mêmes au moment de la grossesse. En outre, il est possible qu'au moment de la grossesse la femme n'était pas mariée ou qu'elle n'ait pas vécu avec le même partenaire que celui de l'enquête. Troisièmement, opérationnaliser le concept de rapports de genre est complexe et les variables relatives au concept sont très peu nombreuses dans la base de données, ce qui ne permet pas de cerner plus finement le concept. Par exemple, la répartition des tâches domestiques, des revenus, le temps consacré aux activités domestiques ne sont pas connus. C'est pourquoi ce chapitre s'est centré uniquement sur les rapports au sein du couple.

CHAPITRE 10

LE PALUDISME CHEZ L'ENFANT

Ado ABDOU LOUCHE

INTRODUCTION

Selon le Conseil de la santé et du bien-être du Gouvernement du Québec, le développement social fait référence à la mise en place et au renforcement au sein des communautés, dans la région et à l'échelle de la collectivité, des conditions requises pour atteindre deux objectifs. D'une part, permettre à chaque individu de développer pleinement ses potentiels, de pouvoir participer activement à la vie sociale et tirer sa juste part de l'enrichissement collectif. D'autre part, permettre à la collectivité de progresser socialement, culturellement et économiquement dans un contexte où le développement économique s'oriente vers un développement durable soucieux de justice sociale.

En un mot, le développement social est l'amélioration de la qualité de la vie de tous. Être en bonne santé est caractéristique du développement social. Les populations sont actrices et bénéficiaires de ce développement et la prise en compte de tous les groupes d'âge de la population est donc capitale pour assurer un développement social durable, mais encore et surtout chercher les interrelations entre les variables démographiques et les variables du développement social. La santé et l'éducation sont des composantes du développement social. Assurer ces services sociaux aux jeunes générations, en particulier les moins de cinq ans, créera une dynamique du développement social. En outre, un lien étroit existe entre ces deux composantes. De la naissance jusqu'à l'âge préscolaire, il faut impérativement être en bonne santé pour pouvoir franchir le premier niveau de l'apprentissage. À cette première étape de la vie, la connaissance de tous les facteurs susceptibles d'améliorer la santé des enfants est primordiale. D'où l'intérêt de chercher les déterminants de la santé des enfants de moins de cinq ans. Or, la santé des enfants de moins de cinq ans demeurant préoccupante dans le contexte actuel, des programmes préventifs ou curatifs ont été élaborés et mis en œuvre pour sauver les futurs acteurs et bénéficiaires du développement social.

Les principales maladies qui portent préjudice à la santé des enfants sont le paludisme, la malnutrition, les infections respiratoires aiguës, la diarrhée, etc. Concernant le paludisme, 219 millions de cas et 660 000 décès associés ont été recensés en 2010. 86 % d'entre eux concernaient les enfants de moins de cinq ans (OMS, 2012). Certains sont victimes d'une attaque aiguë de paludisme cérébral qui entraîne rapidement le coma et la mort ; d'autres succombent à une grave anémie suite aux infections à répétition ou aux conséquences d'un poids insuffisant à la naissance qui parfois s'explique lui-même par une infection paludique utérine. Même les enfants qui échappent à la mort n'en sont pas pour autant indemnes, car le paludisme entravera leur développement (UNICEF, 2004). Outre son impact sanitaire, le paludisme impose un lourd fardeau économique à de nombreux pays en contribuant au cycle de pauvreté et en entravant le développement économique. Il est estimé, par exemple, que le continent africain subit au minimum 12 milliards de US$ par an de pertes directes et une perte encore plus importante en termes de croissance économique. La réduction du fardeau que représente le paludisme génèrera des avantages économiques et contribuera à limiter la pauvreté. Il touche les populations les plus pauvres et les plus marginalisées compte tenu de leurs conditions de vie. La réduction du fardeau de la maladie signifie moins d'absentéisme sur le lieu de travail et à l'école ainsi qu'une rupture dans le cycle de la pauvreté (OMS/UNICEF, 2003).

DONNEES ET METHODOLOGIE

Au Niger, le paludisme est la principale cause de décès chez les moins de cinq ans, il représente 20 % des causes de consultation pendant la saison sèche et 80 % pendant la saison de pluie. Selon le ministère de la Santé publique, les pertes économiques liées au paludisme, sont estimées à plusieurs milliards de Franc CFA par an. Par ailleurs, selon les résultats de l'EDSN de 2012, le niveau de prévalence de la fièvre (principal signe de paludisme), est élevé : 14 %. L'utilisation des moustiquaires, méthode préventive la plus efficace, reste encore faible chez les moins de cinq ans, à peine égale à 17 %. Eu égard au lien existant entre la santé et l'éducation puis la santé et le développement social d'une part, les conséquences sanitaires et économiques du paludisme d'autre part, les facteurs explicatifs de la survenance du paludisme et de l'utilisation des moustiquaires sont analysés dans ce chapitre.

Les données utilisées sont celles de l'EDSN-MICS de 2012, réalisée au mois de février-juin. La taille de l'échantillon est de 11 425 enfants de moins de cinq ans. La méthode d'analyse retenue est la régression logistique. Tous les enfants de moins cinq ans n'ayant pas le même risque d'exposition au paludisme (les moins de 2 ans sont plus exposés que ceux de 2-4 ans), deux sous-échantillons ont été constitués. Deux variables dépendantes sont retenues : la survenance du paludisme et l'utilisation des moustiquaires. Le seuil de significativité est fixé à 5%. Les résultats sont consignés dans le tableau 1 et ceux de l'utilisation des moustiquaires dans le tableau 2.

DETERMINANTS DE LA SURVENANCE DU PALUDISME

La survenance du paludisme est déterminée par l'influence de plusieurs facteurs : environnementaux, socioculturels, sociodémographiques, socio-économiques, institutionnels. Certains contribuent à la protection de l'enfant, d'autres sont des facteurs de risque.

Les facteurs environnementaux qui influencent la survenance du paludisme sont l'assainissement du milieu, la zone endémique, et le milieu de résidence. Les enfants de moins de cinq ans vivant dans un quartier assaini courent moins de risques d'exposition au paludisme que ceux habitant un quartier non assaini (Ngeuma, 2005). Du point de vue épidémiologique, la transmission varie d'une zone endémique à une autre avec un risque différent. La stratification épidémiologique distingue quatre grandes zones endémiques. Dans la zone holo-endémique la transmission est intense toute l'année ; dans la zone hyper-endémique elle est intense avec des variations saisonnières ; dans la zone méso-endémique elle est variable ; elle est faible dans la zone hypo-endémique. Selon une étude réalisée au Cameroun par Afana en 2011, cette variable zonale détermine la survenance du paludisme chez les moins de cinq ans ; ceux habitant la forêt équatoriale et la savane humide sont beaucoup plus exposés au paludisme que ceux résidant dans la zone sahélienne. Eu égard au milieu de résidence, les enfants ruraux courent un plus grand risque que ceux qui vivent en ville (UNICEF, 2004 ; Banque Mondiale, 2005).

Parmi les variables socioculturelles, le niveau d'instruction des parents, les croyances étiologiques, la religion et l'ethnie sont les plus notables et parmi celles-ci, la plus pertinente est l'instruction des parents. Les mères éduquées ont une attitude moins fataliste que les mères non éduquées en face de la maladie de leur enfant. Elles ont aussi un pouvoir de décision plus importante en matière de soins des enfants (Cantrelle et Locoh, 1990). Au Cameroun et en Centrafrique par exemple, plus le niveau d'instruction augmente, moins les enfants connaissent un épisode palustre durant la période étudiée (Afana, 2011). Certains auteurs classent les causes du paludisme selon la croyance des enquêtées en trois groupes : celles liées au climat, à l'alimentation et enfin à une faute commise par un des parents de l'enfant (rapports sexuels avant le sevrage de l'enfant, adultère, etc.) (Drabo et al., 2004).

Trois variables démographiques sont cruciales : l'âge de la mère, le nombre d'enfants de moins de cinq ans présents dans le ménage, l'âge de l'enfant et son sexe. Plus la mère est âgée, plus elle a de connaissances et d'expérience en ce qui concerne les mesures d'hygiène et les soins à apporter à son enfant. Ensuite, on constate que les garçons reçoivent plus des soins que les filles parce qu'ils sont une main-d'œuvre future pour les travaux champêtres. Mais comme ils ont un niveau d'immunité passive naturelle inférieur à celui des filles, ils ont une plus grande vulnérabilité aux maladies infectieuses. Quant à l'âge de l'enfant, c'est un élément fondamental pour évaluer sa vulnérabilité. Le risque d'exposition aux maladies varie d'un âge à l'autre, les moins de 2 ans sont plus vulnérables que ceux âgés de 2 ans et plus, car l'immunisation contre le paludisme s'acquiert avec l'âge, elle commence généralement à partir de 2 ans si l'enfant est continument exposé (Anofel, 2011).

Les facteurs socioéconomiques sont principalement le niveau de vie de ménage et l'activité des parents. Bell (1985), parmi d'autres, a montré que la santé des enfants dépend largement de la situation économique des femmes et de leur ménage. Le revenu et sa répartition au sein de la population et dans le ménage est la caractéristique familiale le plus déterminante pour la santé des enfants. Les ressources économiques influencent la possession de toute une série de biens et le recours à de nombreux services susceptibles d'affecter positivement la santé des enfants. Plus le niveau de vie du ménage augmente, plus la santé des enfants s'améliore. Dans un ménage, la femme est la personne qui s'occupe généralement des enfants et elle passe beaucoup de temps avec eux. Les soins qu'elle leur apporte dépendent considérablement de son niveau de revenu. Or, on sait que l'activité augmente le revenu et le pouvoir d'achat de la personne, donc une femme active a tendance à avoir plus de revenus que les inactives. Par conséquent, les enfants dont les mères sont actives sont en meilleure santé que ceux de mères inactives.

Les mesures préventives et curatives, prises par les autorités d'un pays pour faire face aux maladies améliorent la santé de la population en général et celle des couches vulnérables en particulier, notamment les jeunes enfants et les femmes. Dans le cas du paludisme, les mesures sanitaires les plus efficaces sont l'utilisation des moustiquaires, la pulvérisation intra-domiciliaire d'insecticides à effet rémanent, la lutte anti-larvaire et la communication pour le changement de comportement (IEC/CCC).

Facteurs socioéconomiques

Les variables socioéconomiques retenues pour notre analyse sont le niveau de vie du ménage et l'activité de la femme. Elles expliquent la prévalence du paludisme au seuil de % (**) et 1 % (***) (Tableau 1). L'activité de la mère détermine la survenance du paludisme chez les enfants âgés de deux ans et plus, tandis que celle-ci n'a aucune influence sur cette maladie chez les enfants plus jeunes. En outre, la prévalence du paludisme diffère selon que la mère est agricultrice, ouvrière, ou qu'elle est inactive : 1,31 fois plus de risques parmi les enfants des premières. Par ailleurs, on n'observe aucune différence entre les enfants issus des mères cadres et commerçantes et les inactives.

Le niveau de vie du ménage explique la morbidité palustre au seuil de 5 % et de 1 % respectivement chez tous les enfants. Pour les plus jeunes, ceux vivant dans les ménages très riches courent 0,69 fois moins de risques d'exposition à la fièvre palustre que ceux vivant dans les ménages très pauvres. Par ailleurs, aucune différence ne se manifeste entre les autres niveaux de richesse (niveaux de vie pauvre, moyen, riche). Pour le deuxième groupe d'âge, la différence est significative entre les enfants vivant dans les ménages très pauvres et ceux qui résident dans les ménages riches : ces derniers courent 0,69 fois moins de risques d'être impaludés.

Facteurs socioculturels

Les facteurs socioculturels qui influencent significativement la survenance du paludisme sont l'instruction du père et l'exposition de la mère à la radio, mais non l'instruction de la mère et ceci quel que le groupe d'âge considéré. L'introduction des variables « exposition à la radio et à la télévision » dans la régression est pertinente du fait que les programmes de sensibilisation à la lutte contre le paludisme sont diffusés à la radio, à la télévision et dans les journaux. Comme le but de toute sensibilisation est d'aboutir à des changements de comportement de la population cible, les personnes exposées à des sensibilisations sont-elles plus susceptibles de changer leur comportement que celles qui ne le sont pas ? On constate une différence significative dans la prévalence du paludisme entre les enfants issus des mères qui ne sont pas exposées à la radio et les autres pour tous les groupes d'âge considérés : 1,25 et 1,32 fois plus de risques par rapport à ceux dont les mères ne sont exposées, respectivement. Comme le paludisme est appréhendé à travers la déclaration verbale de la mère enquêtés (l'enfant a-t-il eu la fièvre au cours de deux semaines précédant l'enquête ?), et non à travers l'examen d'une goute épaisse ou d'un frottis sanguin, l'exposition à la radio augmente la connaissance des signes du paludisme.

TABLEAU 1. EFFETS NETS DES VARIABLES EXPLICATIVES

	Effet net des variables retenues	
	Moins de 2 ans	2-5 ans
Zone endémique	***	***
Hypo endémique	Réf	Réf
Méso endémique	0,87 ns	0,69***
Hyper endémique	1,50***	1,34**
Milieu de résidence	ns	Ns
Urbain	Réf	Réf
Rural	0,93 ns	1,38 ns
Instruction du père	**	**
Sans niveau	Réf	Réf
Niveau primaire	1,13 ns	0,94 ns
Niveau secondaire et plus	0,71**	1,38**
Instruction de la mère	Ns	Ns
Sans niveau	Réf	Réf
Niveau primaire	0,94 ns	1,16 ns
Niveau secondaire et plus	0,93	1,41 ns
Exposition à la radio	***	***
Exposée	Réf	Réf
Non exposée	1,25***	1,32***
Exposition à la télévision	Ns	Ns
Exposée	Réf	Réf
Non exposée	1,15 ns	1,16
Activité de la mère	Ns	***
Inactive	Réf	Réf
Cadre	1,27 ns	0,94ns
Commerçante	0,92 ns	1.16 ns
Agricultrice/ouvrière	1,17 ns	1,6***
Niveau de vie	**	***
Très pauvre	Réf	Réf
Pauvre	0,91 ns	1,05 ns
Moyen	0,91 ns	0,81 ns
Riche	0,91 ns	0,67***
Très riche	0,69**	0,74 ns
Âge de la mère	Ns	*
15-19 ans	1,06 ns	0,98*
20-34 ans	Réf	Réf
35-49 ans	1,04 ns	1,05 ns
Nbre d'enfants de-5 ans	Ns	***
Petit	Réf	Réf
Moyen	0,87 ns	0,56***
Grand	0,83 ns	0,65***
Sexe de l'enfant	Ns	*
Garçon	Réf	Réf
Fille	0,98 ns	1,15*
Utilisation moustiquaires	***	**
n'utilise pas	Réf	Réf
utilise	1,31***	1,24**
Khi2 du modèle	69,46	149,45
Pseudo R^2	0,0163	0,0378

L'instruction du père est significative pour les deux groupes d'âge au seuil de 5%. Parmi ceux de moins de deux ans, le risque est 0,71 fois moindre si le père a le niveau secondaire que s'il n'a reçu aucune éducation. Dans le groupe d'âge 2-4 ans, l'écart est à la fois de sens contraire et plus profond (1,38), résultat inexplicable.

Facteurs démographiques

Les facteurs démographiques retenus sont l'âge de la mère, le sexe de l'enfant et le nombre d'enfants de moins de cinq ans dans le ménage. Parmi ces trois variables retenues, seule la dernière explique la survenance du paludisme chez les enfants âgés de deux ans et plus au seuil de 1%. Dans les ménages qui comptent plus d'un enfant de moins de 5 ans, ceux-ci ont moins de risques de connaître un épisode palustre que s'il y a un seul enfant. Mais il n'y a pas de différence significative au seuil de 5 % entre les ménages ayant 2 à 3 enfants et ceux qui en ont 4 ou plus. Ceci peut s'expliquer par le fait que les mères qui en sont à leur première naissance ne sont pas suffisamment expérimentées en matière de soins en général et de protection contre le paludisme en particulier.

UTILISATION DES MOUSTIQUAIRES

La méthode de lutte contre le paludisme la plus efficace et conventionnellement retenue est l'utilisation des moustiquaires, surtout imprégnées d'insecticide à effet rémanent, avec pulvérisation intra-domiciliaire (PID) et lutte anti-larvaire (LAL). Beaucoup de pays ont pu ainsi éradiquer cette endémie. Selon l'OMS (2000), l'utilisation correcte des moustiquaires (traitée ou non traitée) peut contribuer à réduire d'environ 20 % la mortalité infantile. D'après cette même source, les moustiquaires traitées et non traitées n'ont pas le même effet protecteur, on estime que les non traitées ont à peu près la moitié de l'effet protecteur des moustiquaires traitées et correctement utilisées et entretenues.

Facteurs environnementaux

Selon le degré d'endémicité de la zone, l'utilisation des moustiquaires peut varier d'un espace à un autre (Tableau 2).

TABLEAU 2. EFFETS NETS DES VARIABLES EXPLICATIVES SUR L'UTILISATION DES MOUSTIQUAIRES

	Effet net des variables retenues	
	Moins de 2 ans	2-4 ans
Zone endémique	***	***
Hypo endémique	réf	Réf
Méso endémique	1,37***	1,66***
Hyper endémique	1,76***	2,17***
Milieu de résidence	***	***
Urbain	réf	réf
Rural	0,59***	0,68***
Instruction du père	ns	**
Sans niveau	Réf	Réf
Niveau Primaire	1,06 ns	0,81**
Niveau secondaire et plus	1,16 ns	1,28 ns
Instruction de la mère	**	**
Sans niveau	Réf	Réf
Niveau Primaire	1,31**	1,28**
Niveau secondaire et plus	0,97 ns	0,94 ns
Exposition à la radio	***	***
Non exposée	réf	réf
Exposée	1,32***	1,49***
Exposition à la télévision	Ns	Ns
Non exposée	Réf	Réf
Exposée	1,02 ns	1 ns
Activité de la mère	***	***
Inactive	Réf	Réf
Cadre	1,01 ns	1,34 ns
Commerçante	1,13 ns	1,19**
Agricultrice/ouvrière	1,73***	1,79***
Niveau de vie	***	***
Très pauvre	réf	réf
Pauvre	1,18 ns	1,49***
Moyen	2,08***	2,11***
Riche	2,15***	2,33***
Très riche	2,57***	2,96**
Âge de la mère	Ns	**
15-19 ans	0,81 ns	1,06 ns
20-34 ans	Réf	Réf
35-49 ans	0,87 ns	0,78**
Nbre d'enfants de-5 ans	***	**
Petit	Réf	Réf
Moyen	0,87 ns	0,92 ns
Grand	0,65***	0,71**
Sexe de l'enfant	Ns	ns
Garçon	0,92 ns	Réf

Fille	Réf	0,95 ns
Fièvre	***	**
Non	Réf	Réf
oui	1,31***	1,24**
Khi2 du modèle	442,32	552,93
Pseudo R^2	0,079	0,075

(***) : significatif au seuil de 1% ; (**) : significatif au seuil de 5%.

La chance pour un enfant de moins de cinq ans de passer la nuit précédant l'enquête sous les moustiquaires, quel que soit leur type, augmente avec le degré d'endémicité de la zone au Niger : 1,37 fois plus (zone méso endémique) et 1,76 fois plus (zone hyper endémique) que dans la zone hypo endémique. Le milieu de résidence influence également l'usage des moustiquaires. L'utilisation est moins fréquente en milieu rural qu'en ville : odd ratio de 0,59 pour les enfants de moins de deux ans et 0,68 pour ceux plus âgé (2- 4 ans).

Facteurs socioculturels

L'instruction est un facteur clef des changements de comportement. Elle permet d'acquérir entre autres des connaissances sur l'hygiène, sur les méthodes de lutte préventive et curative : les mères les plus instruites utilisent plus les moustiquaires pour leurs jeunes enfants que les autres : au niveau primaire, 1,31 fois plus (pour les moins de 2 ans) et 1,28 (2 à 4 ans révolus). Pour diffuser des nouvelles connaissances à grande échelle, ou pour stimuler un changement de comportement ou encore pour faire accepter à la population des méthodes de lutte contre certaines maladies, les médias sociaux sont indispensables. La mise en œuvre de l'initiative Roll Back Malaria a ainsi suscité une intense campagne de sensibilisation à travers la radio, la télévision, le journal, les affiches, dont le but était la réduction du paludisme, grâce à l'utilisation des moustiquaires, la pulvérisation intra-domiciliaire et la Lutte anti-larvaire. L'utilisation des moustiquaires est significativement influencée par l'exposition de la mère à la radio : les odd ratios sont de 1,32 pour les enfants âgés de moins de deux ans et 1,49 pour ceux âgés de 2-4 ans.

Facteurs socioéconomiques

Les enfants de moins de deux ans dont les mères sont agricultrices ou ouvrières ont 1,73 fois plus de chances de dormir sous les moustiquaires que ceux de mères inactives. Pour les plus âgés, les odd ratios sont 1,19 (mères commerçantes) et 1,79 (mères agricultrices ou ouvrières) par rapport aux mères inactives. Le niveau de vie est un indicateur composite construit à partir des biens et d'équipement possédés par le ménage, dont les moustiquaires imprégnées d'insecticides. Cette variable est faiblement significative.

Facteurs démographiques

On peut s'attendre à ce que, lorsque le nombre d'enfants de moins de cinq ans dans le ménage est élevé, ce ménage possède moins des moustiquaires pour protéger tous les enfants et par conséquent ces derniers ont moins de chances de dormir tous sous des moustiquaires. Par ailleurs, les mères âgées de 35-49 ans ont moins de chances d'utiliser les moustiquaires pour leurs enfants que celles de la tranche d'âges 15-19 ans. Un nombre élevé d'enfants de moins de cinq ans dans le ménage constitue donc un obstacle à l'utilisation des moustiquaires.

Caractéristiques de l'enfant

Les caractéristiques de l'enfant retenues sont le sexe et l'état fébrile. Le choix de la première variable se justifie par le fait qu'il peut y avoir, de la part de la personne en charge des enfants, une préférence pour les garçons. Le sexe de l'enfant n'a aucune influence sur l'usage des moustiquaires. La deuxième variable, l'état fébrile, peut influencer l'usage de la moustiquaire et vice versa, selon l'antériorité entre ces deux événements. Les enfants qui ont connu un épisode fébrile au cours de deux semaines précédant l'enquête ont 1,31 fois (moins de 2 ans) et 1,24 fois (2-4 ans) plus de chances de dormir sous les moustiquaires que ceux qui en sont indemnes. Ce résultat pourrait s'expliquer par le fait qu'au cours de deux semaines précédant l'enquête, la manifestation de la fièvre a précédé l'utilisation des moustiquaires et la personne en charge de l'enfant ayant constaté l'état fébrile s'est décidée à le protéger du paludisme, en utilisant la moustiquaire.

CONCLUSION

Dans ce chapitre, plusieurs facteurs qui influencent la manifestation du paludisme et l'utilisation des moustiquaires ont été identifiés : environnementaux (le degré d'endémie de la zone) ; socioculturels (notamment l'instruction du conjoint et l'exposition de la mère à la radio) ; socioéconomiques (le niveau de vie de ménage et l'activité de la mère) ; démographiques (le nombre d'enfants de moins de cinq ans dans le ménage). Pour ce qui est des déterminants de l'utilisation des moustiquaires, nous avons démontré le rôle de la zone endémique, du milieu de résidence, de l'instruction des parents, de l'activité de la mère, du niveau de vie de ménage, de l'âge de la mère et de l'état fébrile de l'enfant.

Parmi ces facteurs identifiés, certains jouent dans le sens de la protection de l'enfant, d'autres sont au contraire des facteurs de risque. On retiendra le niveau d'instruction, le niveau de vie élevé du ménage, l'exposition aux médias. Et parmi les facteurs de risque, le manque d'instruction, le niveau de vie très bas du ménage, le milieu rural, la non exposition au média et le nombre élevé de jeunes enfants dans le ménage. Agir sur ces différents facteurs produira sans doute un effet positif sur la santé des enfants et du coup garantira un développement social dans le pays.

BIBLIOGRAPHIE

Afana A., 2011, *Facteurs explicatifs de la prévalence du paludisme chez les enfants de moins de cinq ans selon les zones écologiques du Cameroun*, IFORD, Cameroun.

Banque Mondiale, 2005, *Santé et pauvreté en République Démocratique du Congo : analyse et cadre stratégique de lutte contre la pauvreté, Rapport d'État de Santé et Pauvreté,* Washington.

Bell D.E., 1985, Quelles politiques pour réduire rapidement la mortalité des enfants dans les pays les moins avancés in *La lutte contre la mort, influence des politiques sociales et politiques de santé sur l'évolution de la mortalité*, INED-UIESP, Paris, 475-488.

Cantrelle P., Locoh T., 1990, *Facteurs culturels et sociaux de la santé en Afrique de l'Ouest*, Paris, CEPED.

Drabo K.M., Tarnagada Z., Zeba A.N., Seri L., Ouedraogo J.B., Kabore I., Rouamba J., Guiguemde T.R., 2004, Représentations et pratiques en matière de paludisme chez les personnes en charge des enfants de moins de 5 ans en milieu rural de la province du Houet, Ouagadoudou, *Sciences et Techniques, Sciences de la Santé*, 26,2/27,1.

Ngeuma J.R., 2005, Facteurs explicatifs de la morbidité par paludisme chez les enfants de moins de cinq ans en milieu urbain gabonais: cas des villes de Libreville et d'Owendo, Mémoire DESSD, IFORD, Cameroun.

OMS., 2012, *Rapport mondial sur le paludisme de 2012.*
OMS/UNICEF., 2003, *Rapport sur le paludisme en Afrique.*

Sabendo A., 2004, Pour une meilleure santé des enfants in *L'enfant en Centrafrique*, UNICEF : 200-228.

UNICEF., 2004, *Le paludisme : une des principales causes de décès et de pauvreté des enfants en Afrique*, UNICEF, New York.

CHAPITRE 11

LA DIARRHEE CHEZ L'ENFANT

Seydou MAHAMAN LAWALI

INTRODUCTION

Les maladies diarrhéiques constituent un véritable problème de santé publique dans le monde au regard de la morbidité et de la mortalité élevées dues à ces maladies. Les diarrhées affectent toutes les couches de la population, y compris les enfants de moins de cinq ans qui sont d'ailleurs les plus vulnérables. Les statistiques sanitaires de l'Organisation mondiale de la santé (OMS, 2010) révèlent qu'en 2008 les décès dus à la diarrhée constituent 18% des décès chez les enfants de moins de cinq ans en Afrique. Dans les pays en développement, les diarrhées infectieuses sont liées au manque d'eau potable et d'installations sanitaires, à des pratiques hygiéniques insuffisantes, à la plus grande incidence de la malnutrition et au mauvais état de santé de la population en général. En tant qu'évacuation inhabituellement fréquente de selles liquides de couleur variée (EurekaSante, 2014), elle est due le plus souvent à la qualité de l'eau ou à l'absorption d'aliments contaminés.

Au Niger, selon les résultats de l'EDSN-MICS IV 2012, 14 % des enfants de moins de cinq ans ont souffert de diarrhée durant les deux dernières semaines ayant précédé l'enquête. Dans certaines villes les taux de prévalence diarrhéiques dépassent ceux observés en milieu rural. La proportion d'enfants ayant souffert de diarrhée est ainsi nettement plus élevée à Niamey (24,6 %) que dans les autres villes (10,2 %). De même, elle est plus élevée en milieu urbain (15,9 %) qu'en milieu rural (13,9 %). La prévalence de la diarrhée est également plus importante chez les enfants âgés de 6-11 mois (28 %) et de 12-23 mois (23 %). Ces âges de forte prévalence correspondent, non seulement, aux âges auxquels les enfants commencent à recevoir des aliments autres que le lait maternel et à être sevrés, mais aussi à ceux auxquels ils commencent à explorer leur environnement, ce qui les expose davantage à la contamination par des agents pathogènes (INS, 2012). Pour réduire les taux de morbidité et de mortalité des enfants de moins de cinq ans toujours élevés, le Niger a adopté en 2006 une politique sanitaire qui vise à assurer la gratuité des soins aux enfants de moins de cinq ans. Un accent particulier a été mis sur les principales maladies de l'enfance, dont les diarrhées, afin de réduire l'incidence de ces maladies sur la mortalité infanto-juvénile, estimé à 127 pour mille (INS, 2012). A la lumière de ce qui précède, quels sont les facteurs explicatifs de la morbidité diarrhéique chez les enfants de moins de cinq ans au Niger ?

METHODOLOGIE

Variable dépendante

La variable dépendante de notre étude est la survenance de la diarrhée chez les enfants de moins de cinq ans, variable dichotomique constituée à partir de la variable « épisode diarrhéique » collectée sur la seule base des déclarations des mères. Elle prend la valeur 1 si l'enfant a eu un épisode diarrhéique durant les deux dernières semaines ayant précédé l'EDSN-MICS IV 2012, 0 dans le cas contraire. Ce chapitre s'intéresse aux enfants âgés de moins de 5 ans pour les raisons évoquées ci-dessus. Au total l'enquête a porté sur un effectif de 12 268 enfants dont 1 733 ont eu la diarrhée durant les deux dernières semaines précédant l'enquête, soit 14,1 %.

Hypothèses

Notre hypothèse de base est que la morbidité diarrhéique chez les enfants de moins de cinq ans s'explique par les caractéristiques du ménage, les caractéristiques individuelles des parents et celles de l'enfant ainsi que les soins apportés aux enfants et en particulier le comportement nutritionnel des mères. Le lieu de résidence peut également avoir une influence directe sur la morbidité diarrhéique.

Hypothèse 1. Les enfants âgés de moins d'un an courent moins de risques de contracter la diarrhée que les enfants des autres groupes d'âge, compte tenu de l'attention et des soins particuliers dont ils font l'objet de la part de leurs mères.

Hypothèse 2. Les enfants résidant en milieu rural courent moins de risques d'avoir la diarrhée que les enfants résidant en ville.

Hypothèse 3. Le risque de contracter la diarrhée est plus faible parmi les enfants d'un couple où la femme est inactive que chez ceux d'autres couples. En effet, d'après la littérature, les mères inactives sont plus favorables à l'allaitement maternel et consacrent plus de temps à s'occuper de leurs enfants.

Hypothèse 4. Les filles ont un plus grand risque d'avoir la diarrhée que les garçons, les garçons bénéficiant de plus des soins que les filles car certains parents ont une préférence pour les premiers.

Hypothèse 5. La survenance de la diarrhée est plus faible chez les enfants dont les deux parents sont instruits que chez ceux de couples sans aucun niveau d'instruction ou dont les conjoints sont de niveaux d'instruction différents. En effet, le couple instruit connaît mieux les règles élémentaires d'hygiène, la qualité d'alimentation à donner aux enfants ainsi que l'utilité de la vaccination. En outre, cela confère une certaine égalité des rapports de genre, facilite la communication entre les deux conjoints, l'adoption de nouveaux comportements et donne une marge d'autonomie à la femme.

Hypothèse 6. Les enfants vivant dans un environnement immédiat malsain courent plus de risques d'avoir la diarrhée que si cet environnement est sain.

LES FACTEURS ASSOCIES A LA MORBIDITE DIARRHEIQUE

L'examen des axes factoriels de l'analyse factorielle des correspondances que nous avons réalisée met en exergue deux groupes d'enfants. Le premier est constitué des enfants ayant eu la diarrhée durant les deux semaines précédant l'enquête. Ces enfants résident en milieu rural et sont âgés de moins d'un an. Ils ont été allaités, mais n'ont pas été vaccinés contre la rougeole. Ce sont des enfants de rang 1 et rang 2 dont les mères ont entre 15 et 24 ans. Ils appartiennent à des ménages dont le conjoint est actif ou à des ménages dont le couple n'a aucune instruction. Le deuxième groupe est constitué des enfants qui n'ont pas eu la diarrhée durant les deux semaines précédant l'enquête. Ils résident à Niamey et dans un environnement sain. Agés de 1-2 ans et 3-4 ans ils sont de rang 3 et plus et leurs mères sont plus âgées (25-34 ans ou 35-49 ans). Ils ont été vaccinés contre la rougeole, mais n'ont jamais été allaités. Leurs parents sont actifs et instruits. Les facteurs explicatifs de la morbidité diarrhéique chez les enfants sont identifiés à travers une régression logistique.

La régression logistique met en évidence (Tableau 1) les effets intrinsèques de toutes les variables explicatives retenues : l'âge de l'enfant, le milieu de résidence, l'activité économique du couple, le sexe de l'enfant ont un effet net significatif sur la survenance de la diarrhée.

TABLEAU 1. RAPPORTS DE COTES RELATIFS A LA MORBIDITE DIARRHEIQUE CHEZ LES ENFANTS DE MOINS DE CINQ ANS

	Effets bruts	Effets nets
	M0	M10
Milieu de résidence	***	***
Niamey	2,02***	1,96***
Ensemble urbain	0,59***	0,55***
Autres villes	0,83 ns	0,83 ns
Rural	réf.	réf.
Environnement immédiat	ns	ns
Malsain	réf.	réf.
Sain	0,99 ns	1 ns
Activité économique du couple	**	***
Inactif	1,14 ns	1,07 ns
Actif	1,15**	1,23***
Femme active	1,16 ns	1,14 ns
Conjoint actif	réf.	réf.
Niveau d'instruction du couple	**	ns
Sans niveau	réf.	réf.
Ayant un niveau	1,23**	0,96 ns
Femme a le niveau	1,21**	1,11 ns
Conjoint a le niveau	1,18**	1,13 ns
L'âge de la mère	*	ns
15-24 ans	1,11*	0,96 ns
25-34 ans	réf.	réf.
35-49 ans	0,89*	0,95 ns
Age de l'enfant	***	***
moins d'un an	réf.	réf.
1-2 ans	0,66***	0,70***
3 -4ans	0,22***	0,24***
Sexe de l'enfant	**	**
Masculin	réf.	réf.
Féminin	0,90**	0,90**
Rang naissance de l'enfant	ns	ns
Rang 1	1,10 ns	1,14 ns
Rang 2	0,94 ns	0,94 ns
Rang 3 et plus	réf.	réf.
Vaccination contre la rougeole	***	ns
Vacciné	réf.	réf.
Non vacciné	1,34***	0,93 ns

Mode d'allaitement de l'enfant	***	ns
Jamais allaité	réf.	réf.
Allaité	2,5***	1,14 ns
Valeur du chi2		634,81
Significativité du chi2		***
R-deux		0,06335
Effectif		11 602

NB : ***, **, * désignent respectivement significatif au seuil de 1%, de 5% et de 10% ; ns Non significatif ; réf= modalité de référence.

Milieu de résidence

Les enfants résidant à Niamey ont 1,96 fois plus de risques de contracter la diarrhée que ceux vivant en milieu rural. Par contre, l'ensemble des enfants urbains ont 0,55 fois moins de risques d'avoir la diarrhée que ceux résidant en milieu rural. Il n'y a pas de différence selon que l'enfant réside dans les autres villes ou en milieu rural. Ainsi, l'hypothèse H2 selon laquelle les enfants résidant en milieu rural courent moins de risques d'avoir la diarrhée que les enfants résidant dans les autres milieux, est seulement vérifiée à Niamey. Et pourtant Niamey, en tant que capitale du Niger, est la région la mieux équipée en matière d'offre sanitaire. Mais Niamey, qui compte 37 % de la population urbaine ne parvient pas à assurer à sa population une offre de soins suffisante.

Activité économique du couple

Les enfants de couples économiquement actifs ont 1,23 fois plus de risque de contracter la diarrhée que ceux issus de couples où seul le conjoint de la femme est actif. Il n'y a pas de différence significative entre les enfants issus d'un couple où la femme est inactive et ceux issus d'un couple inactif ou d'un couple où la femme est active. Ainsi, l'hypothèse H3 selon laquelle le risque de contracter la diarrhée est plus faible chez les enfants issus d'un couple où la femme est inactive que chez les enfants issus d'autres couples est partiellement confirmée. On peut penser que dans un ménage où les deux conjoints sont actifs, la femme qui travaille consacre peu de temps aux soins de l'enfant et à sa nutrition. Son activité peut la contraindre à écourter la durée de l'allaitement maternel et à pratiquer le sevrage précoce et donc à favoriser la survenance de la malnutrition et de la diarrhée chez l'enfant.

Age et sexe de l'enfant

L'âge de l'enfant a un effet net significatif sur la survenance de la diarrhée. En effet, au seuil de 1%, ceux âgés de 1-2 ans et 3-4 ans ont respectivement 0,70 et 0,24 fois moins de risques d'avoir la diarrhée que ceux de moins d'un an. Ce même résultat a été trouvé par Banza (2004). Ainsi, l'hypothèse H1 selon laquelle les enfants âgés de moins d'un an courent moins de risques de contracter la diarrhée que les autres, compte tenu de l'attention et des soins particuliers dont ils font l'objet par leur mère, n'est pas vérifiée. Les filles ont 0,9 fois moins de risque de contracter la diarrhée au seuil de 5% après contrôle du mode d'allaitement. L'influence du sexe sur la survenance de la diarrhée s'exerce donc via le mode d'allaitement de l'enfant. Ainsi, l'hypothèse H4 selon laquelle les filles ont un risque plus élevé d'avoir la diarrhée que les garçons, n'est pas confirmée.

Hiérarchisation des facteurs de risque diarrhéique

Selon Beninguissé (2003), dans un contexte où les ressources budgétaires sont limitées, la hiérarchisation contributive des facteurs est nécessaire car elle permet de définir des échelles de priorités pour l'action et la recherche. On constate que l'âge de l'enfant contribue le plus (36,3 %) à l'explication de la survenance de la diarrhée chez les enfants. Le milieu de résidence intervient en deuxième position avec une contribution de 10,1 %. Ensuite, viennent dans l'ordre l'activité économique du couple (1,7 %) et le sexe de l'enfant (0,6 %) (Tableau 2).

TABLEAU 2. CONTRIBUTION ET HIERARCHISATION DES VARIABLES A L'EXPLICATION DE LA SURVENANCE DE LA DIARRHEE

	Khi-deux du modèle saturé (χ^2f)	Khi-deux du modèle saturé sans la variable (χ^2i)	Contribution absolue	Contribution relative (Ci) %	Rang
Age de l'enfant	634,8	404,6	230,2	36,3	1
Milieu de résidence	634,8	570,8	63,9	10,1	2
Activité économique du couple	634,8	623,7	11,1	1,7	3
Sexe de l'enfant	634,8	630,9	3,9	0,6	4

CONCLUSION

L'Afrique subsaharienne reste la région du monde la plus touchée par les maladies infectieuses. Parmi ces dernières, les maladies diarrhéiques font partie des principales causes de décès chez les enfants de moins de cinq ans.

Avec un taux de morbidité diarrhéique de 14,1 % (INS, 2012), le Niger figure parmi les pays où la morbidité diarrhéique est la plus élevée. De ce fait, l'état de santé des enfants au Niger n'est pas meilleur que celui des enfants d'autres pays du continent. Nous avons mis en évidence l'influence d'un facteur contextuel (le milieu de résidence), des caractéristiques individuelles des parents (activité économique du couple), de celles de l'enfant (âge et sexe) dans la survenance de la diarrhée chez les enfants de moins de cinq ans au Niger.

L'échantillon défini dans cette étude présente cependant des biais au niveau du choix des individus ayant souffert de la diarrhée. L'enquête EDS-MICS IV 2012 a collecté les informations sur les enfants de moins de cinq ans ayant souffert de la diarrhée les deux semaines précédant l'enquête. Les enfants décédés des suites d'une diarrhée dans la même période précédant l'enquête, n'ont pas été pris en compte. Il serait donc judicieux dans les prochaines enquêtes de collecter des informations à partir des autopsies verbales pour aboutir à une bonne couverture des enfants atteints de la diarrhée.

Enfin, certains facteurs n'ont pas été saisis par l'EDSN-MICS IV 2012, pourtant reconnus dans la littérature comme pouvant expliquer la morbidité diarrhéique des enfants de moins de cinq ans : la religion de la mère, son ethnie, son milieu de socialisation, le climat. L'intervalle intergénésique et l'état nutritionnel de l'enfant ont été exclus de l'analyse à cause des taux de non réponses élevés de ces variables.

BIBLIOGRAPHIE

Banza Nsungu A.B., 2004, *Environnement urbain et santé : La morbidité diarrhéique des enfants de moins de cinq ans à Yaoundé*, Thèse de doctorat en géographie de la santé, Université Paris X- Nanterre.

Beninguissé G., 1993, *Approvisionnement en eau et assainissement : effets sur la morbidité et la mortalité des enfants par les maladies diarrhéiques. Le cas du Cameroun*, Mémoire de DESSD, IFORD.

INS , 2012, *Rapport final Enquête Démographique et de Santé à Indicateurs Multiples Niger, EDS-MICS-IV*, Niamey.

OMS,

-2000, Inégalités socioéconomiqueset mortalité de l'enfant : comparaison dans neuf pays en développement. *Bulletin of World Health Organisation* n°3, 78(1) : 19-29.

-2001, *Bulletin de l'Organisation mondiale de la Santé.* Recueil d'article n°4.
-2010, *Les statistiques sanitaires mondiales.*
http://www.eurekasante.fr/maladies/chez-les-enfants/diarrhee-enfant-gastro-enterite.html 27/02/2014

CHAPITRE 12

L'ANEMIE CHEZ L'ENFANT

Ibrahim SAMAILA ISSA

UN PROBLEME DE SANTE PUBLIQUE AU NIGER

En 1991, l'Organisation mondiale de la santé (OMS) estimait que 1,3 milliard d'individus souffraient d'anémie, soit 38 % de la population des pays en développement contre seulement 8 % des pays développés. Un des objectifs de l'Assemblée générale des Nations unies, en 2002, était de réduire d'un tiers la prévalence de l'anémie des enfants, notamment ferriprive, à l'horizon de 2010. Les estimations les plus récentes de l'OMS datent de 2005 et font état de 2 milliards d'individus carentiels pour l'ensemble du monde. L'OMS estime aussi qu'environ 50 % des cas sont dus à la carence en fer. Mais cette dernière n'est qu'un des mécanismes produisant une anémie. Il existe des anémies liées à un défaut congénital de l'hémoglobine, comme la drépanocytose. D'autres sont acquises par des mécanismes de destruction des globules rouges. Les maladies infectieuses, comme le paludisme, peuvent entraîner une anémie induite par plusieurs causes conjuguées, qui en se surajoutant, créent une situation d'anémie plus sévère. Pour les corriger, les cliniciens ont besoin d'une analyse fine de ces causes multiples et de ces mécanismes différents. L'anémie est définie par une concentration sanguine de l'hémoglobine inférieure à un seuil donné. Elle est considérée par l'OMS comme sévère si la mesure d'hémoglobine par décilitre de sang est inférieure à 7,0 g/dl, modérée si cette valeur se situe entre 7,0 et 9,9 g/dl et enfin, elle est qualifiée de légère si la mesure se situe entre 10,0 et 11,9 g/dl. Elle touche tous les âges, mais les enfants et les femmes en âge de procréer, notamment les femmes enceintes, sont les groupes les plus touchés. Pour les femmes enceintes et les enfants de moins de cinq ans, l'anémie sera considérée comme légère si le niveau d'hémoglobine se situe entre 10,0 et 10,9 g/dl, modérée à sévère au-delà.

Au Niger, l'anémie demeure un problème de santé publique au Niger, même si on note chez les enfants de moins de cinq ans une baisse de l'ordre de 11 points entre 2006 et 2012 de la prévalence de l'anémie en général, et en particulier une baisse sensible de la forme sévère, qui est passée de 7 % à 3 %. Cependant beaucoup reste à faire pour éradiquer l'anémie. La prévalence de l'anémie varie d'abord avec la période de soudure et cette situation est aussi liée aux déficits alimentaires chroniques observés dans plusieurs zones vulnérables. Mais elle résulte également des maladies infectieuses et parasitaires (paludisme, rougeole, diarrhée, infections respiratoires…) fréquentes chez l'enfant, dans un contexte où le système de soins est déficient, la connaissance des besoins nutritionnels des enfants est insuffisante, et que des pratiques culturelles sont inadaptées aux besoins de l'enfant. Dans ce chapitre, l'anémie est étudiée dans la perspective du développement social. Le rôle des principaux déterminants démographiques, sociaux, sanitaires, économiques et enfin cliniques est évalué sur la base des données de l'EDSN-MICS de 2012.

PROBLEMATIQUE ET METHODOLOGIE

La mortalité infanto-juvénile a baissé de façon significative ces dernières décennies, d'où une amélioration de l'IDH. Mais celui-ci ne retient que le taux de mortalité infanto-juvénile et ne prend pas en compte la morbidité. Au Niger, les mêmes sources révèlent un niveau de morbidité élevé, surtout chez les enfants de moins de cinq ans, les principales causes de morbidité des enfants étant le paludisme, la diarrhée, les infections respiratoires et l'anémie. Ces pathologies devraient être prises en compte et la recherche gagnerait à se pencher sur la morbidité en tant qu'indicateur du développement social, tandis que les *différences* de morbidité observées entre les divers sous-groupes de la population du Niger peuvent s'interpréter comme des révélateurs des *inégalités* dans le processus de développement social. Mais ce postulat doit être immédiatement qualifié. Tout dépend en effet du degré de sévérité de l'anémie. Prenons l'exemple des enfants des ménages pauvres. Si l'anémie est plus fréquente parmi eux, ils bénéficient certes moins du développement social ; mais si en plus ils présentent plus souvent que les autres des signes d'anémie *sévère*, alors il faut conclure que l'inégalité est encore plus profonde que ne le laissait penser un taux global de morbidité. Nos hypothèses creusent précisément cette double piste de recherche.

Hypothèse 1. Au regard des crises alimentaires répétitives qui touchent plus le milieu rural, les enfants du milieu rural courent plus de risques d'être anémiés que les autres.

Hypothèse 2. Les enfants issus des ménages présentant au moins deux enfants de moins de cinq ans, du fait d'un investissement plus important en temps et en ressources qu'ils nécessitent, sont plus exposés au risque de présenter une anémie.

Hypothèse 3. Les enfants des mères sans niveau d'instruction, peu armées en matière de nutrition et de soins des jeunes enfants, sont plus exposés à l'anémie que ceux des mères de niveau primaire ou secondaire et plus.

Hypothèse 4. Les enfants dont les mères présentent une anémie sont plus exposés au risque d'être à leur tour anémiés, du fait qu'ils vont hériter d'un niveau de réserve en fer insuffisant.

Hypothèse 5. Les enfants âgés de 6 à 23 mois, du fait de leurs besoins en calories et en nutriments importants, sont plus touchés par l'anémie que les autres.

Hypothèse 6. Les enfants atteints des maladies infectieuses (diarrhée, fièvre et toux) sont plus exposés au risque de présenter une anémie.

Nous distinguons trois groupes d'enfants de moins de 5 ans suivant le niveau d'anémie : anémie sévère à modérée, anémie légère et non anémié (Tableau 1). Sauf mention contraire, toutes les données utilisées proviennent de l'EDSN-MICS IV, 2012.

TABLEAU 1. REPARTITION DES ENFANTS SELON LE DEGRE D'ANEMIE

Prévalence de l'anémie	Effectif	Pourcentage
Sévère à modérée	2 110	46,4
Légère	1 243	27,3
Non anémié	1 196	26,3
Total	4 549	100

L'ANEMIE ET SES DETERMINANTS

Deux niveaux d'analyses sont retenus : le profil des enfants nigériens anémiés est décrit à partir d'une analyse factorielle des correspondances ; un modèle de régression logistique mesure ensuite la contribution de chacun des facteurs explicatifs retenus. Deux principaux groupes d'enfants sont mis en évidence par l'analyse factorielle. Le premier est celui des enfants souffrant d'une anémie sévère à modérée. Ils résident en milieu rural et sont issus des ménages pauvres ou de niveau de vie moyen qui s'approvisionnent à un puits. Leurs mères sont sans niveau d'instruction. Ils sont âgés de 6 à 23 mois et ont eu la toux, la fièvre et la diarrhée au cours des deux dernières semaines ayant précédé l'enquête. Ces enfants n'ont reçu aucun vaccin. Le deuxième groupe est celui des enfants non anémiés. Ils résident dans les chefs-lieux de région ou dans les autres villes, ils vivent dans des ménages riches qui ont l'eau courante. Leurs mères ont au moins le niveau primaire, elles ont un surpoids, on y trouve parmi elles des cadres. Ces enfants sont âgés de 24 mois et plus et sont vaccinés. Ils n'ont eu ni la diarrhée, ni la fièvre, ni la toux au cours des deux dernières semaines ayant précédé l'enquête. Sous sa forme légère, l'anémie présente une certaine homogénéité par rapport aux variables considérées dans l'étude. Parmi ces caractéristiques, celles relatives au contexte de résidence, à l'âge de l'enfant et à la morbidité sont les plus discriminantes.

Le modèle global de la régression logistique (Tableau 2) indique seulement les effets bruts et les résultats du modèle global (M16). Les résultats de toutes les étapes intermédiaires qui correspondent à l'introduction pas à pas des différentes variables peuvent être consultés auprès de l'INS ou de l'IFORD. Toutes choses égales par ailleurs, au seuil de 5 %, le milieu de résidence, le nombre d'enfants de moins de cinq ans, le niveau d'instruction et l'occupation de la mère, son état face à l'anémie, le sexe et l'âge de l'enfant, la diarrhée, la fièvre, la toux, la vaccination, et l'état nutritionnel de l'enfant, tous ces facteurs déterminent la prévalence de l'anémie.

Caractéristiques du ménage

Par rapport à ceux vivant en milieu rural (groupe de référence), les enfants résidant à Niamey ont 1,92 fois (au seuil de 1 %) plus de risques d'avoir une anémie sévère à modérée plutôt que d'être non anémiés. En revanche, au seuil de 5 %, les enfants résidant dans les chefs-lieux de régions ont 40 % moins de risques de l'être sous la forme sévère à modérée (toujours plutôt que de pas être anémiés). Dans les autres villes, il n'y a pas de différence significative au seuil de 5 % pour ce même niveau d'anémie par rapport au groupe de référence. Ainsi, l'hypothèse selon laquelle les enfants du milieu rural courent plus de risques d'être anémiés que les autres est partiellement vérifiée. En effet, nos résultats montrent que le premier groupe n'est significativement différent que des enfants des chefs-lieux de régions. A Niamey l'anémie sévère à modérée est même plus fréquente qu'en milieu rural. Ce résultat qui semble paradoxal peut s'expliquer par l'urbanisation de la ville de Niamey, où de nombreuses infections associées à l'absence d'hygiène et d'assainissement contribuent fortement à la prévalence de l'anémie.

Par rapport à ceux vivant à 2 ou 3 dans le ménage, les enfants uniques courent 1,3 fois plus de risques d'être anémiés sous la forme sévère à modérée plutôt que d'être non anémié au seuil de 5 %. Mais on n'observe pas de différence lorsque le nombre d'enfants est plus élevé (4 et plus). Ainsi est infirmée l'hypothèse selon laquelle les enfants vivant dans des ménages comprenant au moins deux enfants sont plus exposés au risque de présenter une anémie, du fait de l'investissement important en temps et en ressources qu'ils nécessitent. Les enfants uniques sont plus exposés au risque d'une anémie sévère à modérée du fait que leurs jeunes mères, le plus souvent des femmes jeunes, manquent d'expérience en matière de soins et surtout d'alimentation de leur premier enfant.

Caractéristiques de la mère

Par rapport aux enfants dont les mères sont sans aucune instruction, ceux dont les mères sont de niveau secondaire et plus ont 47 % moins de risques au seuil de 5 %, d'être anémiés sous la forme sévère à modérée plutôt que d'être non anémié. Par contre il n'y a pas de différence significative avec les enfants des femmes de niveau primaire. Ainsi, notre hypothèse n'est vérifiée que pour les enfants de femmes les plus instruites. Selon toute vraisemblance, elles sont mieux à même de bien s'occuper de leurs enfants notamment en termes de soins et d'alimentation. En outre leurs enfants vivent dans un environnement sain qui contribue à les prémunir contre les infections qui sont fortement liées à la prévalence de l'anémie. Par rapport cette fois aux enfants dont les mères ne sont pas anémiées, les enfants de mères anémiées ont 1,5 plus de risques de l'être (forme sévère à modérée) et 1,4 fois (forme légère) que d'être non anémiés. Ainsi, l'hypothèse est confirmée au seuil de 1 %. Au seuil de 5 %, les enfants dont les mères sont inactives, commerçantes, agricultrices et ouvrières qualifiées ont le même risque de présenter une anémie sous sa forme légère. En revanche, ceux dont les mères sont cadres courent 54 % moins de risques de présenter une anémie légère plutôt que d'être non anémiés. Le pouvoir d'achat relativement plus élevé des mères cadres leur permet non seulement de mettre à la disposition de leurs enfants des aliments de qualité nutritive supérieure, mais aussi de leur apporter des soins de santé de bonne qualité sans oublier l'environnement plus sain dans lequel ces enfants vivent.

Caractéristiques de l'enfant

Par rapport aux garçons, les filles ont 14 % moins de risques (au seuil de 5 %) d'être anémiées, quel que soit le degré, plutôt que d'être non anémiés. Le sexe de l'enfant est resté non significatif au seuil de 5 % jusqu'à l'introduction de l'état nutritionnel de l'enfant. Au Niger Alichina (2013) et Stella (2011) au Cameroun ont montré que les garçons accusent plus de retard de croissance que les filles au Niger et en fin de compte ils sont plus exposés au risque d'être anémiés.

Le risque d'apparition de l'anémie diffère selon l'âge de l'enfant. Par rapport à ceux âgés de 24 mois et plus, les enfants âgés de 6 à 23 mois courent 4,1 fois plus de risques (au seuil de 1 %) d'être sévèrement ou modérément anémiés, et 2 fois plus de l'être légèrement, plutôt que d'être non anémiés. Ce résultat s'explique à la fois par les besoins nutritionnels importants des enfants âgés de 6 à 23 mois et par la mauvaise alimentation de complément qu'ils reçoivent. Selon l'OMS, les enfants doivent être nourris exclusivement au sein jusqu'à l'âge de six mois, âge au-delà duquel le lait maternel à lui seul ne suffit pas à combler les besoins de l'enfant. C'est pourquoi il faut introduire des aliments de complément tout en poursuivant l'allaitement jusqu'à l'âge de deux ans. Or, d'après le rapport de l'EDS-MICS 2012, seulement 6 % des enfants nigériens âgés de 6 à 23 mois ont été nourris de manière appropriée selon les recommandations de l'OMS en matière d'aliments de complément.

On n'observe pas (au seuil de 5 %) de différence en termes de risque d'apparition d'une anémie sévère à modérée entre les enfants qui n'ont reçu aucun vaccin (ni Polio, ni DPT, ni BCG, ni Rougeole) et ceux partiellement vaccinés. Cependant, par rapport aux premiers, les enfants complètement vaccinés (ceux qui ont reçu les quatre vaccins) ont 1,4 fois plus de risques de présenter une anémie sévère à modérée plutôt que d'être non anémiés : les enfants les plus exposés au risque d'infection seraient donc complètement vaccinés car ils résident dans les grandes villes (Niamey, Chefs-lieux de région) où l'offre de vaccination est disponible, mais où les conditions d'hygiènes laissent à désirer. Il n'y a donc pas de relation causale, mais une simple coïncidence.

Santé de l'enfant

Au seuil de 1 % et par rapport aux enfants bien nourris, ceux présentant un retard de croissance sévère ou modéré ont respectivement 1,8 et 1,5 fois plus de risque d'être anémiés sévèrement ou modérément plutôt que d'être non anémiés. Ce résultat se comprend aisément, car la malnutrition est considérée comme un facteur direct de l'apparition de l'anémie nutritionnelle chez l'enfant.

La diarrhée de l'enfant au cours des deux dernières semaines ayant précédé l'enquête a un effet sur la prévalence de l'anémie sous sa forme légère. Au seuil de 5 % et par rapport aux enfants qui n'ont pas eu la diarrhée, ceux qui l'on eue ont 30 % moins de risques d'être légèrement anémiés plutôt que de ne pas l'être. Ce résultat contradictoire s'explique par le fait que les informations sur la diarrhée ont été collectées durant les deux dernières semaines ayant précédé l'enquête alors que le prélèvement du sang pour le test d'hémoglobine s'est fait au moment de l'enquête. En effet, la prise d'un traitement contre la diarrhée par l'enfant peut faire basculer le niveau d'hémoglobine de l'enfant, surtout lorsque l'anémie se présente sous sa forme légère. Au seuil de 1 % et par rapport aux enfants qui n'ont pas souffert de fièvre au cours des deux dernières semaines ayant précédé l'enquête, les enfants qui ont présenté un état fébrile ont 2,3 fois plus de risques de présenter une anémie sévère à modérée et 2,1 fois une anémie légère plutôt que d'être non anémié. La fièvre a une influence directe sur l'apparition de l'anémie chez l'enfant et ceci s'explique par le fait que, la fièvre au Niger, est synonyme d'une infection parasitaire, notamment le paludisme, qui est réputé être un facteur de risque d'anémie. Stella (2011) aboutit au même résultat au Cameroun : les enfants ayant souffert de fièvre au cours des deux dernières semaines ayant précédé l'enquête avaient 6 fois plus de risques de présenter une anémie.

Les enfants ayant souffert de toux au cours des deux dernières semaines ayant précédé l'enquête ont 29 % moins de risque (au seuil de 5 %) d'être légèrement anémiés que de ne pas l'être, par rapport aux enfants qui n'ont pas présenté ce symptôme. Ainsi, l'hypothèse selon laquelle les enfants atteints des maladies infectieuses (diarrhée, fièvre et toux) sont plus exposés au risque de présenter une anémie est partiellement vérifiée, mais il ne faut pas nécessairement en déduire une relation causale. Ces symptômes (fièvre, toux, diarrhée) sont souvent, mais pas toujours ni obligatoirement, liés à des causes infectieuses.

TABLEAU 2. RAPPORTS DE RISQUES RELATIFS D'ETRE ANEMIE SOUS LA FORME SEVERE A MODEREE ET LEGERE PLUTOT QUE D'ETRE NON ANEMIE

	Enfant non anémié (Référence)			
	Anémie sévère à modérée		Anémie légère	
	Effets bruts	M16	Effets bruts	M16
Milieu de résidence				
Niamey	1,53 ***	1,92 ***	0,77 ns	0,82 ns
Chefs-lieux de région	0,49 ***	0,59 **	0,65 **	0,65 *
Autres villes	0,61 ***	0,85 ns	0,82 ns	0,94 ns
Rural		Réf		
Niveau de vie du ménage				
Pauvre	1,10 ns	0,96 ns	0,99 ns	0,81 *
Moyen	1,18 ns	1,09 ns	1,32 ***	1,11 ns
Riche		Réf		
Source d'alimentation en eau				
Robinet	0,80 ***	0,87 ns	0,89 ns	1,03 ns
Puits	Réf		Réf	
Eau de surface	0,97 ns	0,81 ns	0,60 *	0,55 *
Nombre d'enfants de moins de 5 ans				
1 seul	1,25 **	1,27 **	1,12 ns	1,27 *
2 à 3		Réf		
4 et plus	1,06 ns	1,10 ns	1,04 ns	1,03 ns
Niveau d'instruction de la mère				
Aucun		Réf		
Primaire	0,92 ns	0,87 ns	0,77 *	0,83 ns
Secondaire et plus	0,97 **	0,53 ***	0,85 ns	0,89 ns
Etat de la mère face à l'anémie				

	Enfant non anémié (Référence)			
	Anémie sévère à modérée		Anémie légère	
	Effets bruts M16		Effets bruts M16	
Anémiée	1,49 ***	1,55 ***	1,40 ***	1,42 ***
Non anémiée		Réf		
Age de la mère à l'accouchement				
Adolescentes	1,10 ns	1,20 ns	0,81 *	0,80 *
Jeunes		Réf		
Agées	0,97 ns	0,95 ns	0,84 ns	0,83 ns
Indice de Masse Corporelle				
Maigre	0,94 ns	0,84 ns	0,80 *	0,78 *
Normal		Réf		
Surpoids	0,90 ns	0,99 ns	0,80 **	0,90 ns
Activité de la mère				
Inactive		Réf		
Cadre	0,66 ns	0,77 ns	0,50 **	0,46 **
Commerçante	085 *	0,95 ns	0,79 **	0,82 *
Agricultrice	0,85 ns	0,83 ns	0,89 ns	0,95 ns
Ouvrière qualifiée	1,22 ns	1,13 ns	1,01 ns	1,09 ns
Sexe				
Masculin		Réf		
Féminin	1,10 ns	0,86 **	1,12 ns	0,857 *
Age de l'enfant				
6 - 23 mois	3,77 ***	4,13 ***	1,84 ***	1,99 ***
24 mois et plus		Réf		
Diarrhée				
Oui	1,68 ***	0,92 ns	0,98 ns	0,71 **
Non		Réf		
Fièvre				
Oui	2,48 ***	2,27 ***	1,77 ***	2,12 ***
Non		Réf		
Toux				
Oui	1,23 **	0,84 ns	0,90 ns	0,71 **
Non		Réf		
Vaccination				
Aucun vaccin	1,02 ns	1,08 ns	0,91 ns	0,95 ns
Partiellement vacciné		Réf		
Complètement vacciné	1,43 ***	1,41 ***	1,26 *	1,27 *
Etat nutritionnel de l'enfant				
Sévèrement malnutri	1,61 ***	1,83 ***	1,02 ns	1,00 ns
Modérément malnutri	1,32 ***	1,50 ***	1,14 ns	1,21 *
Bien nourri		Réf		

Notes : ***, **, *, ns et Réf. Désignent respectivement le seuil de 1 %, 5 %, 10 %, non significative et modalité de référence.

Hiérarchisation des facteurs explicatifs

Les différentes variables explicatives de la prévalence de l'anémie ne contribuent pas avec la même intensité à l'occurrence de l'anémie chez l'enfant. Elles doivent donc être hiérarchisées (Tableau 3).

TABLEAU 3. CONTRIBUTION DES VARIABLES A LA PREVALENCE

Variables	Contribution (%)	Rang
Age de l'enfant	50,2	1
Etat nutritionnel	11,7	2
Fièvre	7,7	3
Milieu de résidence	6,0	4
Etat de la mère face à l'anémie	4,7	5
Age de la mère à l'accouchement	2,6	6
Niveau d'instruction	2,2	7
Diarrhée	1,4	8
Vaccination	1,3	9
Nbre d'enfants de moins de cinq ans	1,1	10

Ainsi l'âge de l'enfant, son état nutritionnel, un symptôme fébrile, le milieu de résidence et l'état de la mère face à l'anémie sont dans l'ordre les principaux déterminants de l'occurrence de l'anémie chez les enfants au Niger et ils expliquent environ 80 % de sa variation. Il en résulte qu'il est plus efficace d'intervenir prioritairement auprès des enfants âgés de 6 à 23 mois, de ceux qui sont malnutris et de ceux qui ont eu la fièvre au cours des deux dernières semaines ayant précédé l'enquête.

L'ANEMIE, INDICATEUR DU DEVELOPPEMENT SOCIAL

Rappelons les principaux résultats de ce chapitre. Les enfants résidant à Niamey sont plus exposés au risque d'être anémiés, ainsi que ceux âgés de moins de deux ans, ceux dont la mère présente une anémie, ceux présentant des symptômes de maladies infectieuses, notamment la fièvre. Par contre les enfants dont les mères sont de niveau secondaire sont moins exposés. L'anémie constitue encore un problème de santé publique au Niger car selon la classification de l'OMS la prévalence de l'anémie chez les enfants de 6 à 59 mois est élevée. En effet, 73 % des enfants de 6 à 59 mois en souffrent selon les résultats de l'EDSN-MICS, 2012. C'est pourquoi plusieurs actions ont été entreprises au Niger dans le cadre de la politique nationale de la nutrition, en vue de combattre la malnutrition et les carences en micronutriments, en particulier l'anémie. Celle-ci accroît le risque de morbidité et de mortalité, surtout chez les femmes enceintes et les jeunes enfants. L'anémie ferriprive a des conséquences sur la croissance, le développement mental ainsi que les capacités d'apprentissage de l'enfant, ce qui aura pour corollaire une diminution de leur quotient intellectuel et un mauvais rendement scolaire.

Ce chapitre présente cependant des limites liées notamment aux données disponibles. En effet, l'EDS n'ayant pas été réalisée spécifiquement sur le sujet de l'anémie, des informations qui auraient enrichi l'analyse ne sont pas disponibles. C'est le cas par exemple des disponibilités alimentaires. De plus, l'échantillon souffre d'un effet de sélection car il comprend seulement les enfants vivants au moment de l'enquête. La prise en compte de ceux décédés avant l'enquête (probablement ceux qui souffraient d'une anémie sévère) aurait permis une meilleure estimation de la prévalence. Une autre limite réside dans le fait que nous ignorons exactement les causes de l'anémie. L'enquête s'est limitée seulement à mesurer le taux d'hémoglobine. Enfin, l'absence de questions sur la perception de l'anémie constitue une limite à notre analyse.

Au terme de ce chapitre, l'anémie se révèle un indicateur pertinent des inégalités dans le développement social du Niger. C'est surtout l'anémie sous sa forme sévère à modérée qui présente des différences. Par contre l'anémie sous sa forme légère touche tous les enfants de moins de cinq ans quelles que soient leurs caractéristiques, ce qui montre que le développement social du Niger est loin d'être réalisé.

BIBLIOGRAPHIE

Alichina I., 2013, *Facteurs explicatifs du retard de croissance des enfants de moins de cinq ans au Niger,* Mémoire de DESSD, IFORD, Yaoundé.

Stella C., Kengne T., 2011, *Facteurs d'agrégation de l'anémie dans les ménages au Cameroun,* Mémoire de Maîtrise-ès-sciences en nutrition, Université de Montréal.

Institut National de la Statistique., 2012, *Rapport final Enquête Démographique et de Santé à Indicateurs Multiples Niger (EDS-MICS-IV),* Niamey, Niger.

OMS., 2005, *Déclaration conjointe de l'Organisation mondiale de la Santé et du Fonds des Nations Unies pour l'enfance Focaliser sur l'anémie,* Genève.

CHAPITRE 13

DIFFERENCES DE SCOLARISATION ENTRE LES GARCONS ET LES FILLES

Hamani AMADOU GAZIBO

INTRODUCTION

En dépit des efforts fournis en matière d'expansion de l'enseignement depuis 1960, l'Afrique occidentale demeure la région du monde la moins scolarisée. En outre, les indicateurs en matière de scolarisation révèlent de fortes disparités entre pays et au sein d'un même pays, entre régions et milieux de résidence et entre sexes. Les filles sont particulièrement défavorisées en matière de scolarisation au Tchad et au Niger où les taux élevés de redoublement et d'abandon scolaire sont fréquents et les taux de transition de la première à la cinquième année d'études restent très faibles. Au Tchad, par exemple, seul un enfant sur dix parvient en cinquième année d'école sans redoubler (UNICEF, 2005). La pénurie d'enseignants, leurs faibles salaires et le manque de possibilités de formation exacerbent les insuffisances qualitatives de l'enseignement dans de nombreux pays de la région. Pendant la période 2000-2001 le taux brut de scolarisation dans l'enseignement primaire était estimé à 37,3 %. Seulement 30 % des filles étaient scolarisées contre 45 % des garçons (DSI/MEN, 2005-2006). La scolarisation a beaucoup progressé, passant à 79,2 % en 2011-2012, mais elle reste plus faible pour les filles (70,7 % contre 87,8 % pour les garçons).

C'est dans ce contexte général qu'il faut aborder le problème de la scolarisation différentielle entre les filles et les garçons au Niger. Autre constat, les effectifs des filles nouvellement inscrites sont en rapide augmentation par rapport à ceux des garçons (11,1 % contre 9,0 %). La proportion des filles dans les nouvelles inscriptions est ainsi passée de 40,7 % en 2000 à 43,5 % en 2006 et 53,7 % en 2012. On peut y voir le fruit des stratégies développées dans le cadre de la promotion de la scolarisation des jeunes filles, notamment à travers les campagnes de sensibilisation et autres programmes de soutien en leur faveur. Pour autant les inégalités entre les sexes restent fortes et en défaveur de la grande majorité des filles puisqu'elles ne représentent encore, en 2006-2007, que 47 % de la population des filles scolarisables, contre 67 % pour les garçons. Enfin, des inégalités géographiques de scolarisation entre les filles et les garçons s'observent : alors que l'indice national de parité des filles est de 0,6, il est de 0,9 pour Niamey la capitale, mais de 0,7 à Diffa et 0,4 à Tahoua (Kadir et Boubacar, 2004).

Malgré une augmentation de ce taux de 2000 à 2007, la parité de scolarisation entre filles et garçons n'est donc toujours pas atteinte. Pour connaître les causes de la scolarisation différentielle entre les enfants il est nécessaire de procéder à une analyse de la situation au niveau du primaire, afin de pouvoir expliquer la propension de certaines familles nigériennes à inscrire les garçons plutôt que les filles à l'école et de confirmer ou d'infirmer les résultats obtenus dans d'autres pays, notamment en Afrique subsaharienne. Les travaux relatifs aux causes de la sous-scolarisation et de la scolarisation différentielle entre filles et garçons identifient trois types de facteurs : économiques, socioculturels, institutionnels (I). Pour mesurer dans le cas du cycle primaire au Niger les différences de fréquentation scolaire entre les filles et les garçons, nous avons effectué une régression logistique binaire sur les données de l'EDSN-MICS de 2012 dont les principaux résultats sont présentés (II).

CADRE THEORIQUE ET HYPOTHESES DE RECHERCHE

Facteurs économiques

La disponibilité des infrastructures, qui explique la discrimination de l'accès à l'éducation entre milieu rural et milieu urbain est aussi valable pour les inégalités entre les sexes (Alderman et al, 1996, Kobiané 2002). La scolarisation ou la mise à l'école des enfants est tributaire du niveau de vie des ménages, de l'activité du chef de ménage, de celle de la mère et du travail des enfants. Le niveau de vie des ménages a une influence sur la scolarisation des enfants et en particulier sur la différenciation entre sexes en matière de scolarisation (Marcoux, 1994 ; Pilon, 1996 ; Wakam, 2002 ; Mimché, 2004, Kobiané, 1998 ; Sanou, 1995). En effet, dans les ménages pauvres et de grande taille, les filles assurent des travaux domestiques et commerciaux pour l'économie du ménage.

L'activité du chef de ménage influence aussi la scolarisation des enfants. Lorsque le chef est un travailleur indépendant les enfants ont moins de chance d'être scolarisés que ceux dont le chef de ménage est salarié (Marcoux, 1994, Tchernikhovsky cité par Kobiané, 2001 ; Kobiané, 2003). En milieu urbain la participation des filles aux tâches domestiques demeure importante, ce qui contribue à limiter leurs chances d'entrée à l'école ou à perturber leur scolarité (Marcoux, 1998; Zoungrana *et al.* 1998; Zoungrana et Marcoux, 1999). Mais la polygamie permet souvent des formes d'organisation de la production familiale qui réduisent la demande de travail des enfants au profit de l'activité scolaire et par conséquent accroissent les chances d'un enfant d'être scolarisé, ce qui réduit l'écart de chance de scolarisation entre filles et garçons.

Facteurs socioculturels

Les facteurs socioculturels ont trait au genre, à l'ethnie, à la religion et au milieu de résidence. Au Burkina Faso, Gérard (1998) montre que les femmes sont considérées comme une force de travail et un bien matrimonial. Pour cela elles sont largement tenues à l'écart des domaines masculins. Le champ scolaire, poursuit-il, est l'un de ces domaines, peut-être même le plus important. Les femmes subissent une discrimination qui trouve ses fondements dans les images traditionnelles de la femme inculquées et favorisées dès le bas âge au sein de la famille. La scolarisation des filles étant contrôlée et subordonnée à certaines normes de la société, il est tout à fait logique que celles-ci soient sous-scolarisées. Nombre de sociétés accordent moins d'importance à l'instruction des filles, et dans les cas extrêmes, leur impose une réclusion qui les coupe de toute vie à l'extérieur (Locoh et Bozon, 2000 ; Gianini, 1974 ; Tchouta, 1978 ; Bonini, 1998). Les normes et valeurs à l'origine de cette discrimination trouvent parfois leurs fondements dans les croyances religieuses.

Une des explications des inégalités sexuelles en matière de scolarisation est le statut défavorable de la femme dans la société qui est socialement, culturellement et historiquement construit (Piamale et al, 2004). En effet, dans les sociétés africaines, le rôle de la femme est celui de mère et d'épouse. Elle est considérée comme une force de travail et gardienne des biens matrimoniaux, elle participe à la production et elle est le gage de la reproduction biologique et sociale de la parenté au point que sa libération en dehors du cadre lignager et des réseaux d'alliance menacerait l'équilibre social et économique (Gérard, 1998). Quatre conséquences : premièrement l'éducation d'une petite fille n'est pas une priorité pour ses parents, car si la scolarisation des garçons peut avoir certaines retombées positives sur l'unité familiale, celle des filles est en général considérée comme moins utile. Deuxièmement, les connaissances que les filles acquièrent durant leur scolarité ne profiteront qu'à leur mari et leur belle-famille. Troisièmement, les parents préfèrent scolariser davantage les garçons que les filles, en raison d'un retour d'investissement escompté plus important. En effet, « les différences entre garçons et filles ne reflètent pas forcément une discrimination arbitraire, mais un calcul économique des parents, lequel privilégie les enfants les plus susceptibles d'aider les parents » (Buchmann, 2000). Quatrièmement, l'âge est aussi défavorable à la fille. Plus il s'élève, plus elle est l'objet de sollicitations. La jeune fille, dès qu'elle atteint un certain âge, est le plus souvent destinée au mariage encouragé par le système de la dot.

Facteurs démographiques

Les familles où le chef de ménage est de sexe masculin scolarisent moins les filles que leurs homologues féminins (Pilon, 1981). Les effets de la polygamie ne sont pas conclusifs : les garçons appartenant à des ménages dont le chef est polygame présentent les plus forts taux de scolarisation. A l'opposé, Lututala (cité par Kobiané, 2002 et Pilon, 1993) montre que les chefs de ménages monogames scolarisent plus les enfants que les polygames. Enfin, en milieu urbain les ménages polygames peuvent se passer du travail des enfants de 8 à 14 ans. La littérature révèle un effet positif entre le niveau d'instruction des parents et la scolarisation des enfants (Marcoux, 1994 ; Clévenot et Pilon, 1996 ; Kacou, 2007).

La relation entre la taille du ménage et la scolarisation des enfants est positive en Afrique subsaharienne (Lloyd et Blanc, 1996). En effet, les ménages de grande taille sont généralement dirigés par les individus qui ont une meilleure situation professionnelle en raison d'un niveau d'instruction plus élevé et sont donc mieux disposés à bien scolariser les enfants qui vivent sous leur toit (Mbaindoh, 1997). Donc, plus la probabilité de scolariser les enfants augmente, plus la différence de scolarisation entre filles et garçons s'atténue (Lloyd et Gage-Brandon, 1994). Il existe une relation négative entre le nombre d'enfants à bas âge dans un ménage et la fréquentation scolaire des filles de ce ménage (Lloyd et Blanc, 1996 ; Glick et Sahn cité par Kobiané, 2002 ; Wakam, 2003). Un autre facteur influençant la scolarisation des filles est la présence de personnes âgées dans le ménage.

Le confiage permet d'étudier la relation entre le lien de parenté des enfants avec le chef de ménage et leur scolarisation. Les enfants du chef de ménage sont mieux scolarisés que les autres enfants qui résident dans le ménage (De Vreyer, 1993 ; Clévenot et Pilon, 1996 ; Bilo'o, 2004). Bien que les femmes chefs de ménage scolarisent mieux les enfants (notamment les filles) que leurs homologues hommes, Pilon (1995: 29) montre que les filles confiées (sans aucun des parents présents) dans des ménages féminins en ville font exception. Selon lui, « elles y sont à peine plus scolarisées que dans les ménages masculins (57,7 % et 55,6 %), et c'est le seul cas où leur sous-scolarisation est plus forte que dans les ménages masculins. On retrouve là l'effet du phénomène de placement des filles comme aide familiale auprès des familles urbaines, qui touche d'ailleurs plus fortement les ménages féminins, avec une proportion d'enfants confiés de près du double de celle observée dans les ménages masculins (29,5 % et 15,8 %) ; et ce sont précisément ces femmes chefs de ménage en ville qui proportionnellement accueillent le plus de filles ». il poursuit en disant qu'« on peut donc être une femme instruite, vivant en ville avec un emploi bien rémunéré, et accueillir des jeunes filles (parentes ou non), non pour les scolariser, mais pour les employer comme aides familiales, avec des conditions de travail souvent très difficiles ».

Facteurs liés à l'offre scolaire

La proximité des infrastructures éducatives, mais aussi leurs équipements, leur accessibilité financière, les qualifications du corps enseignant peuvent influencer la propension des familles ou des parents à envoyer leurs enfants à l'école. Si la scolarisation est caractérisée par la volonté des ménages d'inscrire leurs enfants à l'école, elle dépend aussi et surtout de la capacité de l'État à offrir des écoles et des maîtres (Lange, 1991). D'ailleurs, de crainte d'exposer leurs filles à des agressions physiques ou morales, les parents évitent de les envoyer dans des écoles éloignées de leur lieu d'habitation (Kobiané, 2002 ; Alderman et al., 1996).

Hypothèses de recherche

Notre hypothèse générale est que les inégalités de scolarisation entre les filles et les garçons au Niger sont liées aux caractéristiques des ménages, à celles du chef de ménage et des enfants.

Hypothèse 1. L'écart de fréquentation entre filles et garçons est moindre dans les régions où l'offre d'éducation est plus importante.

Hypothèse 2. La scolarisation différentielle entre filles et garçons est plus prononcée en milieu rural qu'en milieu urbain.

Hypothèse 3. Le déficit de scolarisation des filles par rapport aux garçons s'atténue au fur et à mesure que le niveau de vie du ménage s'élève.

Hypothèse 4. La scolarisation différentielle entre les enfants est moins prononcée dans les ménages de grande taille que dans ceux de petite taille.

Hypothèse 5. La différence de scolarisation entre les enfants est moindre chez les chefs de ménage d'âge intermédiaire (35-59 ans) que chez les plus jeunes et les plus âgés.

Hypothèse 6. Le déficit de scolarisation des filles est moins prononcé chez les enfants des ménages où le chef est une femme.

Hypothèse 7. Le différentiel de scolarisation entre les enfants s'amoindrit avec l'élévation du niveau d'instruction du chef de ménage.
Hypothèse 8. Plus l'âge de l'enfant augmente, moins les filles ont de chance de fréquenter un établissement scolaire par rapport aux garçons.

Hypothèse 9. La scolarisation différentielle entre les enfants est moins prononcée chez les enfants du chef de ménage que chez les autres enfants vivant dans le ménage.

PROBABILITES DE SCOLARISATION SELON LE SEXE

Le tableau 1 ci-dessous présente les résultats obtenus pour 10 modèles de régression logistique binaire sur les rapports de chance de fréquentation scolaire des enfants de 6-14 ans en fonction de leur sexe.

TABLEAU 1. EFFETS NETS DES VARIABLES INDEPENDANTES SUR LA SCOLARISATION DIFFERENTIELLE ENTRE LES ENFANTS DE 6-14 ANS

Variable	Odd ratio
Sexe de l'enfant	1,539***
Age de l'enfant	1,544***
Statut familial	1,499***
Age du chef de ménage	1,503***
Sexe du chef de ménage	1,502***
Niveau instruction du ménage	1,234**
Taille du ménage	1,235***
Niveau de vie du ménage	1,298***
Milieu résidence du ménage	1,294***
Région résidence du ménage	1,353***
Modèle final	1,353***

La méthode pas à pas a été utilisée pour la construction des modèles nets dans le but d'évaluer la contribution de chacune des variables à l'explication de la scolarisation différentielle entre filles et garçons au primaire. Les modèles M1, M2 et M3 intègrent respectivement le sexe l'âge et le statut familial de l'enfant. Les modèles M4, M5 et M6 intègrent les caractéristiques du chef de ménage (successivement âge, sexe et niveau d'instruction). Quant aux modèles M7 et M8, ils font entrer les caractéristiques du ménage (taille et niveau de vie). Enfin les caractéristiques contextuelles (milieu et région de résidence) sont introduites par les modèles M9 et M10.

Les caractéristiques de l'enfant

Avant l'introduction des variables (Modèle M1), les garçons ont 53,9 % de plus de chances de fréquenter un établissement scolaire que les filles. La variable âge de l'enfant au modèle M2 fait augmenter cette chance des garçons par rapport aux filles de 0,5 %. En effet, ce rapport de chances passe de 53,9 % à 54,4 %. En tenant compte du statut familial de l'enfant dans le modèle M3, on constate plutôt une diminution des rapports de chances de fréquentation scolaire des garçons par rapport aux filles. Les résultats montrent que les garçons ont 49,9 % de chances de plus que les filles de fréquenter une école. Les caractéristiques individuelles de l'enfant influencent donc leur chance de fréquenter ou non un établissement scolaire.

Les caractéristiques du ménage

Les modèles M7 et M8 intègrent respectivement les variables taille et niveau de vie du ménage. En M7, la taille du ménage ne modifie pas le rapport de chances de fréquentation des garçons par rapport aux filles. Par contre, lorsqu'on introduit le niveau de vie du ménage, il augmente de 6,3 %. C'est dire que le niveau de vie du ménage intervient dans la décision des parents quant au choix de l'enfant à scolariser. Par ailleurs, l'âge du chef de ménage perd sa significativité. Cela veut dire que le niveau de vie médiatise l'effet de l'âge du chef de ménage sur la fréquentation des enfants.

En tenant compte des caractéristiques contextuelles dans les modèles M9 et M10, on constate que le rapport de chances de fréquentation des garçons par rapport aux filles diminue de 0,4% avec le milieu de résidence dans le modèle M9. Mais en intégrant la région de résidence dans le modèle M10, il augmente de 5,9%. Tandis que le milieu de résidence a un effet bénéfique sur la chance de fréquentation des filles par rapport aux garçons, la région joue plutôt dans le sens inverse car elle creuse davantage l'écart de fréquentation scolaire entre filles et garçons.

Dans l'ensemble, la sous-fréquentation des filles par rapport aux garçons est avérée. Ces résultats s'apparentent à ceux trouvés dans plusieurs pays d'Afrique notamment en Afrique subsaharienne. Parmi les raisons évoquées pour expliquer ces inégalités sexuelles en matière de scolarisation figure en bonne place le statut de la femme marqué par sa position défavorable dans la société. De ce fait, elle n'a pas besoin d'éducation formelle. Ainsi, les influences des stéréotypes sexistes constituent les fondements mêmes de ces inégalités. De même, le scepticisme des parents quant aux bénéfices de la scolarisation des filles est également un facteur qui contribue à réduire leur chance d'aller à l'école. Car si leur scolarisation, on l'a dit, peut avoir certaines retombées positives sur l'unité familiale, celle des filles est en général considérée comme moins utile (Bonini, 1998). C'est pourquoi l'âge est défavorable à la fille. Plus il s'élève, plus elle est l'objet de plusieurs sollicitations. La jeune fille, dès qu'elle atteint un certain âge, est le plus souvent destinée au mariage.

CONCLUSION

L'objet de ce chapitre était d'estimer le niveau des inégalités entre filles et garçons en matière de fréquentation scolaire au Niger et d'identifier les déterminants de ces disparités. L'analyse a porté sur les enfants de 6 à 14 ans du primaire. L'hypothèse principale est que les inégalités en matière de fréquentation scolaire entre filles et garçons sont liées d'une part aux caractéristiques des ménages, aux caractéristiques du chef de ménage et des enfants et d'autre part à l'offre scolaire. A partir de la littérature sur les facteurs qui influencent la fréquentation scolaire des enfants selon le sexe en Afrique subsaharienne, nous avons formulé des hypothèses de travail, testées avec une régression logistique binaire.

1- L'écart entre sexes en matière de fréquentation scolaire varie en fonction de la région de résidence.

2- L'écart entre filles et garçons en matière de fréquentation scolaire est plus accentué en milieu rural qu'en milieu urbain. Cette inégalité est plus importante dans les ménages de niveau de vie faible que dans ceux de niveau de vie moyen et élevé.

3- La différence de fréquentation scolaire entre filles et garçons augmente avec l'âge et en défaveur des filles.

4- Les disparités entre sexes en matière de fréquentation scolaire s'atténuent au fur et à mesure que le niveau d'instruction du chef de ménage augmente.

Au total, les variables sexe et âge de l'enfant, niveau d'instruction du chef de ménage, niveau de vie du ménage, milieu et région de résidence sont les plus déterminantes dans la différence de fréquentation scolaire entre filles et garçons de l'école primaire, au Niger.

BIBLIOGRAPHIE

Alderman H., Behrman J., Ross D., Sabot R., 1996, *The Returns to Endogenous Human Capital in Pakistan's Rural Wage Labour Market Oxford Bulletin of Economics and Statistics,* Department of Economics, University of Oxford, vol. 58, n°1: 29-55.

Bilo'o Y.P., 2004, *Statut familial et scolarisation des enfants au Mali*, Mémoire de DESSD, IFORD, Yaoundé

Bonini N., 1998, Les filles Massaï à l'école. Une brève rencontre sans grandes conséquences in Lange M.F., *L'école et les filles en Afrique, scolarisation sous conditions*, Karthala, Paris : 97-119.

Buchmann C., 2000, Family structure, parental perceptions, and child labor in Kenya: What factors determine who is enrolled in School? *Social Forces*, vol. 78, n°4: 1349-1378.

De Vreyer P., 1993, Une analyse économétrique de la demande d'éducation en Côte d'Ivoire, *Revue d'économie du développement*, n°3.

Gérard E., 1998, Femmes, instructions et développement au Burkina Faso. Incertitude Africaines in Lange M.F., *L'école et les filles en Afrique, scolarisation sous conditions*, Karthala, Paris : 197-220.

Kadir G., Boubacar A., 2004, *Etude sur la scolarisation des filles au Niger, Gretaf Interational*,

Kobiané, J.F.,
-1998, Essai de construction d'un profil de pauvreté des ménages à Ouagadougou à partir des caractéristiques de l'habitat in Gendreau F., *Crises, pauvreté et changements démographiques dans les pays du Sud*, AUPELF-UREF, Paris : 117-131.
-2001, Revue générale de la littérature sur la demande d'éducation en Afrique in Pilon M., Yacouba Y., *La demande d'éducation en Afrique : état des connaissances et perspectives de recherche*, Dakar, Réseaux thématiques de recherche de l'UEPA, n°1 : 19-47.
-2002, *Ménages et scolarisation des enfants au Burkina Faso : à la recherche des déterminants de la demande scolaire*, Thèse de doctorat, Institut de démographie, Université catholique de Louvain, Louvain - la - Neuve.
-2003, *Pauvreté, structures familiales et stratégies éducatives à Ouagadougou* in Cosio M., Marcoux R., Pilon M., Quesnel A., *Education, famille et dynamiques démographiques,* Paris, CICRED : 153-182.

Lloyd C.B., Gage-Brandon A., 1994, High fertility and children's schooling in Ghana: Sex differences in parental contributions and educational outcomes, *Population Studies*, vol. 48: 292-306.

Lloyd C.B., Blanc A.K., 1996, Children's schooling in sub-Saharan Africa: the role of fathers, mothers and others, *Population and Development Review*, vol 22, n°2: 265-298.

Locoh T., Bozon M., 2000, *Rapports de genre et questions de population*, Population et développement, Dossiers et recherche de l'INED, n°85.

Marcoux R.,
-1994, *Le travail ou l'école: l'activité des enfants et les caractéristiques des ménages en milieu urbain au Mali*, Études et travaux du CERPOD.
-1998, Entre l'école et la calebasse. Sous scolarisation des filles et mise au travail des enfants à Bamako in Lange M.F., *L'école et les filles en Afrique, scolarisation sous conditions*, Karthala, Paris : 73-95.

Lange M.F., 1991. Systèmes scolaires et développement : discours et pratiques, *Politique africaine*, n°43 : 105-121.

Mbaindoh E., 1997, *Les déterminants socioéconomiquesde la scolarisation au Tchad*, Mémoire de DESSD, Yaoundé, IFORD.

DSI/MEN., 2005-2006, S*tatistiques de l'éducation de base, 2005-2006*, Ministère de l'Education Nationale, Niamey.

DSI/MEN/A/PLN., 2011-2012, *Statistiques de l'éducation de base*, Ministère de l'Éducation Nationale, de l'Alphabétisation et de la Promotion des Langues Nationales, Niamey.

Piamale J-F., Kouame A., Loka F., 2004, *Pauvreté, genre et scolarisation des enfants en République centrafricaine* in UNICEF, *L'enfant en Centrafrique. Famille, santé, scolarité, travail*, Paris, Karthala : 74-109.

Pilon M.,
-1981, *Confiage et scolarisation en Afrique de l'ouest : un état des connaissances*, IRD – UERD, Rapport d'étude, Paris.
-1995, Les déterminants de la scolarisation des enfants de 6 à 14 ans au Togo en 1981: apports et limites des données Censitaires, *Cahiers sciences humaines*, vol 31, n°3, CEPED / Orstom : 697-718.

-1996, Genre et scolarisation des enfants en Afrique subsaharienne in Sanou F., *Étude sur la sous scolarisation des filles au Burkina Faso,* Ministère de l'Enseignement de Base et de l'Alphabétisation de Masse, Ouagadougou.

UNICEF., 2005, *Progrès pour les enfants. Un bilan de l'enseignement primaire et de la parité des sexes,* Rapport UNICEF, n°2.

Wakam J.,
-2002, Relations de genre, structures démographiques des ménages et scolarisation des jeunes au Cameroun, *Etude de la population africaine,* vol.17 n°2 : 1-22.
-2003, Structures démographiques des ménages et scolarisation des enfants au Cameroun, Cosio M., Marcoux R., Pilon M., Quesnel A., *Education, famille et dynamiques démographiques,* CICRED, Paris : 183-217.

Zoungrana C.M., Tonkindang J., Marcoux R., Konaté M., 1998, La trajectoire scolaire des filles à Bamako. Un parcours semé d'embûches in Lange M.F., *L'école et les filles en Afrique. Scolarisation sous conditions,* Karthala, Paris : 167-196.

CHAPITRE 14

L'ABANDON SCOLAIRE

Mamadou TCHIARI MARA

INTRODUCTION

En matière d'abandon scolaire, la situation du Niger est très préoccupante. En effet, le classement UNESCO 2010 classe le Niger en dernière position en termes d'espérance de vie scolaire. Evaluée à 5 ans, elle traduit la faible efficacité interne du système éducatif nigérien. Le taux d'achèvement pour le cycle du primaire est de 56,4 % (MEN, 2012-2013). Au classement UNESCO 2009, le Niger figure parmi les pays qui ont un taux d'abandon primaire supérieur à 30 %. Cette situation se dégrade de plus en plus, car le taux de transition du premier cycle de l'enseignement vers le second cycle est passé de 65 % en 2010 à 55 % en 2014. Au niveau du secondaire la situation est encore plus préoccupante, en effet le taux d'achèvement au premier cycle du secondaire est 9,3 % en 2009 (Ministère de l'Enseignement secondaire et supérieur). Quant au second cycle du secondaire, le taux d'achèvement est de 2,56 % en 2009.

L'offre scolaire constitue un facteur important de l'abandon scolaire surtout lorsqu'il existe une disparité entre les milieux urbain et rural au niveau du cycle du secondaire en matière d'infrastructures éducatives, d'équipements, d'effectifs des personnels enseignants. En effet certains élèves vivant en milieu rural ou dans les zones à faible couverture scolaire sont obligés d'abandonner l'école après le primaire par manque d'infrastructures secondaires. L'importance de l'offre scolaire a été soulignée par Mingat (2003) : la couverture scolaire est très inférieure à celle des autres pays du monde de même niveau de développement économique, à peine 32,2 % contre plus de 75 % en 2000 pour la moyenne des pays de niveau économique comparable. Mingat constate pourtant qu'à ce niveau de développement économique, tous les pays sont confrontés à des contraintes financières et démographiques, mais que cela ne les empêche pas de réussir à offrir une meilleure couverture des besoins. L'abandon scolaire au Niger peut s'expliquer aussi par le travail des enfants. Issaka Maga Hamidou et

Sani Ali (2005) montrent par exemple qu'au Niger les enfants, surtout les garçons, sont très tôt enrôlés dans des activités économiques ; près de 50 % des garçons et 26 % des filles étaient déjà actifs entre 10 et 14 ans révolus. En réalité, plusieurs facteurs peuvent être à l'origine des abandons scolaires. Tel est l'objectif de ce chapitre : mesurer leur rôle au niveau de chaque cycle scolaire. Bien que les données disponibles ne permettent pas de tester ceux liés à l'offre, car seuls les facteurs au niveau individuel et des ménages sont disponibles, mais nous les évoquerons dans l'interprétation des résultats.

METHODOLOGIE

Hypothèses

Notre hypothèse générale se formule ainsi : les abandons scolaires sont liés aux caractéristiques démographiques, économiques et socioculturelles du ménage et de l'enfant. Il en découle huit hypothèses spécifiques.

Hypothèse 1. Le risque d'abandon scolaire est plus élevé chez les enfants vivant en milieu rural que chez ceux vivant en milieu urbain. En milieu urbain, l'accessibilité physique de l'école est un facteur moins discriminant de la scolarisation des enfants. En outre, dans les milieux ruraux la rareté des infrastructures scolaires constitue un critère plus déterminant de l'abandon scolaire des enfants (Kobiané, 2002).

Hypothèse 2. Le risque d'abandon scolaire augmente au fur et à mesure que le niveau de vie du ménage diminue. En effet, dans les ménages pauvres, l'apport des enfants à la survie du groupe domestique est plus important. Par contre, dans les ménages riches l'implication des enfants dans les stratégies de survie du ménage est moins accentuée, ce qui leur permet de poursuivre leurs études.

Hypothèse 3. Le risque d'abandon scolaire est moins prononcé dans les ménages de grande taille que dans ceux de petite taille, car la situation économique des premiers leur permet de supporter les coûts de la scolarisation des enfants.

Hypothèse 4. Le niveau d'instruction du chef de ménage influence positivement le statut scolaire de l'enfant. Les chefs des ménages qui ont été à l'école ont plus de compétence pour encadrer les enfants dans leurs études en suscitant en eux des ambitions scolaires et professionnelles élevées.

Hypothèse 5. Les enfants vivant dans les ménages dirigés par les femmes sont moins enclins à abandonner l'école. En effet, elles investissent davantage que les hommes dans leurs enfants, que ce soit en termes de temps, d'argent ou de soutien affectif.

Hypothèse 6. Le risque d'abandon scolaire augmente avec l'âge du chef de ménage et il est plus prononcé dans les ménages dirigés par des personnes âgées. En effet, la valeur accordée à la scolarisation des enfants change avec les moyens (surtout financiers) qui sont plus importants chez les personnes en pleine activité économique ou à la retraite. On s'attend alors à ce que l'abandon scolaire soit moins fréquent chez les enfants relevant d'un chef de ménage appartenant à la tranche d'âge 60 ans et plus que s'il est d'âge intermédiaire (35- 59 ans) ou jeune (15-35 ans).

Hypothèse 7. Le risque d'abandon scolaire est plus élevé chez les filles que chez les garçons. Du fait de la division sexuelle de rôles, les filles sont plus sollicitées que les garçons dans l'exécution des tâches domestiques (Kobiané, 2002). Dans certains milieux, l'éducation de la jeune fille est considérée comme un investissement improductif puisqu'il profitera plus tard uniquement à la famille de son futur conjoint (Kamdem, 2006).

Hypothèse 8. Le statut familial de l'enfant a une influence sur son statut scolaire. Les enfants du chef de ménage ont plus de chances de poursuivre leurs études que les enfants confiés, ce qui peut s'expliquer par le poids des charges domestiques qui leurs sont assignées, surtout s'ils sont accueillis non pas pour être scolarisés, mais pour aider le ménage.

Ces huit hypothèses sont testées indépendamment au niveau des cycles primaire et secondaire, étant donné que les facteurs de l'abandon scolaire n'agissent pas de la même façon selon les cycles scolaires. Pour le primaire, nous disposons d'un échantillon de 7 321 enfants âgés de 6 à 12 ans qui fréquentent ou ont fréquenté l'école ; pour le secondaire, l'échantillon compte 1 571 enfants âgés de 13 à 19 ans.

Qualité du modèle de régression logistique binaire

La courbe de Roc mesure la qualité d'ajustement des modèles des régressions logistiques aux données (Graphique 1). La vérification de cette adéquation est utile dans la mesure où c'est uniquement en cas d'adéquation acceptable que les modèles peuvent servir à identifier les déterminants du phénomène étudié. Ainsi l'analyse des courbes de Roc au niveau du cycle du primaire et du secondaire nous révèle que ces modèles sont adéquats (aires > 0,5), mais l'ajustement est plus adéquat au niveau du cycle du secondaire (aire=0,7425) par rapport au cycle du primaire (aire=0,5844).

GRAPHIQUE 1. ÉVALUATION DU POUVOIR DISCRIMINANT DU MODELE

Niveau primaire

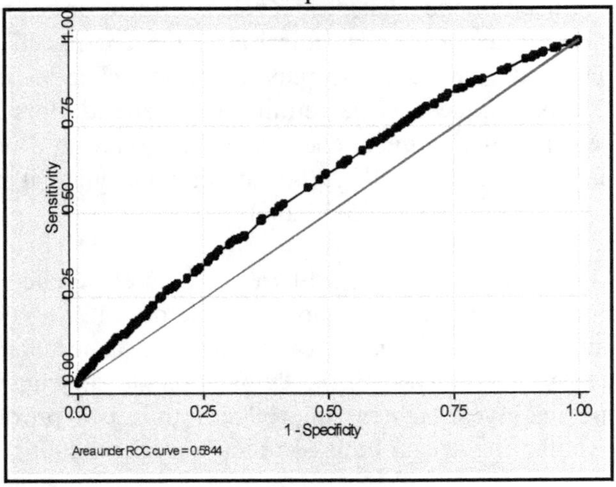

Niveau secondaire

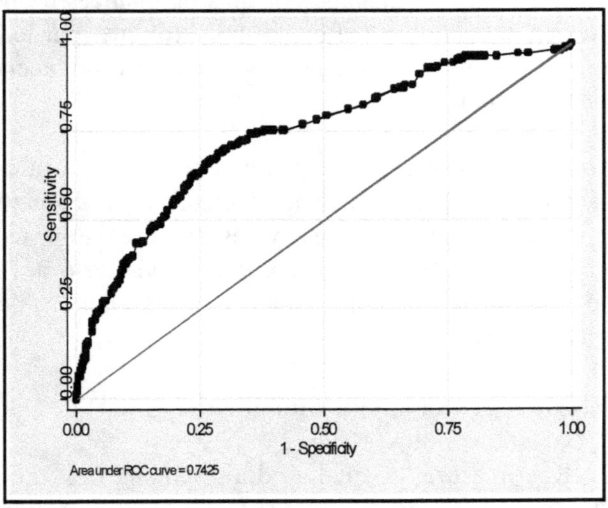

LES FACTEURS DE L'ABANDON

Trois variables seulement sont significatives au niveau du primaire contre cinq pour le secondaire. Les variables significatives au niveau primaire sont le milieu de résidence, la taille du ménage et l'âge du chef de ménage. Elles sont aussi significatives pour le cycle secondaire, mais s'y ajoutent le niveau d'instruction du chef de ménage et le statut de l'enfant dans le ménage (Tableau 1).

TABLEAU 1. RESULTATS DE LA REGRESSION LOGISTIQUE BINAIRE

	Cycle primaire	Cycle secondaire
Milieu de résidence	***	***
Urbain	0,65***	Réf
Rural	Réf	3,40***
Niveau de vie du ménage	ns	*
Pauvres	1,06ns	1,51*
Moyens	1,04ns	0,92ns
Riches	Réf	Réf
Taille du ménage	***	**
Petite taille	1,37***	1,56**
Taille moyenne	Réf	Réf
Grande taille	1,17*	1,06ns
Niveau d'instruction chef ménage	ns	***
Sans niveau	Réf	Réf
Primaire	1,14ns	0,86ns
Secondaire et plus	0,87ns	0,36***
Sexe du chef de ménage	ns	ns
Masculin	Réf	Réf
Féminin	0,88ns	0,81ns
Age du chef de ménage	***	***
15-34 ans	1,47***	1,87**
35-59 ans	Réf	Réf
60 ans et plus	0,94ns	0,93ns
Sexe de l'enfant	ns	ns
Masculin	Réf	Réf
Féminin	1,06ns	1,07ns
Statut de l'enfant dans le ménage	ns	***
Enfant du chef de ménage	Réf	Réf
Enfant confié	0,96ns	2,24***

NB: (***) significatif au seuil de 1 % ; (**) significatif au seuil de 5 % ; (*) significatif au seuil de 10 % ; (ns) non significatif.

Milieu de résidence

Le milieu de résidence à un effet net significatif sur l'abandon scolaire des enfants à tous les niveaux du cycle scolaire. En effet, au primaire les enfants vivant en milieu urbain ont 0,35 fois moins de risques d'abandonner l'école qu'en milieu rural. Cet écart selon le milieu de résidence est plus profond au niveau du secondaire où le risque d'abandon scolaire des enfants ruraux est 3,4 fois supérieur aux enfants urbains.

Cette forte propension des jeunes ruraux à abandonner l'école primaire ne s'explique pas par l'offre scolaire, car 85 % des écoles primaire se trouvent en milieu rural proportionnellement à la population scolarisable, mais par les écarts qualitatifs entre l'offre urbaine et rurale. Au primaire le nombre d'élèves par maître s'élève à 38 en milieu rural contre 33 en milieu urbain. Il en est de même pour le déficit en places assises qui est de 65,9 % contre 44,5 % en milieu urbain (MEN, 2012-2013). Ceci explique en partie l'abandon scolaire au niveau du secondaire car les jeunes ruraux ne sont pas encadrés dans les mêmes conditions que leurs homologues de la ville et la plupart d'entre eux restent moins longtemps dans le cursus scolaire.

La plupart des infrastructures scolaires au niveau du secondaire sont concentrées dans des zones urbaines. Selon le recensement de 2012, le milieu rural qui compte 83 % de la population scolarisable au premier cycle du secondaire n'accueillait que 46,4 % du total des élèves qui fréquentent ce cycle contre 53,6 % des élèves en milieu urbain pour seulement 17 % de la population scolarisable. Cette faible capacité d'accueil du milieu rural est encore plus prononcée au niveau du second cycle du secondaire : le milieu rural compte 80,9 % de population scolarisable, mais seulement 21,5 % des élèves ; par contraste, on dénombre en milieu urbain 78,5 % des élèves pour seulement 19,1 % de population scolarisable. Ce faible niveau de couverture des infrastructures scolaires rurales au niveau du secondaire fait que la plupart des jeunes ruraux, une fois achevée leur scolarité dans le primaire, sont obligés de s'établir en milieu urbain pour poursuivre leurs études et donc se retrouvent en situation de confiage.

Taille du ménage

La taille du ménage a un effet net significatif sur l'abandon scolaire des enfants aux deux niveaux. Au Niger, à l'instar d'autres pays d'Afrique subsaharienne, le risque d'abandon scolaire est plus prononcé dans les ménages de petite taille : 1,37 fois plus par rapport aux enfants vivant dans des ménages moyens ou grands (niveau primaire) et 1,56 fois plus (niveau secondaire). Au Niger comme dans la plupart des pays d'Afrique subsaharienne les ménages de grande taille, qui ont davantage de ressources, sont plus en mesure de soutenir la scolarisation des enfants.

Niveau d'instruction du chef de ménage

Le niveau d'instruction du chef de ménage n'a aucune incidence sur l'abandon scolaire au niveau du primaire, mais il a un effet net significatif au niveau du secondaire : 0,64 fois moins de risques si le chef a fréquenté le secondaire par rapport à ceux qui n'ont pas été scolarisés ou seulement au niveau primaire. Les enfants dont les chefs des ménages sont peu ou pas instruits et qui ont besoin d'un suivi à la maison sont désavantagés. Mais cette variable n'est significative qu'au niveau du secondaire, parce qu'avec l'adoption du système de passage automatique à l'école primaire, l'évaluation proprement dite commence au niveau du secondaire. C'est pourquoi les abandons dus aux échecs scolaires sont bien plus fréquents au niveau du secondaire ; d'où l'exclusion massive des élèves qui n'ont pas une base solide, parce que mal encadrés dans leurs familles, le plus souvent en raison du faible niveau d'instruction de leurs parents.

Les résultats au niveau du secondaire s'expliquent plus généralement par la dégradation générale du système d'enseignement que connaît le Niger ces dernières décennies. Le gouvernement, pour pallier le déficit de l'offre scolaire, a en effet adopté un certain nombre de mesures, mais celles-ci ne sont pas de nature à assurer la qualité de l'enseignement. On peut citer entre autres le système du double flux, l'introduction de certains manuels au niveau élémentaire inappropriés à l'apprentissage de la lecture, le recrutement massif d'enseignants contractuels, qui sont des jeunes pas ou peu formés à la pédagogie, appelés à enseigner dans des conditions très peu satisfaisantes d'encadrement, d'équipement, d'infrastructures, et qui sont donc peu motivés.

Age du chef de ménage

Lorsque le chef de ménage est jeune (15-35 ans) l'effet net sur l'abandon scolaire des enfants est négatif dans les deux cycles scolaires : 1,47 fois (primaire) et 1,87 fois plus (secondaire) par rapport aux ménages dirigés par des chefs de 35-59 ans et de 60 ans et plus.

Statut de l'enfant dans le ménage

Le statut familial de l'enfant a un effet net significatif sur l'abandon scolaire des enfants, mais seulement au niveau du cycle du secondaire, ce qui confirme partiellement notre hypothèse. L'abandon scolaire des enfants résidant sans leurs parents dans des familles urbaines, bénéficient généralement de très peu de soutien moral et même financier dans leurs familles d'accueil, d'autres sont même enrôlés dans des travaux domestiques.

CONTRIBUTION DES FACTEURS A L'EXPLICATION DE L'ABANDON SCOLAIRE

Le modèle utilisé a permis d'identifier les facteurs sous-jacents à l'abandon scolaire au Niger. Il se confirme que trois variables contribuent à l'abandon scolaire au niveau du cycle du primaire et cinq au niveau du secondaire, mais à des degrés variés.

L'abandon scolaire au niveau du primaire

Au niveau du primaire, le facteur qui contribue le plus à l'abandon scolaire est le milieu de résidence et ce à hauteur de 42,8 % (Graphique 2). Le facteur le plus important est le milieu de résidence (42,8 %) qui se décline en différences dans la qualité de l'offre entre milieu urbain et rural, comme nous l'avons expliqué plus haut. Ensuite vient l'âge du chef de ménage qui contribue à hauteur de 30,4 %. Et enfin la taille du ménage contribue à hauteur de 26,8 % à l'abandon primaire.

GRAPHIQUE 2. CONTRIBUTION DES FACTEURS A L'EXPLICATION DE L'ABANDON SCOLAIRE AU PRIMAIRE

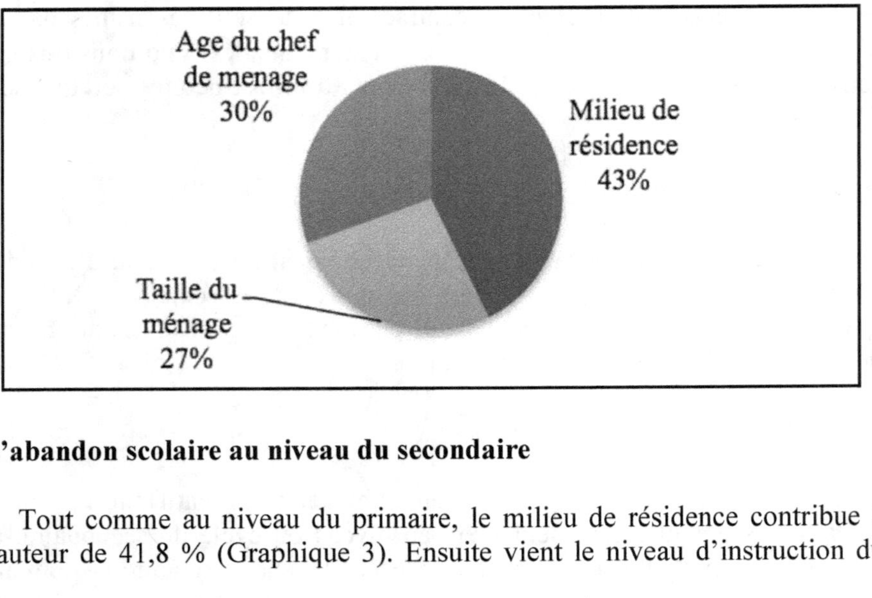

L'abandon scolaire au niveau du secondaire

Tout comme au niveau du primaire, le milieu de résidence contribue à hauteur de 41,8 % (Graphique 3). Ensuite vient le niveau d'instruction du chef de ménage, variable qui n'est pas significative au niveau primaire. Elle contribue à hauteur de 30,1 %.

GRAPHIQUE 3. CONTRIBUTION DES FACTEURS A L'EXPLICATION DE L'ABANDON SCOLAIRE AU SECONDAIRE

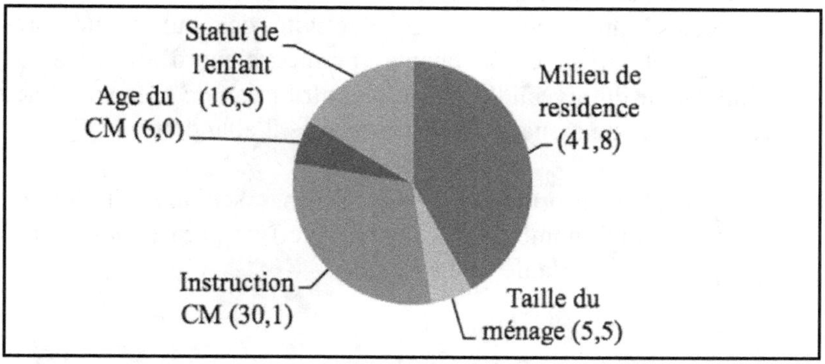

Puis vient le statut familial de l'enfant, également non significatif au primaire. Il contribue à 16,5 % à l'abandon au secondaire et tout comme le milieu de résidence, cela conduit à souligner l'importance de l'offre scolaire. En effet, le manque des infrastructures scolaires au niveau du secondaire dans les milieux ruraux, pousse généralement les jeunes ruraux à s'établir en ville après leurs scolarité primaire pour poursuivre leurs études, mais les difficultés auxquels vont faire face ces enfants confiés dans leurs famille d'accueil urbaine poussent la plus part d'entre eux à abandonner définitivement leurs études. Par contre la taille du ménage et l'âge du chef de ménage qui contribuent à plus de 25 % chacun à l'abandon dans le primaire, ne contribuent qu'à 6 % à l'abandon dans le secondaire.

CONCLUSION

Dans le classement des pays selon l'Indice du développement humain, le Niger a toujours occupé les dernières places (187 sur 187 au dernier classement). Trois dimensions sont retenues pour mesurer le niveau de développement du pays : la santé, l'éducation et le niveau de vie et parmi ces facteurs, l'éducation constitue le principal obstacle au développement du Niger, et ce depuis plusieurs décennies. La réduction considérable des abandons scolaires constitue une condition *sine qua non* de l'amélioration du niveau d'instruction de la population, d'où la nécessité d'agir sur les déterminants de l'abandon scolaire pour le développement du Niger.

Néanmoins les résultats de cette étude présentent quelques limites.

- Il manque des enquêtes spécifiques permettant d'appréhender les motivations et stratégies des parents en matière de scolarisation ainsi que les raisons de l'abandon scolaire.

- Des données sur les revenus et les dépenses des ménages, non collectées dans l'enquête, sur l'activité des autres membres du ménage et enfin sur le cheptel permettraient d'affiner à la fois l'indicateur du niveau de vie et la contribution de enfants à l'activité économique du ménage, donc les risques d'abandon.

- L'absence d'informations sur l'offre scolaire (nombre des établissements, nombres des maîtres etc.) ne permet pas la prise en compte de ces variables dans l'étude.

BIBLIOGRAPHIE

Kamdem H., 2006, *Genre et fécondité au Cameroun : Une étude comparative des Bamiléké et des Béti*, Thèse de Doctorat en Démographie, Yaoundé.

Kobiané J.F., 2002, *Ménages et scolarisation des enfants au Burkina Faso : A la recherche des déterminants de la demande scolaire*, Thèse de doctorat en Démographie, Institut de Démographie de l'UCL, Louvain.

Mingat A., 2003, *Eléments analytiques et factuels pour une politique de la qualité dans le primaire en Afrique subsaharienne dans le contexte de l'Education Pour Tous*, Maurice. Grand Baie.

Ministère de l'Éducation Nationale (MEN)., 2012-2013, *Statistiques de l'éducation de base, annuaire 2012-2013*, DSI/MEN, Niger.

CHAPITRE 15

PAUVRETE MONETAIRE ET INSECURITE ALIMENTAIRE EN 2011

Zakari OUMAROU

INTRODUCTION

Le suivi de la pauvreté est une préoccupation des autorités de nombreux pays, mais le problème a connu un regain d'intérêt depuis que les Etats membres des Nations unies ont souscrit en 2000 aux Objectifs du millénaire pour le développement (OMD), dont celui de réduire de moitié à l'horizon 2015 l'incidence de la pauvreté par rapport à son niveau de 1990. Le Niger a suivi ce mouvement d'ensemble en élaborant et exécutant deux stratégies de réduction de la pauvreté au cours de la décennie 2000.

La démographie du Niger est très particulière et elle influence considérablement le niveau de vie des ménages et la pauvreté. Le pays se caractérise par une croissance démographique forte, estimée depuis le dernier recensement à 3,9 % en moyenne annuelle. Il résulte de cette croissance rapide que la population est jeune. La moitié des habitants ont moins de 15 ans, ne sont pas encore en âge de travailler et doivent être pris en charge par l'autre moitié, tout au moins ceux d'entre eux qui travaillent. De plus, huit personnes sur dix vivent dans les campagnes qui sont plutôt difficiles d'accès et offrent peu d'opportunités d'emplois productifs. Dans ce contexte, l'incidence de la pauvreté est élevée : 56,1 % en 2011, avec plus de 8,9 millions d'individus classés comme pauvres. Un autre indicateur, la profondeur de la pauvreté, qui mesure l'écart moyen entre le niveau de consommation de la population pauvre et le seuil de pauvreté est de 17,3 %. Cet indicateur établit un gap de près de 36 000 FCFA par personne et par an (aux prix de Niamey). Si on compare le chiffre précédent à la richesse du pays mesurée par le PIB, le gap de ressources entre le niveau de consommation actuel des individus pauvres et le seuil de pauvreté représenterait de l'ordre de 19 % du PIB.

Le manque de nourriture est sans nul doute l'une des formes de pauvreté les plus graves et le Niger ne peut se prévaloir d'avoir atteint la sécurité alimentaire, définie par la FAO comme la situation où les individus ont accès à tout moment à une alimentation saine et équilibrée qui leur permet de mener leurs activités. Telle est d'ailleurs l'ambition du programme national intitulé « Les Nigériens nourrissent les Nigériens » (3N). Quand la condition ci-dessus n'est pas remplie dans une région ou pour un ménage, cette région ou ce ménage est en situation d'insécurité alimentaire. L'insécurité alimentaire est la conséquence de plusieurs facteurs isolés ou combinés qui tiennent à l'offre ou à la demande. Une entité peut en effet se trouver en situation d'insécurité alimentaire du fait de la faiblesse de l'offre, si les produits ne sont pas disponibles sur le marché ou que les ménages ne peuvent pas avoir accès à d'autres formes d'approvisionnement habituelles (autoproduction, aide alimentaire, etc.). Au Niger, la faiblesse de l'offre peut être due à une production insuffisante, par exemple quand des chocs exogènes négatifs perturbent la campagne agricole, comme cela a été le cas en 2011. La faiblesse de l'offre peut aussi provenir de coûts de transaction élevés qui limitent l'approvisionnement des marchés : coût du transport à cause de la faiblesse du réseau routier qui rend certaines localités difficiles d'accès pendant la saison des pluies, procédures administratives compliquées pour certaines filières, etc. L'insécurité alimentaire peut être le fruit d'une faiblesse de la demande, si malgré leur disponibilité les produits alimentaires coûtent trop cher pour les ménages. Ce facteur affecte spécialement les ménages urbains où l'autoconsommation est moins présente. Enfin les préférences des ménages peuvent les conduire à une situation d'insécurité alimentaire. Ce sera le cas notamment si l'épargne est préférée à la consommation présente, ou encore si le panier de consommation privilégie des aliments peu nutritifs.

La première partie de ce chapitre analyse la pauvreté monétaire en 2011, la seconde l'insécurité alimentaire à la même date. Sauf mention contraire tous les chiffres ont été produits à partir d'analyses de l'ECVAM 2011.

LA PAUVRETE MONETAIRE

Contour régional de la pauvreté monétaire en 2011

En milieu rural, plus de six personnes sur dix étant pauvres contre une sur quatre en milieu urbain, le milieu rural doit donc être la priorité des politiques de lutte contre la pauvreté. Sur les huit régions qui constituent le Niger, cinq ont des taux de pauvreté supérieurs à 50 %, Parmi elles, à Tillabéri, Maradi et Dosso les taux sont supérieurs à 60 %, alors que les deux dernières régions ont bénéficié de plusieurs programmes de lutte contre la pauvreté (Tableau 1).

Leur proximité avec Niamey, dont le taux de pauvreté est le plus faible (16 %), rend difficile l'interprétation de ce résultat. En effet Niamey offre un marché potentiel permettant à ces populations d'écouler leurs produits agricoles et d'élevage et même de développer d'autres activités génératrices de revenus. D'ailleurs, ces régions ont des niveaux de production agricole relativement élevés. Trois explications peuvent être avancées : Niamey ne joue pas ce rôle d'entraînement ; la faible productivité d'une agriculture centrée sur l'autoconsommation ne dégage pas assez de surplus agricoles pour le marché ; l'étroitesse du marché, du fait du niveau relativement bas des revenus dans l'ensemble du pays. Dans le même ordre d'idée, la région de Maradi a souvent été citée comme un paradoxe car il s'agit de la première région agricole du pays où plus de trois-quarts des ménages pratiquent en ville une activité commerciale, mais la région a toujours enregistré des niveaux de pauvreté élevée. Les Régions de Diffa, d'Agadez et de Niamey se distinguent par un taux de pauvreté plus faible : respectivement 42 %, 27 % et 16 %.

TABLEAU 1. INCIDENCE DE LA PAUVRETE SELON LA ZONE ET LA REGION DE RESIDENCE (%)

Zone	
Urbain	23,4
Rural	63,9
Région	
Agadez	26,6
Diffa	42,4
Dosso	61,3
Maradi	66,4
Tahoua	56,3
Tillabéri	67,3
Zinder	56,2
Niamey	15,8

Agadez, à l'exception de Niamey, est la seule région où la population urbaine est supérieure à la population rurale, peut-être à cause de l'environnement particulier de la région. Elle est en grande partie désertique avec une très faible densité de population. De plus, deux grandes villes de cette région, Agadez et Arlit, sont attractives en raison des entreprises minières qu'elles abritent et qui sont des pôles de développement dans la région. Le faible taux de pauvreté de la région de Diffa se justifierait par sa proximité avec le Nigéria. C'est une hypothèse plausible, mais on note qu'il en est de même d'autres régions (Zinder, Maradi) qui ont pourtant des niveaux de pauvreté nettement plus élevés. On peut toutefois arguer que de toutes les capitales régionales, celle de Diffa est la plus proche de la frontière d'un pays voisin. L'autre hypothèse tiendrait à la faible taille des ménages comme à Agadez et Niamey. Tel est le premier constat que l'on peut établir sur les différences régionales de la pauvreté.

Caractéristiques sociodémographiques des ménages

L'examen des caractéristiques du ménage et de son chef apporte un éclairage supplémentaire sur les contours de la pauvreté (Tableau 2).

TABLEAU 2. INDICATEURS DE PAUVRETE DES MENAGES SELON LES CARACTERISTIQUES SOCIODEMOGRAPHIQUES

	Incidence pauvreté	Profondeur pauvreté	Sévérité pauvreté	% de la population	% de pauvres
Taille du ménage					
1 pers.	13,2	3,9	1,4	0,3	0,1
2 pers.	5,3	1,1	0,3	2,0	0,2
3 à 5 pers.	35,3	8,6	3,1	23,6	14,8
6 à 9 pers.	59,5	18,2	7,4	42,5	45,0
10 à 14 pers.	69,9	22,5	9,4	23,8	29,5
15 pers. et +	72,5	26,9	11,8	8,1	10,4
Genre du chef					
Masculin	56,9	17,6	7,2	92.5	93,7
Féminin	46,6	13,5	5,5	7.6	6,3
Age du chef					
- de 25 ans	35,9	12,5	5,5	2,0	1,3
25-34 ans	44,8	12,3	4,8	17,3	13,7
35-44 ans	61,4	19,6	8,0	26,3	28,7
45-54 ans	60,0	20,0	8,7	24,2	25,9
55-64 ans	56,2	15,5	5,8	18,1	18,0
65 ans et +	56,2	17,2	6,8	12,5	12,4
Education du chef					
Sans instruction	60,8	18,8	7,7	81,1	87,9
Primaire	51,5	16,1	6,7	10,5	9,7
Secondaire 1	24,3	6,1	2,2	5,5	2,4
Secondaire 2+	1,3	0,2	0,0	2,9	0,1
Ensemble	56,1	17,3	7,0	100,0	100,0

Les grands ménages permettent des économies d'échelle dans les dépenses et une mutualisation des ressources entre leurs membres. S'ils vivaient séparément, la vulnérabilité de chacun de ses membres serait plus forte. La pauvreté baisse quand on passe des ménages unipersonnels aux ménages abritant deux personnes, puis elle augmente par la suite. L'incidence de la pauvreté est de 35 % dans les ménages de trois à cinq personnes et elle double dans ceux de 10 personnes et plus. Ce résultat est intéressant puisqu'on a souvent constaté dans le passé une augmentation (que l'on a considérée comme mécanique), de la pauvreté en fonction de la taille des ménages. Le présent résultat tend à montrer que si la taille joue en défaveur du bien-être du ménage, il faut aussi prendre en compte d'une part la composition du ménage (notamment les gains en termes d'économies d'échelle) et d'autre part la productivité marginale d'un individu supplémentaire dans le ménage par rapport à sa consommation marginale. Si la première est plus élevée que la seconde, chaque individu supplémentaire n'accroît pas la pauvreté du ménage.

L'analyse selon le genre montre que le taux de pauvreté est plus élevé dans les ménages dont le chef est un homme que dans ceux dont le chef est une femme (10 points de pauvreté de plus pour les ménages dirigés par un homme). Ce résultat surprend toujours car les femmes ont en moyenne un capital humain moins fort (niveau d'instruction moins élevé) et un capital productif plus faible (moins d'accès à la terre et au crédit), on s'attend donc à ce que les ménages qu'elles dirigent soient plus pauvres. Mais ce n'est pas toujours le cas. En Afrique on trouve le même résultat qu'au Niger dans certains pays, et dans d'autres le résultat contraire. Le fait est qu'au Niger, ce résultat semble robuste puisque la même tendance ressort des enquêtes de 2005 et 2007-08. Mais un niveau de pauvreté moins élevé dans les ménages dont le chef est une femme ne veut pas dire qu'ils sont moins vulnérables. Il se pourrait qu'ils présentent certaines caractéristiques spécifiques, par exemple le fait de vivre dans un milieu ou une région pauvre. Ensuite cela n'implique pas que les femmes sont en général moins pauvres. En effet elles représentent 50,7 % de la population et 51,6 % parmi les pauvres.

S'agissant de l'âge, le taux de pauvreté est une fonction concave de cette variable, d'abord croissante, avec un maximum entre 35 et 44 ans, et décroissante par la suite, tout en restant néanmoins élevé. Ce résultat est contre-intuitif. En effet, l'âge est corrélé à l'expérience professionnelle et on s'attend à ce que les individus accumulent quelques richesses avec l'âge et deviennent moins pauvres. Mais il se trouve que l'âge s'accompagne de plus de responsabilités familiales et cette charge l'emporte sur l'effet d'accumulation de richesses qui est faible dans cette société rurale. De fait la courbe de l'incidence de la pauvreté en fonction de l'âge du chef de ménage a la même forme que la courbe de taille moyenne des ménages en fonction de l'âge du chef de ménage. On peut noter que les niveaux de pauvreté relativement bas des jeunes chefs de ménage sont à mettre en parallèle avec la faible taille de ces ménages ; de même la pauvreté commence à reculer pour les ménages dont les chefs ont un âge avancé quand certains membres de la famille (les enfants adultes certainement) commencent à quitter ces ménages pour former les leurs. Cela étant, il n'est pas exclu que les plus jeunes ayant un niveau d'étude supérieur à celui de leurs aînés, cela leur donne un bonus en termes de revenus sur le marché du travail et conduit à de plus faibles niveaux de pauvreté parmi eux.

Contrairement à l'âge, la pauvreté diminue de manière sensible avec le niveau d'instruction. Par exemple, le taux de pauvreté baisse de plus de 9 points de pourcentage entre les ménages dont le chef est sans instruction et ceux dont le chef a le niveau du primaire. Entre ces derniers et ceux dont le chef a le niveau du premier cycle du secondaire le taux de pauvreté diminue de moitié, et la pauvreté est quasi-inexistante pour les ménages dont le chef a au moins atteint le second cycle du secondaire. Ainsi, compte tenu du poids des ménages dont le chef est sans instruction dans la population (ils abritent quatre personnes sur cinq), près de 9 pauvres sur 10 vivent dans ces ménages.

Pauvreté et marché du travail

La force de travail est le principal capital des individus des pays pauvres et pour cette raison la position des individus sur le marché du travail devrait éclairer les contours de la pauvreté (Tableau 3). Mais les résultats sont à certains égards contre-intuitifs. En effet les ménages dirigés par un chef sans emploi, loin d'être les plus pauvres, ont des taux de pauvreté parfois moins élevés que ceux dont le chef exerce un emploi. Considérons en premier lieu la branche d'activité du chef de ménage. Le taux de pauvreté s'élève à 66 % lorsque le chef de ménage occupe un emploi dans l'agriculture contre 39 % s'il est sans emploi. Les exploitants agricoles pratiquent une agriculture de subsistance avec un capital faible. La faiblesse de leur capital humain, du capital physique mobilisé et de l'accès aux intrants explique la faible productivité de l'agriculture et concourent à des revenus bas.

S'agissant de la catégorie socioprofessionnelle du chef de ménage, le taux de pauvreté des travailleurs à leur propre compte est le plus élevé : 60 %. En réalité ces derniers sont pour leur majorité les exploitants agricoles évoqués ci-dessus. Par contraste les cadres du public comme du privé (2 %) et dans une moindre mesure les patrons (31 %) sont plus souvent protégés de la pauvreté. Le secteur moderne (administration, entreprises publiques et grandes entreprises privées) s'oppose ainsi au secteur informel, urbain et surtout agricole. La pauvreté au Niger est donc d'abord et avant tout une question rurale qui reste fortement liée au niveau de développement de l'agriculture.

TABLEAU 3. INCIDENCE DE LA PAUVRETE
SELON LES CARACTERISTIQUES DU MARCHE DU TRAVAIL

Branche du chef	
Agriculture	66,4
Elevage/Sylv./Pêche	50,6
Industrie	36,3
Commerce	30,1
Services	26,4
Sans-emploi	38,6
CSP du chef	
Cadre	1,5
Autres salariés	47,6
Patron	31,2
Travailleur pour CP	60,6
Autres dépendants	59,8
Sans-emploi	38,6
Secteur institutionnel du chef	
Secteur public	6,6
Grande entreprise	10,7
Entreprise individuelle	60,1
Ménage	66,0
Sans-emploi	38,6
Ensemble	56,1

L'INSECURITE ALIMENTAIRE EN 2011

L'insécurité alimentaire est souvent évaluée par deux indicateurs, qui seront utilisés ici : le niveau requis de consommation calorique par jour ; l'équilibre du panier de consommation des ménages. Le premier indicateur varie selon le genre, l'âge et l'activité. La FAO estime qu'un individu adulte normal a des besoins moyens de 2 100 calories par jour pour être en bonne santé. Dans le cas du Niger, la norme arrêtée par le pays est de 2 200 kilocalories par jour et ce seuil est retenu pour les analyses qui suivent. Un seuil de 1 800 kcal par jour définit l'extrême insécurité alimentaire. Quant au panier de consommation des ménages, la finalité est d'opérer une partition des ménages en trois catégories : ceux ayant un régime alimentaire pauvre : nous qualifierons leur situation de déséquilibre alimentaire sévère ; ceux ayant un régime alimentaire moyen (déséquilibre alimentaire modéré) ; ceux ayant un régime alimentaire équilibré. Pour opérer cette partition, huit groupes d'aliments sont définis auxquels on affecte un coefficient énergétique, qui est multiplié par le nombre de jours de consommation du groupe de produits. On trouvera toutes les précisions méthodologiques dans le texte original disponible à l'INS. La méthodologie est résumée dans l'annexe de ce chapitre.

L'insuffisance en calories

Entre juillet et septembre 2011, deux personnes sur cinq vivent dans un ménage en situation d'insécurité alimentaire modérée (2 200 kcal) ; cette proportion s'accroît en novembre-décembre 2011 où 45 % des individus en sont affectés. Quant à l'insécurité alimentaire sévère (1 800 kcal), elle touche une personne sur quatre entre juillet et septembre 2011 et près d'une sur trois en novembre-décembre 2011. Les contours de l'insécurité alimentaire se démarquent de ceux de la pauvreté monétaire (Tableau 4).

TABLEAU 4. INSECURITE ALIMENTAIRE MESUREE PAR LA RATION CALORIQUE JOURNALIERE

	Modérée			Sévère			Cal./jour
	Juil/Sept	Nov/Déc	Chroni.	Juil/Sept	Nov/Déc	Chroni.	Moyenne
Taille							
1 pers.	26,1	30,6	8,5	23,4	18,1	7,4	3384
2	12,8	13,8	3,1	5,5	8,5	2,4	3783
3 à 5	27,5	28,6	10,7	17,4	16,6	5,1	3108
6 à 9	40,3	48,6	23,9	26,9	32,3	11,6	2564
10 à 14	48,2	52,6	29,6	32,5	36,4	17,3	2445
15 et +	58,2	60,8	37,0	41,7	40,2	15,3	2154
Genre du chef							
Masculin	40,5	45,3	23,1	26,9	29,8	11,5	2646
Féminin	35,0	42,2	19,2	24,7	28,7	12,2	2785
Age du chef							
- de 25	24,8	34,2	17,2	17,6	24,2	10,4	3224
25-34	33,7	35,3	16,7	22,1	22,5	7,8	2875
35-44	44,6	47,5	24,6	29,5	32,7	13,0	2512
45-54	43,9	50,3	26,8	29,6	34,0	13,7	2502
55-64	39,9	45,5	23,9	25,3	25,3	10,1	2723
65 et +	34,5	44,7	18,8	25,3	32,4	11,3	2773
Education du chef							
Sans instruction	41,4	44,7	22,8	28,1	29,7	11,7	2647
Primaire	39,2	49,9	27,4	26,1	37,4	14,5	2566
Second.1	28,9	46,7	16,6	15,5	23,0	6,5	2801
Second.2+	25,6	34,2	15,7	12,0	16,0	3,9	2983
Quintiles							
Q1	73,4	81,5	58,6	61,2	65,1	36,9	1684
Q2	56,2	56,0	30,3	34,2	38,6	11,7	2235
Q3	33,4	41,9	13,9	18,0	21,0	4,1	2710
Q4	22,3	24,5	5,3	11,9	12,7	2,5	3077
Q5	15,0	21,5	5,7	8,4	11,2	2,3	3577
Ensemble	40,0	45,1	22,8	26,7	29,7	11,5	2656

Celle-ci varie en fonction de certaines caractéristiques du ménage relatives à la demande. Ainsi l'insécurité alimentaire s'aggrave quand la taille du ménage s'accroît. Entre les ménages unipersonnels et ceux ayant entre 6 et 9 personnes, l'incidence de l'insécurité alimentaire est multipliée par 1,5 ; elle double presque quand on passe des ménages unipersonnels à ceux de plus de 10 personnes. Souvent les ménages de grande taille ont tendance à abriter un grand nombre de jeunes enfants. Les enfants de moins de 15 ans représentent la moitié de la population et 57 % des personnes en situation d'insécurité alimentaire au premier passage de l'enquête et plus de 55 % au second. Cette situation d'insécurité alimentaire les rend d'autant plus fragiles, minant la possibilité pour ces enfants de grandir normalement dans la mesure où ils risquent d'accuser certaines carences qui affecteront leur croissance. Les ménages dirigés par une femme, bien que potentiellement plus vulnérables, enregistrent des taux d'insécurité alimentaire moins élevés que ceux des ménages dirigés par un homme.

Enfin, l'insécurité alimentaire croît avec l'âge du chef de ménage, passant par un maximum entre 40 et 44 ans, avant d'amorcer une baisse. Cette courbe de l'insécurité alimentaire en fonction de l'âge du chef de ménage ne fait que traduire dans une large mesure l'évolution des charges familiales (mesurée par la taille du ménage) en fonction de l'âge. Les ménages ayant des chefs plus jeunes, ou au contraire plus âgés, comptant moins de personnes que ceux avec des chefs adultes, ainsi en est-il de l'insécurité alimentaire. L'insécurité alimentaire est aussi une fonction quasi-décroissante du niveau d'éducation du chef de ménage.

Dimension régionale

Ce fléau frappe indifféremment les ménages urbains et ruraux, contrairement à la pauvreté monétaire qui est plus fréquente en milieu rural (Tableau 5). Ainsi même si les ménages urbains ont des revenus monétaires plus élevés et un plus grand pouvoir d'achat, d'autres facteurs, tels que les prix et les préférences des consommateurs, entrent en jeu quand il s'agit de l'insécurité alimentaire. Parmi les régions, Maradi a l'un des niveaux d'insécurité alimentaire les plus élevés et Diffa les plus faibles. On se rappelle que ces deux régions ont aussi des niveaux de pauvreté monétaire opposés, très haut pour Maradi et moins élevé pour Diffa. Maradi se confirme donc comme une région pauvre selon cette dimension aussi. Le deuxième résultat intéressant est le niveau élevé de l'insécurité alimentaire à Niamey, plus de 40 % lors du premier passage et plus de 45 % au cours du second en 2011. Un troisième fait à relever est la particularité des régions d'Agadez, Dosso et Tillabéri qui présentent de faibles taux d'insécurité alimentaire au premier passage, mais accusent des niveaux très élevés au second. Ces trois régions contribuent à l'aggravation de ce phénomène au niveau national entre les deux passages alors qu'un résultat contraire est attendu puisque le premier passage a eu lieu au tout début de la campagne agricole 2011-2012 pendant les semailles, alors que le second a eu lieu juste après les récoltes. L'insécurité alimentaire est élevée pour les deux régions de Tahoua et Zinder pour chacun des deux passages, même si le niveau est quelque peu à la baisse. De fait, les évolutions de l'insécurité alimentaire entre les deux passages tendent à opposer d'une part l'ouest et le nord, qui connaissent une aggravation inhabituelle pour cette période de l'année, et d'autre part le centre et l'est où logiquement l'insécurité alimentaire baisse à la fin de la période de soudure.

TABLEAU 5. INSECURITE ALIMENTAIRE MESUREE PAR LA RATION CALORIQUE JOURNALIERE

	Insécurité modérée			Insécurité sévère			Calories/jour
	Juil/Sep	Nov/Déc	Chronique	Juil/Sept	Nov/Déc	Chron.	Moyenne
Résidence							
Urbain	38,9	46,2	23,9	23,5	27,1	11,1	2627
Rural	40,3	44,8	22,5	27,5	30,3	11,6	2664
Région							
Agadez	28,3	51,8	19,0	14,3	30,9	5,1	2738
Diffa	33,0	24,9	10,8	18,5	14,0	4,8	2876
Dosso	24,4	50,4	17,1	14,4	34,5	7,9	2884
Maradi	58,6	45,0	34,0	40,7	30,2	18,8	2307
Tahoua	43,0	40,2	23,9	29,2	24,8	11,2	2741
Tillabéri	20,8	54,7	12,9	16,0	42,3	9,3	2903
Zinder	47,9	39,9	24,4	30,8	24,2	10,8	2566
Niamey	40,5	45,2	23,6	26,8	24,3	11,0	2577
Ensemble	40,0	45,1	22,8	26,7	29,7	11,5	2656

Dans un pays dont la population est majoritairement occupée dans l'agriculture, on s'attendrait à ce que les contours régionaux de l'insécurité alimentaire recouvrent les performances de la production agricole régionale. Pour les huit régions que compte le Niger, six sont considérées comme agricoles, les seules exceptions étant Niamey la capitale et Agadez, une région désertique. Plusieurs indicateurs permettent de mesurer les performances de l'agriculture, le plus connu étant les rendements. Mais dans le contexte de cette étude, le problème qui se pose est celui de la capacité de l'offre à satisfaire la demande et l'indicateur le plus approprié est la production agricole par tête.

Plusieurs régions présentent une contradiction évidente entre leurs niveaux d'insécurité alimentaire et leurs performances agricoles. On distingue cinq cas de figure. Cas 1, la région de Diffa est une curiosité, avec une incidence d'insécurité alimentaire plutôt faible et une production agricole par tête inférieure de moitié à la moyenne nationale (200 kilogrammes par an). Cas 2, Maradi, Tahoua et Zinder ont des niveaux de production agricole par tête plus de deux fois plus élevés, mais des niveaux d'insécurité alimentaire pourtant élevés aussi. Cas 3, Dosso et Tillabéri, les deux régions voisines de Niamey, ont les plus bas niveaux d'insécurité alimentaire au premier passage, et pourtant elles enregistrent des niveaux très élevés au second passage, qui a eu lieu juste après les récoltes. Cas 4, Maradi a souvent été considérée comme un paradoxe et elle le demeure. Si on considère la moyenne des quatre dernières années, cette région est la première du pays en termes de production agricole et la deuxième après Dosso en termes de production par tête. Pourtant elle enregistre des niveaux de pauvreté élevés et des niveaux d'insécurité alimentaire forts. Ces résultats montrent que l'offre n'est pas le seul facteur qui explique l'insécurité alimentaire. Les ménages peuvent utiliser des sources d'approvisionnement alternatives, à condition qu'ils disposent de revenus. S'agissant justement des revenus, Diffa a un niveau de revenu moyen par tête qui se classe au troisième rang au niveau national (après Niamey et Agadez) et Maradi se classe en dernier rang.

Le déséquilibre alimentaire

Rappelons que le score de consommation pour un ménage est la somme des scores des différentes catégories d'aliments. Le score de chaque catégorie d'aliments est le produit de son coefficient (déterminé par le Programme alimentaire mondial) et du nombre de jours de consommation dans la semaine. Plus un score est élevé, plus le ménage a des habitudes alimentaires diversifiées. Les ménages urbains ont une alimentation plus diversifiée que les ménages ruraux et les régions où l'insécurité alimentaire est grave ne sont pas nécessairement celles où le déséquilibre alimentaire frappe le plus. Une personne sur six est victime de déséquilibre alimentaire en milieu urbain pour près du double en milieu rural. La forme sévère d'insécurité alimentaire est faible, surtout en novembre-décembre, après les récoltes. Au niveau régional, si on considère d'abord le premier passage, la région de Tahoua accuse une proportion de déséquilibre alimentaire modéré très élevée (plus de quatre personnes sur dix). Ensuite viennent les régions de Tillabéri, Diffa et Dosso (une personne sur trois). Niamey et Agadez présentent les niveaux les plus bas de déséquilibre alimentaire (Graphique 1). Au second passage, qui a eu lieu après les récoltes, le niveau de déséquilibre alimentaire dans la région de Tahoua baisse de manière spectaculaire, devenant aussi faible que ceux d'Agadez et de Niamey. En revanche le déséquilibre alimentaire s'accroît de façon tout aussi spectaculaire dans la région de Tillabéri. Et deux autres régions, Dosso et Maradi, enregistrent aussi une aggravation du déséquilibre alimentaire au second passage.

GRAPHIQUE 1. INDICATEURS DE DESEQUILIBRE ALIMENTAIRE PAR REGION

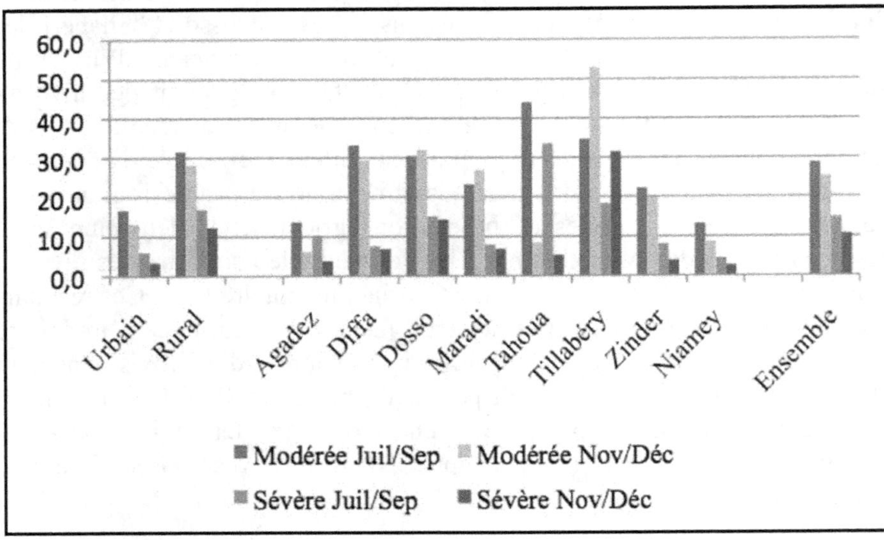

Tout comme dans le cas de l'insécurité alimentaire mesurée par le niveau de consommation en calories, les variations des indicateurs de déséquilibre alimentaire mettent en évidence la vulnérabilité des ménages, même si son incidence n'est pas aussi importante que celle de l'insécurité alimentaire. En effet entre juillet-septembre et novembre-décembre, près de 56 % des individus n'ont jamais été en situation de déséquilibre alimentaire. Néanmoins plus de 44 % en ont été affectés à un moment ou à un autre, avec près de 10 % en situation de déséquilibre alimentaire chronique. La situation n'est donc pas rassurante et doit continuer à retenir l'attention du gouvernement et des partenaires au développement.

Le déséquilibre alimentaire des ménages résulte du manque d'offre de produits sur les marchés, de l'impossibilité financière d'acheter des denrées, ou enfin parce que les produits existent, mais que les ménages n'ont pas l'habitude de les consommer. Les ménages tirent une proportion importante de leur apport en calories de la consommation des céréales, des légumineuses et des huiles végétales. Chacun de ces types d'aliments est consommé par plus de 90 % des ménages. Parmi les céréales, le mil est très important. Il est consommé par plus de 97 % des ménages et sa consommation représente plus de 22 % de la consommation alimentaire et plus de 16 % de la consommation totale. Il est difficile, sans une étude de filières, de départager les contraintes inhérentes à l'offre et celles relevant de la demande. Mais on peut noter que les contraintes liées à la demande sont importantes, autrement dit les ménages qui sont en situation de déséquilibre alimentaire semblent avoir peu de moyens d'acheter les produits, puisque les achats sur le marché représentent près de 77 % de la consommation alimentaire des ménages. Néanmoins on ne peut pas affirmer pour autant que les contraintes liées à la demande soient plus importantes que celles relevant de l'offre. En effet, les ménages qui ont un faible équilibre alimentaire tirent une grande partie de leur consommation de leur propre production, pour plus de 20 %. Par conséquent si ces ménages produisaient plus, ils pourraient non seulement être en meilleure situation alimentaire, mais aussi dégager des surplus à vendre et engranger des revenus substantiels pour élargir leurs habitudes de consommation.

A cet effet il est intéressant de considérer le cas du mil. L'autoproduction et les dons représentent près de la moitié de la consommation du mil, les achats couvrant l'autre moitié. Les rendements de mil sont estimés de 0,4 à 0,45 tonne à l'hectare pour 2,5 tonnes à l'hectare dans les centres de recherche. Les spécialistes de la question estiment que les paysans pourraient, dans de bonnes conditions, accroître de 60 % les rendements actuels et atteindre 1,5 tonne à l'hectare, si les contraintes multiples (accès aux semences sélectionnées, accès aux intrants, amélioration des techniques culturales, etc.) étaient levées. Vu la production actuelle de mil, un doublement de la production, même au cours de mauvaises années où le pays fait face à une sécheresse, permettrait de dégager des revenus supplémentaires importants pour les paysans. En fait la faiblesse des performances de l'agriculture nigérienne explique en grande partie l'insécurité et le déséquilibre alimentaires des populations. Le rapport du PAM de 2010 avance un certain nombre de facteurs. Pour ce rapport, les techniques de production n'ont pas connu d'évolution majeure et la forte croissance démographique entraîne l'expansion des cultures sur des terres marginales non adaptées à la culture pluviale. L'accès à la terre devient également problématique et les superficies cultivées ont subi des morcellements continus. De plus, le faible niveau d'éducation des paysans est un frein à l'adaptation aux techniques nouvelles. A ces problèmes s'ajoutent le manque d'infrastructures routières et de santé et le faible accès à l'eau potable.

CONCLUSION

La pauvreté au Niger est avant tout un phénomène rural : neuf pauvres sur dix vivent dans les campagnes. Tillabéri, Maradi et Dosso ont des niveaux de pauvreté très élevés à l'opposé de Diffa, Agadez et Niamey. Sur les huit régions du pays, Tillabéri et Maradi concentrent à elles seules quelque 44 % des individus pauvres. Une autre forme de pauvreté, l'insécurité alimentaire, affecte également près de la moitié des Nigériens, mais elle concerne autant les urbains que les ruraux. Les populations rurales ont un régime alimentaire essentiellement composé de céréales et un peu moins de viande, poissons et produits laitiers, ce qui fait qu'elles sont plus souvent en situation de déséquilibre alimentaire que les urbains.

L'importance de la pauvreté au Niger s'explique par trois facteurs. Premièrement, la faible diversification de l'économie, qui dépend fortement de l'agriculture. La croissance économique est trop volatile à cause des chocs fréquents, notamment climatiques qui rendent cette agriculture fragile. La faible diversification de l'économie se manifeste aussi par le peu d'opportunités qui se présentent aux individus, de telle sorte qu'un grand nombre de ruraux est en situation de sous-emploi en dehors de la saison non agricole. Deuxièmement, les Nigériens ont un faible accès aux marchés et à d'autres activités génératrices de revenus, à cause notamment d'une faible dotation en infrastructures. Troisièmement, la très forte fécondité du pays limite la croissance des revenus par tête, mais exerce aussi une forte pression sur la demande de services sociaux et la demande de travail. Face à cette situation, les autorités ont entrepris depuis plusieurs années de s'attaquer de manière durable à ce phénomène notamment par le développement économique du pays, telle l'initiative 3N, mais elle est encore au niveau de la stratégie et elle demande à être formalisée et financée. Enfin, de nouveaux gisements d'uranium et de pétrole sont exploités depuis plus d'un an. Ce secteur va créer des emplois et fournir des ressources supplémentaires pour financer le développement.

ANNEXE
METHODOLOGIE DE MESURE DE LA PAUVRETE

Les comparaisons de la pauvreté nécessitent de disposer de trois éléments : un indicateur de mesure du bien-être du ménage (par exemple un agrégat de consommation), un seuil de pauvreté, c'est-à-dire un seuil de l'indicateur de bien-être en deçà duquel un ménage sera considéré comme pauvre, et des indicateurs de mesure de la pauvreté. Afin de parvenir à des indicateurs de pauvreté cohérents sur les plans spatial et temporel, les choix techniques effectués dans l'élaboration de l'indicateur de bien-être et du seuil de pauvreté doivent être similaires entre les différentes enquêtes. Ces choix dépendent eux-mêmes de la nature des données disponibles et de leur qualité.

Les données servant à l'analyse sont issues de trois enquêtes auprès des ménages réalisées par l'Institut National de la Statistique (INS) en 2005 (Questionnaire unifié des indicateurs de base du bien-être : QUIBB), 2007/08 (Enquête nationale sur le budget et la consommation des ménages - ENBC) et 2011 (Enquête nationale sur les conditions de vie des ménages et l'agriculture - ECVMA). Ces opérations ont porté respectivement sur 6 690, 4 000 et 3 968 ménages. L'objectif principal de chacune des enquêtes est de fournir les informations nécessaires à l'évaluation de la pauvreté. Les trois opérations sont proches quant à la nature des informations collectées. Il s'agit notamment des caractéristiques sociodémographiques (composition du ménage, santé, éducation et emploi des membres du ménage), des caractéristiques du logement, de l'accès aux infrastructures de base, des activités économiques, des revenus et de la consommation des ménages, mais elles diffèrent du point de vue de la méthodologie de collecte.

La méthode pour les comparaisons temporelles de la pauvreté est développée en deux temps. En premier lieu, considérant l'ECVMA comme la nouvelle base de suivi de la pauvreté, on construit un indicateur de bien-être et un seuil de pauvreté pour 2011. On calcule alors les indicateurs de pauvreté pour 2011 directement tels qu'ils sont issus de l'enquête. En second lieu on applique la technique d'estimation sur de petits domaines pour réviser les chiffres de pauvreté de 2007-08 et 2005. Cette méthode est développée à l'origine pour imputer des indicateurs de pauvreté à des unités géographiques à un niveau fin (le département ou le canton par exemple dans le cas du Niger) afin d'élaborer des cartes de pauvreté, et elle est appliquée à produire des indicateurs de pauvreté plus comparables (Christiaensen et al., 2012).

Indicateur de bien-être en 2011

L'indicateur de bien-être est une mesure cardinale (c'est-à-dire un nombre réel) qui permet d'attribuer à un ménage un certain niveau de bien-être. Généralement, il est construit à partir du revenu ou de la consommation. Dans le cas présent, il s'agit d'un agrégat de consommation des ménages par tête, construit en trois étapes. D'abord, on calcule un agrégat de consommation au niveau du ménage. Ensuite, pour tenir compte des différences dans la composition des ménages, on le normalise en divisant l'agrégat de consommation par la taille du ménage. Enfin on procède à une dernière normalisation en le divisant par un déflateur spatial qui prend en compte les différences du coût de la vie entre les milieux, différences provenant des sources d'approvisionnement et des coûts de transport et autres coûts de transaction.

La collecte des données de l'ECVMA s'est déroulée en deux passages, un premier passage de la mi-juillet à la mi-septembre, pendant la période des semailles et d'entretien des champs ; et un second passage en novembre et décembre 2011 pendant la période des récoltes. Trois questionnaires sont conçus pour chaque passage. Le questionnaire ménage du premier passage comprend notamment les informations sociodémographiques (composition du ménage, santé, éducation, emploi et revenus individuels, etc.) ; les informations sur la consommation alimentaire portent sur sept jours, les ménages étant interrogés en une seule visite pour leur consommation des sept jours précédant la visite de l'agent enquêteur ; les informations sur la consommation des produits non alimentaires portent sur sept jours, trente jours, trois mois, six mois et douze mois selon la fréquence pressentie de l'achat de ces produits. Le questionnaire agriculture est conçu pour la collecte des données des exploitations agricoles des ménages, notamment l'accès à la terre, les cultures exploitées, les intrants, la main-d'œuvre et les équipements mobilisés, etc. Le questionnaire communautaire est consacré à l'accès aux infrastructures et aux prix à la consommation sur les marchés et autres points de vente. Le questionnaire ménage du second passage est réduit. Il est limité aux informations sociodémographiques des individus arrivés dans le ménage entre les deux passages, à la consommation alimentaire et à la consommation des produits non alimentaires portant sur sept ou trente jours. Le questionnaire agriculture est centré sur l'évaluation des récoltes et la commercialisation des produits agricoles et sur l'élevage. Enfin le questionnaire communautaire ne porte que sur les prix à la consommation.

L'agrégat de consommation inclut les dépenses alimentaires, y compris les repas pris à l'extérieur du ménage ; la consommation alimentaire non monétaire résultant de l'autoconsommation, des cadeaux et dons reçus ; la valeur d'acquisition des biens non durables et des services, la valeur imputée du logement pour les ménages propriétaires ou logés gratuitement par un tiers et une estimation de la valeur d'usage des biens durables. Cet agrégat de consommation prend en compte toutes les spécificités de l'enquête, en particulier pour les items dont la consommation est renseignée au cours des deux passages et chacun des passages compte pour moitié.

La consommation alimentaire a été observée de manière rétrospective sur sept jours pour chacun des passages. L'annualisation se fait en multipliant simplement les données de chaque passage par le ratio 182,5/7. Néanmoins il reste le fait que les prix ont évolué entre les deux passages. L'on stratifie le pays en cinq zones agro-écologiques : Niamey, le reste du milieu urbain, le milieu rural agricole, le milieu rural agro-pastoral et le milieu rural pastoral. Pour chacune de ces zones, un indice des prix temporel novembre/décembre base juillet/septembre est calculé[1]. L'agrégat de consommation alimentaire du second passage est divisé par cet indice des prix, avant d'être agrégé aux données du premier passage. En prenant le parti d'appliquer ce déflateur temporel à l'agrégat de consommation du second passage, on définit implicitement la période de collecte du premier passage comme période de référence de l'enquête, ce qui est logique dans la mesure où elle est plus proche du milieu de l'année civile (peut-être pas du milieu du calendrier agricole néanmoins).

La consommation non alimentaire (en biens non durables et services) est également observée. On obtient la consommation annuelle en multipliant la

[1] L'indice vaut 1,060 à Niamey, 1,009 dans le reste du milieu urbain, 0,954 dans le milieu rural agricole, 0, 954 dans le milieu rural agro-pastoral, et 1,075 dans le milieu rural pastoral.

consommation observée par la fréquence d'observation. Pour le cas des items dont la dépense de consommation a été relevée au cours des deux passages, chaque passage compte pour la moitié de l'année comme spécifié ci-dessus, sans tenir compte de l'évolution des prix. Ensuite le logement étant un bien d'investissement pour le ménage, ce dernier ne consomme que le service qu'il lui procure. Ainsi on ajoute aux ménages habitant une maison qui leur appartient un loyer imputé. Ce loyer a été imputé aux ménages propriétaires, aux ménages logés gratuitement et à ceux qui sont locataires et qui auraient omis de déclarer le loyer payé. Ce loyer imputé est calculé à partir d'une régression linéaire sur les ménages en location avec comme variable dépendante le logarithme du montant du loyer et comme variables indépendantes les caractéristiques du logement et les variables dichotomiques de la région et du milieu de résidence. De même que les ménages ne consomment que le service de logement, du point de vue de l'analyse de la pauvreté, ils ne consomment que les services qu'ils retirent des biens durables. Une valeur d'usage (qui est assimilée à la consommation) est estimée à partir du stock de biens recensés dans les ménages, de leur valeur d'acquisition et de leur valeur au coût de remplacement. En revanche, la valeur des biens durables acquis dans l'année (moyens de transport, biens électroménagers, meubles) n'est pas comptabilisée dans l'agrégat de consommation.

L'agrégat de consommation calculé au niveau du ménage est ensuite normalisé selon la même approche qu'en 2005 en le divisant par la taille du ménage. Enfin, la dernière normalisation consiste à diviser l'agrégat par un déflateur spatial du coût de la vie. Ce déflateur est calculé comme le rapport des seuils de pauvreté. Le seuil de Niamey est considéré comme le seuil de référence, le rapport entre le seuil d'une zone agro-écologique et celui de Niamey est le déflateur.

Seuils de pauvreté en 2011

Le seuil est un niveau de l'indicateur de bien-être qui conduit à classer un ménage comme pauvre (cas où l'indicateur de bien-être est inférieur au seuil) ou non-pauvre. Le seuil est conçu de manière à permettre aux individus qui sont classés comme non pauvres de pouvoir satisfaire au minimum leurs besoins vitaux. La méthode utilisée est celle du coût des besoins essentiels est utilisé (Ravallion, 1998). L'approche consiste à déterminer dans un premier temps un seuil de pauvreté alimentaire correspondant à une certaine ration calorique et à y rajouter un montant correspondant aux besoins minimas non alimentaires. En 2005, le seuil de pauvreté alimentaire a été calculé à partir d'une norme de 2 100 kilocalories par personne et par jour. Si cette norme était utilisée pour l'ECVMA, on obtiendrait des seuils de pauvreté trop faibles, car le niveau de consommation est plus élevé.

On a calculé divers seuils correspondant à des normes variant de 2 400 à 2 800 kilocalories, celui de 2 800 kilocalories a été retenu car il est le plus compatible avec les chiffres de pauvreté publiés dans le passé. Il n'existe pas de norme particulière pour le seuil non alimentaire. Ravallion (1998) part de l'idée que les personnes qui ont juste de quoi satisfaire leurs besoins alimentaires doivent opérer des sacrifices pour disposer d'un minimum sur le plan non alimentaire. La valeur de la consommation non alimentaire de ces ménages peut être considérée comme le seuil non alimentaire. Une solution est de considérer les ménages dont la consommation totale par tête est juste égale au seuil alimentaire (seuil bas), une autre ceux dont la consommation alimentaire par tête est juste égale au seuil alimentaire (seuil haut) ; la seconde solution a été retenue.

Une question importante est de savoir s'il faut calculer un seuil unique au niveau national ou en calculer plusieurs, par exemple par région ou par milieu de résidence ; un seul unique facilite le dialogue entre les partenaires travaillant sur les questions de pauvreté. La solution classique est de construire plusieurs seuils de pauvreté (par région ou par milieu par exemple), de retenir un seuil de référence et d'utiliser le rapport entre le seuil de chacune des régions et le seuil de référence comme déflateur de l'agrégat de consommation. Le Niger est un pays vaste caractérisé par une faible densité en infrastructures de transport. Par conséquent les coûts pour acheminer les produits des zones de production (ou d'importation) aux zones de consommation sont élevés. Ces coûts de transaction viennent se greffer aux coûts de production et accroissent d'autant les prix à la consommation finale dans les zones éloignées des lieux de production. Ces différences sont généralement marquées entre le milieu urbain et rural ; elles existent également au niveau des régions. L'idéal aurait été de déterminer un seuil de pauvreté pour chaque région et selon le milieu de résidence. Cependant, pour que l'estimation du seuil soit robuste, un nombre important d'observations est nécessaire. Pour cette raison, il a été retenu de construire un seuil pour chacune des cinq zones agro-écologiques mentionnées précédemment.

La construction de ces seuils de pauvreté utilise un panier de 23 biens alimentaires au premier passage et 25 biens au second passage représentant chaque fois près de 90 % de la consommation alimentaire des ménages (Tableau 1A et 1B).

TABLEAU 1A. PANIER DE CONSOMMATION ALIMENTAIRE (PREMIER PASSAGE)

		Consomm. initiale		Consommation ajustée	
	Coeffi. de conversion	Quantité (100 gr.)	Kilocal	Quantité (100 gr.)	Kilocal
Maïs	359	0,940	337,4	1,187	426,1
Mil	353	3,100	1094,4	3,915	1382,1
Riz	363	0,573	208,0	0,724	262,7
Sorgho	329	0,494	162,7	0,624	205,4
Farine de manioc	351	0,126	44,1	0,159	55,7
Pâtes alimentaires	366	0,144	52,6	0,182	66,4
Pain	290	0,036	10,3	0,045	13,0
Oignon frais	41	0,106	4,3	0,134	5,5
Tomate séchée	213				
Gombo sec	42	0,036	1,5	0,046	1,9
Haricots secs	347	0,187	64,9	0,236	81,9
Cube Maggi	125	0,016	2,0	0,020	2,5
Soumbala (oseille ou niéré)	30	0,030	0,9	0,038	1,1
Feuilles de baobab	89	0,071	6,4	0,090	8,0
Sel	337	0,107	36,1	0,135	45,6
Dattes	287	0,043	12,2	0,054	15,4
Patate douce	121				
Canne à sucre	73				
Viande de bœuf	150	0,069	10,3	0,087	13,0
Viande de mouton	123	0,041	5,0	0,051	6,3
Viande de chèvre	123	0,054	6,6	0,068	8,4
Volailles	139	0,055	7,6	0,069	9,6
Huile de palme	798	0,075	59,8	0,095	75,5
Huile d'arachide	798	0,034	27,3	0,043	34,4
Lait frais	79	0,010	0,8	0,012	1,0
Lait caillé	317	0,026	8,2	0,033	10,3
Sucre	400	0,135	53,9	0,170	68,0
Total			2217,2		2800,0

Source : Calcul des auteurs à partir des données de l'ECVMA/INS, Niger, 2011

TABLEAU 1B. PANIER DE CONSOMMATION ALIMENTAIRE (SECOND PASSAGE)

		Consommation initiale		Consommation ajustée	
	Coeff. de conversion	Quantité (100 gr.)	Kilocal	Quantité (100 gr.)	Kilocal
Maïs	359	0,734	263,4	0,960	344,7
Mil	353	2,785	983,1	3,644	1286,3
Riz	363	0,611	221,9	0,800	290,4
Sorgho	329	0,658	216,4	0,861	283,2
Farine de manioc	351	0,128	44,8	0,167	58,7
Pâtes alimentaires	366	0,147	53,8	0,192	70,3
Pain	290	0,035	10,2	0,046	13,4
Oignon frais	41	0,086	3,5	0,113	4,6
Tomate séchée	213	0,033	7,1	0,043	9,2
Gombo sec	42	0,046	1,9	0,060	2,5
Haricots secs	347	0,277	96,1	0,362	125,7
Cube Maggi	125	0,016	1,9	0,020	2,5
Soumbala (oseille ou niéré)	30	0,040	1,2	0,052	1,6
Feuilles de baobab	89				
Sel	337	0,104	35,0	0,136	45,7
Dattes	287	0,060	7,1	0,079	9,4
Patate douce	121	0,071	8,6	0,093	11,2
Canne à sucre	73	0,074	5,4	0,097	7,0
Viande de bœuf	150	0,069	10,4	0,091	13,6
Viande de mouton	123	0,093	11,5	0,122	15,0
Viande de chèvre	123	0,057	7,1	0,075	9,2
Volailles	139	0,054	7,5	0,071	9,8
Huile de palme	798	0,083	66,3	0,109	86,8
Huile d'arachide	798	0,026	20,9	0,034	27,3
Lait frais	79	0,013	1,0	0,016	1,3
Lait caillé	317	0,040	12,7	0,052	16,6
Sucre	400	0,103	41,1	0,134	53,8
Total			2139,9		2800,0

Source : calcul à partir des données de l'ECVMA/INS, Niger, 2011

Ce panier est une moyenne au niveau national ; car le fait de disposer du même panier permet d'attribuer les niveaux différents des seuils de pauvreté aux différences de coût de la vie. Ce panier qui couvre au départ près de 2 200 kilocalories est ajusté pour couvrir 2 800 kilocalories. Les quantités obtenues après cet exercice sont ensuite valorisées à partir des prix moyens relevés lors de l'enquête prix combinés aux prix moyens (ou plutôt aux valeurs unitaires moyennes) issus de l'enquête elle-même. Cette valorisation permet d'obtenir le seuil de pauvreté alimentaire pour chacun des deux passages. La moyenne arithmétique simple des deux seuils donne le seuil annuel. Le seuil non alimentaire est construit par la méthode des besoins de base de Ravallion (1998). Le modèle économétrique ci-dessous qui est une fonction de Engel de demande alimentaire dont la variable dépendante est la part de la consommation alimentaire dans la consommation totale ; et les variables explicatives sont respectivement le logarithme de la consommation par tête du ménage rapporté au seuil de pauvreté alimentaire et son carré.

$$CBA_i = \alpha + \beta \ln(X_i / Z_A) + \gamma \ln(X_i / Z_A)^2 + U_i$$

Un seuil de pauvreté minimum est obtenu à partir de la formule $Z_{inf}=Z_A*(2-\alpha)$; et une approximation du seuil maximum est donnée par $Z_{sup}=Z_A/(\alpha+\beta)/(1+\beta)$. Le second seuil de pauvreté est retenu.

Il est préférable de retenir un seuil unique au niveau national et le seuil de Niamey est le meilleur candidat (Tableau 2).

TABLEAU 2. SEUILS DE PAUVRETE EN 2011

	Alimentaire	Non alimentaire bas	Non alimentaire haut
Niamey	139 628	51 520	67 370
Autre urbain	124 278	45 857	59 964
Agricole	115 311	42 548	55 637
Agropastorale	122 395	45 162	59 055
Pastorale	123 587	45 602	59 631

	Total bas	Total haut	Seuil national	Déflateur
Niamey	191 149	206 999	206 999	1.000
Autre urbain	170 136	184 243	206 999	0.890
Agricole	157 859	170 949	206 999	0.826
Agropastorale	167 557	181 451	206 999	0.877
Pastorale	169 190	183 219	206 999	0.885

Source : Calcul des auteurs à partir de l'ECVMA/INS, Niger, 2012.

Les comparaisons de la pauvreté se font dès lors en ramenant l'agrégat de consommation calculé pour un ménage résidant dans une localité quelconque au niveau du coût de la vie de Niamey. On divise l'agrégat de consommation par tête par le déflateur, calculé comme le rapport entre le seuil de pauvreté de la zone agro-écologique considérée et celui de Niamey

Eléments pour l'analyse de la pauvreté en 2005 et 2007-2008

L'INS et la Banque mondiale (2006) et l'INS (2008) ont largement travaillé sur l'exploitation des enquêtes de 2005 et 2007/08, et les résultats ont été publiés en son temps. Mais ces résultats ne sont pas comparables avec ceux qu'on obtient en 2011, en considérant les mêmes hypothèses de travail. Par exemple on pourrait simplement, au lieu de refaire le calcul du seuil de pauvreté proposé ci-dessus, produire des chiffres de pauvreté en actualisant le seuil de 2007-2008 à l'aide de l'indice des prix à la consommation. En procédant de la sorte, on trouve un taux de pauvreté trop bas, de l'ordre de 45 %, qui n'est pas raisonnable, comme tenu de l'évolution de l'économie de ces dernières années. En fait cette tendance serait plus le fait de différences de méthodologie que d'un vrai recul de la pauvreté. Il est donc impératif, pour une bonne lecture de l'évolution de la pauvreté, de réviser les chiffres de 2005 et 2007-2008. Cette révision se déroule en deux étapes comme précédemment, d'abord on applique une méthodologie appropriée pour recalculer les indicateurs de mesure de bien-être pour 2005 et 2007, et ensuite on propose des seuils de pauvreté.

Indicateur de mesure du bien-être (2005 et 2007-2008)

Il s'agit de produire des indicateurs de bien-être pour 2005 et 2007-2008 qui soient comparables avec ceux calculés pour 2011. Face aux difficultés de comparaison rencontrées dans un grand nombre de pays, des méthodologies ont été développées. Dans ce chapitre, on utilise l'une des plus récentes proposée par Christiaensen et al., qui s'inspire elle-même des travaux de Elbers, Lanjouw et Lanjouw (2002, 2003) pour l'élaboration des cartes de pauvreté. Il s'agit d'utiliser un modèle économétrique estimé sur les données de l'enquête de base (dans notre cas celle de 2011) et d'imputer un indicateur de bien-être à l'aide de ce modèle aux enquêtes de 2005 et 2007-2008. Ce nouvel indicateur de bien-être est alors utilisé pour le calcul des chiffres de pauvreté en lieu et place de l'agrégat de consommation issu directement de l'enquête.

Le travail se déroule en trois étapes. D'abord on détermine un ensemble de variables communes aux trois enquêtes et ayant la même définition. On estime alors un modèle de régression du logarithme de la dépense par tête à partir des données de l'enquête de 2011 en utilisant ces variables explicatives communes aux trois enquêtes. Ensuite, les paramètres de la régression précédente sont utilisés pour prédire la dépense par tête des ménages des échantillons des deux autres enquêtes. Enfin la dépense par tête prédite est considérée comme l'indicateur de mesure du bien-être et utilisée pour calculer les indicateurs de pauvreté. Le modèle est présenté de manière plus formelle dans l'encadré 1. Deux facteurs devraient assurer la compatibilité entre les trois indicateurs de bien-être (celui calculé à l'aide des données de l'enquête de 2011 et ceux imputés à l'aide du modèle pour 2005 et 2007-2008). Le premier facteur vient de ce que seules les variables ayant la même définition sur les trois opérations statistiques sont retenues. Le second facteur est le fait que le modèle doit pouvoir être validé sur les données même de 2011, c'est-à-dire fournir des chiffres de pauvreté proches de ceux calculés à partir de l'enquête elle-même.

Le modèle est estimé séparément en milieu urbain et en milieu rural sur les données de 2011. Le choix d'estimer le modèle séparément se justifie par le fait que les variables explicatives n'ont pas le même pouvoir explicatif en milieu urbain et rural. En milieu rural on notera par exemple la rareté des biens d'équipement des ménages qui sont plus importants en milieu urbain. Les variables utilisées sont classées en six catégories : variables géographiques (région, zone agro-écologique), caractéristiques sociodémographiques du ménage et de son chef (taille du ménage, nombre de pièce par personne dans le logement, genre du chef, situation de famille du chef), caractéristiques du capital humain (éducation, branche d'activité, secteur institutionnel), caractéristiques du logement (électricité, eau courante, etc.), dépenses du ménage ayant le même contenu dans les trois enquêtes (riz, mil, eau courante, dépense non alimentaire), et différentes variables au niveau de la zone de dénombrement. Le modèle estimé donne de bons résultats au niveau national, selon les milieux il y a quelques écarts, mais qui demeurent dans un intervalle acceptable (les résultats de l'estimation du modèle sont consignés en annexe). Ainsi on dispose à l'aide du modèle, d'indicateurs de mesure du bien-être en 2005 et 2007/08.

Encadré 1. Méthodologie de calcul des indicateurs de pauvreté comparables

De manière formelle, si y_{ch} est la dépense par tête du ménage *h* localisé dans la zone de dénombrement (ZD) *c*, $\mathbf{x_{ch}}$ est le vecteur des variables explicatives, et u_{ch} est le terme d'erreur, on écrit :

$$\ln y_{ch} = \mathbf{x}'_{\mathbf{ch}}\boldsymbol{\beta} + u_{ch}. \qquad (1)$$

Avec : $u_{ch} = \eta_c + \varepsilon_{ch}$ (2)

où η_c est l'effet de localisation et ε_{ch} est la composante individuelle du terme d'erreur. La stratégie d'estimation du modèle dépend de la forme de la matrice de variance-covariance. D'une part, il y a lieu de penser que les dépenses des ménages à l'intérieur d'une ZD sont corrélées entre elles ; d'autre part, même le terme ε_{ch} n'a pas nécessairement la même variance (hétéroscédasticité). Ainsi, le vecteur des perturbations *u* est distribué selon une loi $F(0,\Sigma)$. La matrice de variance-covariance étant quelconque, le modèle (1) est estimé par la méthode des Moindres Carrés Généralisés (MCG). La procédure consiste à estimer dans un premier temps la matrice de variance-covariance Σ afin de prendre en compte la possible autocorrélation spatiale et l'hétéroscédasticité. En pratique, on estime d'abord l'équation (1) par la méthode des MCO, ce qui permet d'estimer les résidus $\hat{u}_{ch}$. On décompose alors les résidus en deux composantes selon l'équation (2) ci-dessus :

$$\hat{u}_{ch} = \hat{\eta}_c + e_{ch} \qquad (3)$$

Le terme de localisation ($\hat{\eta}_c$) est estimé par la moyenne des résidus de chaque ZD et la composante ménage (e_{ch}) en est simplement déduite. L'hétéroscédasticité dans la dernière composante de l'erreur est modélisée par la régression de son carré (e_{ch}^2) sur une liste de variables indépendantes du modèle (1), leur carré et leurs interactions entre elles ainsi qu'avec la variable de bien-être. Un modèle logistique est utilisé pour cela. Ces calculs de l'erreur sont utilisés pour produire deux matrices qui sont additionnées pour donner $\hat{\Sigma}$, la matrice de variance-covariance estimée du modèle (2). Cette dernière matrice permet finalement d'estimer les coefficients du modèle (2).
Le modèle a été estimé séparément en milieu urbain et en milieu rural sur les données de 2011. Le choix d'estimer le modèle séparément se justifie par le fait que les variables explicatives n'ont pas le même pouvoir explicatif en milieu urbain et rural. En milieu rural on notera par exemple la rareté des biens d'équipement des ménages qui sont plus importants en milieu urbain. Il est aussi important de noter que le modèle a été validé pour 2011, dans le sens qu'il puisse fournir des indicateurs de pauvreté proches de ceux que l'on obtient directement par l'enquête elle-même, avant d'être utilisé pour les prédictions de pauvreté pour 2007-2008 et 2005.

Seuils de pauvreté (2005 et 2007-2008)

Plusieurs solutions peuvent être développées pour dériver des seuils de pauvreté pour 2005 et 2007-2008. La première consisterait à considérer le même panier de consommation, et à le valoriser à l'aide des prix de l'année considérée. Cette solution n'est pas appliquée à cause de l'absence d'une information complète sur les prix pour toutes les zones agro-écologiques. Une deuxième solution consiste à appliquer pour chacune de ces zones, un taux d'inflation alimentaire au seuil alimentaire et de même pour le seuil non alimentaire. Cette solution se heurte à la même contrainte de disponibilité des informations sur les prix. La solution adoptée consiste à appliquer le taux d'inflation national au seuil total. Derrière il y a une hypothèse forte qui suppose que les prix ont évolué parallèlement dans tout le pays. A titre de rappel, le seuil de pauvreté de 2011 est de 206 999 FCFA par personne et par an. Les prix ont augmenté de 21 % entre 2007 et 2011 et de 10 % entre 2008 et 2011. L'enquête de 2007-2008 a eu lieu d'avril 2007 à avril 2008, les données ont donc été plus influencées par l'évolution des prix entre 2007 et 2011. Une moyenne d'augmentation des prix de 19.5% est retenue. S'agissant de 2005 et 2007-2008, les prix sont quasi-sables entre 2005 et 2007 et entre 2007 et 2008, les prix augmentent de 11 %, une inflation moyenne de 3 % est retenue entre 2005 et 2007/08. Avec cette approche, on obtient des seuils respectifs de 173109.2 FCFA et 168067.2 FCFA par personne et par an pour les années 2007-2008.

CHAPITRE 16

LES TENDANCES DE LA PAUVRETE (2005-2011)

Zakari OUMAROU

INTRODUCTION

En 2012 les autorités du pays ont adopté un nouveau Plan de développement économique et social (PDES) axé sur cinq dimensions, dont deux au moins (sécurité alimentaire et développement agricole ; promotion d'une économie de croissance et d'un développement durable) visent directement à réduire la pauvreté de manière durable (Ministère du Plan, 2012). L'évaluation de l'atteinte des cibles retenues dans le cadre des OMD et/ou des stratégies et plans de développement passe nécessairement par un suivi rigoureux des indicateurs de pauvreté. Or, les choix effectués peuvent entraîner une mauvaise estimation des indicateurs de pauvreté et brouiller le message sur les tendances de la pauvreté. Au cours des années 2005-2011, le Niger a réalisé trois enquêtes nationales sur les conditions de vie des ménages, permettant de suivre l'évolution de la pauvreté, d'identifier les populations vulnérables et de fournir des données de base pour l'évaluation des politiques publiques de lutte contre la pauvreté. La première enquête de 2005 a révélé un taux de pauvreté de 62 %, touchant plus sévèrement la population vivant en milieu rural : 66 % contre 44 % en milieu urbain (INS, 2005). Les résultats de cette opération ont permis d'élaborer le diagnostic de la pauvreté dans le cadre de la révision de la stratégie de réduction de la pauvreté en 2007.

La deuxième enquête couvre les années 2007 et 2008. Entre 2005 et 2008, le taux de pauvreté diminue légèrement (59 %), dans les campagnes (64 %) et surtout dans les villes (37 %) (INS, 2008). La troisième enquête date de 2011. En utilisant les mêmes hypothèses de calcul que pour les enquêtes précédentes, le taux de pauvreté s'élève à 48,2 %, soit une baisse de quatorze points entre 2005 et 2011. Or il s'agit d'une période de faible croissance.

L'objectif de ce chapitre est de réviser la série des chiffres de la pauvreté en considérant l'enquête de 2011 comme base de suivi de la pauvreté. La difficulté à comparer les résultats d'une enquête à l'autre n'est pas une particularité du Niger, puisque des pays comme le Sénégal (ANSD, 2012) et l'Inde (Deaton, 2002 ; Deaton et Drèze, 2003) y sont confrontés. A ce titre, La Banque mondiale a révisé les chiffres de 2005 et 2007-2008 dans le cadre des travaux récents sur l'évaluation de la pauvreté au Niger (World Bank, 2011). Deux facteurs justifient la révision et le choix de considérer l'enquête de 2011 comme nouvelle base de suivi de la pauvreté. D'abord les chiffres de pauvreté de l'enquête de 2011 seront difficilement comparables à ceux des enquêtes passées à cause des changements méthodologiques. Ensuite l'enquête de 2011 intervient à un moment particulier de la vie du pays, les autorités viennent d'adopter le nouveau PDES. Les indicateurs produits à l'aide de l'enquête de 2011 servent donc naturellement de situation de référence pour évaluer les performances économiques futures. Ce chapitre analyse les tendances de la pauvreté et des inégalités entre 2005 et 2011. Il est basé sur les rapports n°89837_NE et n° 89838_NE de la Banque Mondiale, préparés par Diane Steele et Prospère Backiny Yetna. Les données sont issues de trois enquêtes menées auprès des ménages réalisées par l'Institut national de la statistique : Questionnaire unifié des indicateurs de base du bien-être (QUIBB) en 2005 ; Enquête nationale sur le budget et la consommation des ménages (ENBC) en 2007-2008 ; Enquête nationale sur les conditions de vie des ménages et l'agriculture (ECVMA) en 2011. Ces opérations ont porté respectivement sur 6 690, 4 000 et 3 859 ménages. Au niveau national, l'évolution de la pauvreté est conforme aux chiffres passés, mais les écarts entre les milieux urbain et rural sont plus grands que ceux enregistrés lors des précédentes estimations. La méthodologie de mesure de la pauvreté, aussi bien celle utilisée pour le calcul des chiffres de 2011 que celle mise en œuvre pour réviser les chiffres antérieurs, a été présentée dans le chapitre précédent.

TENDANCES DE LA PAUVRETE 2005-2011

Evolution de la pauvreté monétaire

Le Niger partage ses frontières avec des pays très différents, sahéliens comme le Burkina Faso et le Mali, d'Afrique occidentale côtière comme le Nigéria et le Bénin, du Maghreb comme l'Algérie et la Libye ; tous ces pays entretiennent des relations économiques avec le Niger. En conséquence, pour un agriculteur de la région reculée de Tahoua disposant d'un accès limité aux infrastructures de communication et de transport, les opportunités sont plus restreintes que pour un commerçant de la région de Diffa, dans le sud du pays, qui peut facilement accéder à l'économie en plein essor du Nigéria voisin. Cette diversité ne rend pas facile la compréhension des contours de la pauvreté au Niger. Entre 2005 et 2011, l'indice numérique de pauvreté a progressivement décliné (Tableau1).

TABLEAU 1. TENDANCES DES INDICATEURS DE PAUVRETE DE 2005 A 2011*

	2005		
	Urbain	Rural	Total
P_0	29,6	58,6	53,7
	(3,07)	(1,78)	(1,53)
P_1	6,9	16,6	15
	(0,87)	(0,60)	(0,52)
P_2	2,4	6,5	5,8
	(0,38)	(0,31)	(0,27)
% de la population	16,8	83,3	100
% des pauvres	9,3	90,7	100
N	624 513	6 123 432	6 747 945

	2007-2008		
	Urbain	Rural	Total
P_0	21,8	58,3	52,6
	(2,25)	(1,98)	(1,73)
P_1	5	16,6	14,8
	(0,65)	(0,87)	(0,73)
P_2	1,7	6,5	5,8
	(0,29)	(0,45)	(0,38)
% de la population	17,6	82,1	100
% des pauvres	6,4	93,6	100
N	452 724	6 591 040	7 043 764

	2011		
	Urbain	Rural	Total
P0	17,9	54,6	48,2
	(2,18)	(2,24)	(1,97)
P1	3,6	15	13,1
	(0,49)	(0,93)	(0,79)
P2	1,1	5,7	4,9
	(0,18)	(0,46)	(0,39)
% de la population	17,3	83	100
% des pauvres	6,4	93,6	100
N	511 016	7 452 615	7 963 631

(*) Les erreurs-type des indicateurs sont indiquées entre parenthèses.

La part des Nigériens vivant en dessous du seuil de pauvreté est passée de 53,7 % en 2005 à 52,6 % en 2007-2008, pour atteindre 48,2 % en 2011. Si la baisse de la pauvreté entre 2005 et 2007 est faible et non significative statistiquement, elle l'est sur l'ensemble de la période 2005 à 2011, avec une diminution du taux de pauvreté d'un peu plus d'un point de pourcentage par an. L'indice numérique de pauvreté ne raconte toutefois qu'une partie de l'histoire. Il ne permet pas, par exemple, de mesurer l'évolution de la profondeur ou de la gravité de la pauvreté. En d'autres termes, si la situation d'un ménage pauvre s'améliore sans que celui-ci atteigne le seuil de pauvreté, le taux de pauvreté reste inchangé. De même, si la situation d'un ménage déjà pauvre devient encore plus désespérée, aucun impact n'est enregistré sur le taux de pauvreté. Par conséquent, pour obtenir une vision plus complète des tendances de la pauvreté, d'autres indicateurs doivent être pris en compte. Deux des plus importants sont la profondeur de la pauvreté, qui mesure l'écart entre le revenu moyen des pauvres et le seuil de pauvreté ; et la gravité de la pauvreté, qui mesure le degré d'inégalité de consommation parmi les pauvres. Les mesures de la profondeur et de la gravité de la pauvreté révèlent une tendance plus ambiguë. Ces deux indicateurs sont stables entre 2005 et 2007-2008. Cela signifie que l'indice numérique de pauvreté a chuté de 1,1 point de pourcentage au cours de cette période et que la profondeur et la gravité de la pauvreté sont restées inchangées. En d'autres termes, même si certains Nigériens sortaient de la pauvreté, la situation de ceux qui continueraient de vivre sous le seuil de pauvreté aurait tendance à devenir de plus en plus difficile.

Après 2007-2008, les tendances de la profondeur et de la gravité de la pauvreté s'améliorent de manière plus franche, la différence entre 2005 et 2011 étant statistiquement significative. Une question qui mérite d'être soulevée est celle de savoir si les tendances de la pauvreté sur la période 2007-2008 à 2011 sont réalistes alors que la campagne agricole 2011 est réputée mauvaise. Il convient de formuler deux observations. Les résultats de la campagne agricole de 2011 vont avoir un plus grand impact sur la situation des ménages, et en particulier des ménages ruraux, plutôt en 2012. Les tendances de la pauvreté ci-dessus reflètent surtout les résultats de l'ensemble de l'année 2011 et la consommation des ménages de 2011 dépend des résultats de la campagne de 2010 qui a été plutôt bonne. En second lieu, les résultats concernent l'ensemble de la période 2007-2008 à 2011 et pas seulement la dernière année.

L'objectif de la stratégie de développement du Niger n'est pas seulement d'infléchir le taux de pauvreté, mais aussi de réduire le nombre absolu des personnes vivant dans la pauvreté ; malheureusement, même si des progrès limités ont été réalisés au niveau du premier objectif, la croissance rapide de la population entrave continuellement la réalisation du second. En 2005, le nombre total de Nigériens vivant sous le seuil de pauvreté était estimé à 6,7 millions, mais en dépit du déclin du taux de pauvreté, ce nombre atteignait quelque 8 millions en 2011, soit un taux de croissance de 18,5 % au cours d'une période pendant laquelle la population n'a augmenté que de 13,1 %. Cette hausse importante du nombre de personnes vivant dans la pauvreté est préoccupante, et le taux de fécondité extrêmement élevé du Niger (7,6 enfants par femme en 2011) a eu des conséquences majeures pour l'évolution de la pauvreté. Le pays ne peut pas atteindre l'objectif de réduire le taux de pauvreté de moitié à horizon 2015 par rapport à son niveau de 1990. En fait, le taux de pauvreté de référence pour le Niger est de 63 %, calculé à partir des données de l'ENBC de 1989-1990 en milieu rural et 1992-1993 en milieu urbain.

On l'a dit, ce taux n'est pas directement comparable à ceux calculés à l'aide des enquêtes les plus récentes, du fait notamment des différences méthodologiques entre ces opérations statistiques. Néanmoins, si l'on applique l'élasticité croissance-pauvreté calculée à partir des enquêtes récentes, on trouve un taux de pauvreté de 61 % en 1991 (année médiane entre 1989-1990 et 1992-1993) ; le taux de 63 % peut donc être considéré comme compatible. Ainsi l'incidence de la pauvreté aurait évolué de 63 % en 1992-1993 à 53,7 % en 2011. L'objectif étant de ramener ce taux à 32 % en 2015, il est évident qu'il ne peut être atteint avec un taux estimé à près de 54 % en 2011. Il convient donc que le Niger révise cet objectif et en fixe un autre plus réaliste. La dynamique de la pauvreté révèle également des tendances divergentes : les taux de pauvreté ont régulièrement chuté tant en milieu rural qu'urbain entre 2007-2008 et 2011, mais entre 2005 et 2007-2008, on a surtout pu observer un déclin dans les centres urbains et une stagnation dans les zones rurales. L'indice numérique de pauvreté rurale a chuté modestement de 0,3 point de pourcentage en milieu rural entre 2005 et 2007-2008, alors que la pauvreté urbaine déclinait d'environ 7 points de pourcentage. Dans ces deux zones, la diminution entre 2007-2008 et 2011 a pratiquement atteint 4 points de pourcentage. Les raisons de ces tendances sont complexes et cette étude n'a pas pour objectif d'étudier cette question en profondeur. Toutefois, plusieurs observations pertinentes pour la méthodologie de mesure de la pauvreté méritent d'être explorées de manière plus détaillée.

En premier lieu, les performances de l'agriculture nigérienne sont erratiques. Selon l'enquête de 2011, plus de huit personnes sur dix vivent dans les campagnes et tirent leurs revenus principalement de l'agriculture. Le secteur primaire représente de 40 à 45 % du PIB marchand, et l'agriculture toute seule compte pour le quart de ce PIB. Les résultats de l'agriculture affectent donc les conditions de vie des ménages de manière significative. Or le Niger est régulièrement victime de sécheresses, pratiquement une année sur trois au cours de la dernière décennie. A titre d'illustration, la production agricole par tête s'accroît de plus de 25 % entre 2007 et 2008, et décroît de 38 % entre 2008 et l'année suivante. Pendant les mauvaises années, en plus de l'aide alimentaire les ménages auront tendance à faire appel au crédit pour amortir le choc, et seront appelés à le rembourser pendant les bonnes années. L'alternance de bonnes et de mauvaises années agricoles ne laisse pas le temps à la pauvreté de diminuer de manière significative sur le long terme. De plus, l'agriculture nigérienne se pratique de manière trop extensive. D'ailleurs même pendant les bonnes années, les rendements ne s'améliorent pas, l'augmentation de la production dépendant largement d'une extension des surfaces cultivées. Les derniers travaux de la Banque mondiale sur l'évaluation de la pauvreté au Niger (World Bank, 2011) ont montré qu'une modernisation de l'agriculture était nécessaire pour engranger une réduction soutenue de la pauvreté au Niger.

Une deuxième explication réside dans la faiblesse des opportunités. Collier (2005) note que le pays a manqué dans le passé de ressources naturelles exploitées[1] qui ont fait la richesse de plusieurs pays de la région. La faiblesse des opportunités au Niger se perçoit également par la faible diversification de l'économie qui demeure basée sur l'agriculture de subsistance, l'élevage et l'exploitation de l'uranium, donc avec un secteur primaire prédominant. La faible diversification de l'économie et l'étroitesse des opportunités peuvent être cernées à travers la structure des emplois pour les années 2005 et 2011[2]. Au préalable, il est utile de préciser que la comparaison entre la structure des emplois des deux années doit être conduite avec précaution. Il faut en particulier tenir compte du fait qu'en 2005, l'on a renseigné l'emploi du moment (celui que l'individu exerce au cours des 7 jours précédents le passage de l'agent enquêteur), et qu'en 2011, c'est plutôt l'emploi habituel qui a été renseigné (celui exercé au cours des 12 derniers mois précédant le passage de l'agent enquêteur). Etant donné que l'enquête de 2005 a eu lieu en grande partie hors de la saison agricole, certaines différences dans la structure par branche s'expliquent par ce facteur.

Pour revenir à la structure des emplois, on note sans surprise que trois personnes sur quatre exercent en 2011 leur emploi habituel dans l'agriculture. D'ailleurs même ce secteur n'est pas pleinement exploité, puisque par exemple la culture du coton pratiquée dans les autres pays de la bande sahélienne (Tchad, Mali, Burkina Faso) et qui offre des emplois en dehors de l'agriculture (égrenage, industries textiles) est rare au Niger. La comparaison de la structure des emplois de 2005 et de 2011 montre que le

---

[1] Le Niger dispose néanmoins de l'uranium et de l'or. Ces ressources font partie des principales exportations du pays mais surtout le pays dispose de réserves en pétrole ce qui changera la donne.

[2] Le module emploi de l'enquête de 2007-2008 est moins comparable à celui des deux autres enquêtes.

pourcentage de personnes sans emploi passe du simple au double entre la saison agricole et la contre-saison. Les exploitants agricoles sont dans leur grande majorité sous-employés pendant cette période, même si quelques-uns se tournent vers d'autres activités, notamment vers le commerce qui devient plus important pendant la contre-saison. Par ailleurs, la structure des emplois par catégorie socioprofessionnelle souffre aussi du manque d'opportunités en raison de la faiblesse de l'emploi salarié (moins d'un emploi sur dix) qui contraint les individus à essayer de créer leur propre emploi ou à être employés dans un cadre familial. Ceci dans un environnement caractérisé par le manque d'expertise dans le domaine (le niveau moyen d'éducation étant toujours faible) et l'imperfection du marché du crédit, accessible à peu de personnes. Ces emplois ne peuvent être que des emplois à faible productivité et ne permettent que difficilement aux Nigériens de sortir de la pauvreté (Tableau 2). Une troisième explication est l'exode rural. La population urbaine représente 16,8 % de la population en 2005 contre 19,3 % en 2011. Cette augmentation résulte des migrations des personnes résidant en milieu rural à la recherche d'opportunités d'emploi ou pour poursuivre leurs études.

Une décomposition des tendances de la pauvreté entre 2005 et 2011 indique que la presque totalité de la baisse (-5,4 points) de l'indice numérique de pauvreté correspond à un déclin interne dans les zones urbaines ou rurales, et que seul 0,5 % de cette diminution est imputable à la migration rurale-urbaine. La migration vers les villes est également associée à une très faible réduction de la profondeur et de la gravité de la pauvreté (environ 0,8 % de la réduction totale de la pauvreté). Il est intéressant de noter que, si la migration rurale-urbaine semble négligeable en termes de réduction de la pauvreté, les migrations saisonnières, elles aussi liées à la mobilité sur le marché du travail, peuvent y contribuer de manière plus significative, mais la question doit être creusée.

TABLEAU 2. STRUCTURE DES EMPLOIS (POPULATION DE PLUS DE 15 ANS)

Structure de l'emploi par secteur						
	Agriculture	Industries	Commerce	Services	Total	% sans emploi
2011	74,7	7,9	7,3	10,2	100,0	21,0
2005	55,8	10,8	20,9	12,5	100,0	46,3
Structure de l'emploi par catégorie professionnelle						
	Employé	Indépendant	TCP	Aide familiale	Total	% sans emploi
2011	10,1	1,0	58,9	30,0	100,0	20,3
2005	8,4	0,6	80,4	10,7	100,0	46,3

Evolution de la pauvreté en termes de conditions de vie

Deux facteurs justifient le fait d'analyser d'autres formes de pauvreté. D'abord, elle revêt des dimensions multiples. Si la pauvreté monétaire donne un bon aperçu du niveau de vie des populations, elle ne prend pas en compte toute la réalité. Par exemple, les mauvaises conditions de santé de la population pourraient résulter de la non-disponibilité de services, même si les individus disposaient de moyens financiers pour se les procurer. D'une manière générale, l'offre de biens et de services publics et le système de recouvrement des coûts pratiqués affectent de manière indéniable les conditions de vie des ménages. De même, les conditions de logement, l'accès aux utilités publiques traduisent le bien-être des ménages. Ensuite, il est important, compte tenu de la difficulté de comparer les données des trois enquêtes, d'examiner dans quel sens évoluent d'autres formes de pauvreté, en vue de vérifier la robustesse des résultats de l'évolution de la pauvreté monétaire. Cette section est donc consacrée à la pauvreté en termes de possession des biens durables.

La méthodologie utilisée consiste à calculer un indicateur de bien-être et un seuil de pauvreté, à partir des biens possédés par le ménage (biens durables et caractéristiques du logement). Une variable est créée pour chaque actif durable et indicateur de qualité du logement. Cette variable reçoit la valeur 1 lorsque le ménage possède l'actif et 0 dans le cas contraire. Des poids statistiques sont créés pour les ménages, et l'indicateur de bien-être est une combinaison linéaire basée sur les poids de ces variables d'actifs durables et de qualité du logement. Nous utilisons des variables dichotomiques pour la possession d'une voiture, d'une moto, d'un vélo, d'un poste de télévision, d'un ventilateur, d'une cuisinière électrique ou à gaz, d'un lecteur DVD, d'un réfrigérateur, d'une antenne parabolique et d'une machine à coudre ; et pour la résidence, une maison avec des murs en dur, une toiture en tôle, en tuile ou en béton, l'eau courante, l'électricité, des toilettes à chasse d'eau, et enfin le nombre de pièces du logement par membre du ménage.

Après le calcul de l'indicateur de bien-être, le seuil de pauvreté est déterminé d'une manière conduisant à peu près aux mêmes taux de pauvreté par type de zone que ceux issus de l'analyse de la pauvreté monétaire effectuée en 2011 : 18 % en milieu urbain et 54 % en milieu rural (Tableau 3). Les deux formes de pauvreté ont diminué entre 2005 et 2007-2008, la pauvreté monétaire chutant de 1,1 point de pourcentage et celle fondée sur les actifs de 1,3 point. Par la suite, alors que la pauvreté monétaire continuait de baisser entre 2007-2008 et 2011, la pauvreté fondée sur les actifs restait pratiquement inchangée. Tout comme la pauvreté monétaire, la pauvreté fondée sur les actifs peut être évaluée non seulement en termes d'incidence, mais aussi de profondeur et de gravité. Ces indicateurs affichent les mêmes tendances que l'incidence de la pauvreté, à savoir un léger déclin entre 2005 et 2007-2008, suivi par une stagnation entre 2007-2008 et 2011.

TABLEAU 3. INDICATEURS DE PAUVRETE EN TERMES DE CONDITIONS DE LOGEMENT ET DE POSSESSION DE BIENS DURABLES

		2005	
	Urbain	Rural	Total
P_0	29,4	53,5	49,5
P_1	13,1	20,8	19,5
P_2	7,5	10,5	10,0
% de la pop.	16,8	83,3	100,0
% de pauvres	10,0	90,0	100,0
N^{bre} de pauvres	749 802	6 047 289	6 797 091

		2007-2008	
	Urbain	Rural	Total
P_0	21,5	53,9	48,2
P_1	9,7	20,1	18,3
P_2	5,6	9,9	9,2
% de la pop.	17,6	82,1	100,0
% de pauvres	7,9	92,1	100,0
N^{bre} de pauvres	614 095	6 077 894	6 691 989

		2011	
	Urbain	Rural	Total
P_0	17,9	54,9	48,6
P_1	8,3	21,6	19,3
P_2	4,8	10,9	9,9
% de la pop.	17,3	83,0	100,0
% de pauvres	6,4	93,6	100,0
N^{bre} de pauvres	510 607	7 503 931	8 014 538

Source : Banque Mondiale, rapport n°89838_NE, basés sur le CWIQ-2005, l'ENBC-2007-2008 et l'ECVMA-2011

Les conditions de vie urbaines semblent s'améliorer assez rapidement, avec une chute de la pauvreté urbaine fondée sur les actifs de plus de 29 % en 2005 à moins de 18 % en 2011. En revanche, l'amélioration des conditions de vie rurales a été nettement plus modeste : en 2011, le taux rural de pauvreté fondée sur les actifs n'affichait que 0,9 point de pourcentage de moins que celui de 2005 et était, en fait, légèrement supérieur à celui de 2007-2008. Le nombre des ruraux touchés par la pauvreté fondée sur les actifs a, par conséquent, augmenté plus vite que celui des ruraux touchés par la pauvreté monétaire : la population pauvre en actifs a augmenté de 25 %

entre 2005 et 2011, passant de moins de 6 millions à plus de 7,5 millions. En raison de l'accroissement de leur part dans la population et de la progression des taux de pauvreté, 94 % des pauvres du Niger vivent en milieu rural.

PAUVRETE, CROISSANCE ET INEGALITES

Les évolutions de la pauvreté monétaire et de la pauvreté en termes de conditions de vie mettent en évidence une légère amélioration de la situation de la population du Niger au cours de la période 2005-2011. La pauvreté monétaire recule notamment pour la population rurale. La pauvreté en conditions de vie a diminué en faveur de la population urbaine. La faiblesse des revenus des ruraux et la faiblesse de l'offre de biens et de services publics ne permet pas à la population rurale d'améliorer ses conditions de vie. Les évolutions de la pauvreté s'expliquent par deux facteurs. D'une part la croissance économique qui permet d'engranger plus de revenus, d'autre part, l'inégalité de revenus parmi la population. Cette question permet de déterminer quelles sont les politiques qui, tout en maintenant une croissance forte, ne permettent pas de sortir les ménages de la pauvreté.

La contrainte principale de la croissance économique du Niger est qu'elle est volatile et qu'elle dépend de l'agriculture. En effet, l'économie nigérienne est peu diversifiée et l'agriculture subit fréquemment des chocs climatiques, sans compter les invasions des acridiens qui surviennent au moins une fois par décennie. Les résultats économiques de la période étudiée sont le reflet de ces fragilités. Selon les enquêtes auprès des ménages, pendant la période de 2005 à 2007-2008, la consommation des ménages par habitant a enregistré un taux de croissance annuel moyen de 2,3 %. Au cours de la période de 2007-2008 à 2011, la croissance s'est toutefois ralentie pour atteindre une moyenne annuelle d'environ 1,8 %. Bien que modestes, ces taux de croissance étaient significativement supérieurs à ceux obtenus à partir des recensements nationaux, à savoir un taux de croissance annuel du PIB par habitant respectivement de 0,5 % et 0,7 % pour les deux périodes. Les taux de croissance plus élevés de la consommation par habitant des ménages enregistrés au cours des deux périodes sont, de manière générale, prometteurs, étant donné que le PIB par habitant est une mesure relativement grossière du revenu réel. Toutefois, du point de vue des politiques en faveur des pauvres, la question centrale est de savoir comment la croissance de la consommation par habitant influence les taux de pauvreté. Cela dépend de l'élasticité de la pauvreté par rapport à la consommation par habitant, également connue comme l'indicateur de bien-être.

Au Niger, la pauvreté a tendance à être relativement sensible à la croissance, ce qui suggère que l'environnement économique global du pays et le cadre des politiques publiques sont généralement favorables aux pauvres. Ceci est particulièrement vrai pour le secteur de l'agriculture et le secteur informel urbain qui, ensemble, réunissent l'écrasante majorité des pauvres du pays. En 2005, l'élasticité de la pauvreté par rapport à la croissance était estimée à -1,03 pour l'ensemble de la période. Avec un taux de pauvreté de 53,7 %, une augmentation de 1 % de la consommation par habitant des ménages avait entraîné une baisse de la pauvreté d'environ 0,5 point de pourcentage. En outre, la croissance a non seulement eu un impact très positif sur l'incidence de la pauvreté, mais a généré une amélioration encore plus significative des indicateurs de profondeur et de gravité de la pauvreté.

Malgré les sécheresses de 2004 et 2008, l'agriculture réalise de bonnes performances au cours des années 2005-2011, avec un taux de croissance de 6,1 % en moyenne annuelle. C'est d'ailleurs l'agriculture qui contribue le plus à la croissance, d'une part à cause de son poids dans l'économie et d'autre part du fait de la croissance élevée qui a été enregistrée. Une bonne tenue de l'agriculture est naturellement favorable à une amélioration des conditions de vie des paysans. Ainsi, le recul de la pauvreté rurale sur l'ensemble de la période, qui est de 4 points de pourcentage, peut être mis en parallèle avec ces bons résultats de la branche agricole. Si l'agriculture enregistre de bons résultats en termes de production et de croissance sur l'ensemble de la période considérée (malgré les mauvaises années en particulier 2008), il en est autrement du reste de l'économie rurale et notamment de l'élevage, autre branche importante de l'économie du pays qui est à la traîne. L'élevage n'enregistre qu'une croissance modérée de 2,9 % en moyenne annuelle entre 2005 et 2011. Le Niger a pourtant un potentiel énorme dans ce domaine puisque l'élevage représente jusqu'à 12,5 % du PIB et que le Nigéria et les autres pays de la sous-région sont un marché extrêmement important. Ce potentiel, comme dans plusieurs autres domaines, demeure peu exploité.

Outre l'agriculture, le sous-secteur des industries extractives a également connu une bonne croissance notamment à partir de 2009. Même si les industries extractives[1] étaient encore tournées vers l'exportation, les revenus distribués ont profité aux ménages urbains et les redevances sont une source de revenus pour l'Etat. Ce secteur offre d'ailleurs de grandes perspectives pour l'économie du pays à moyen terme avec l'exploitation du pétrole qui a commencé à la fin de l'année 2011 et l'exploitation de deux nouvelles mines d'uranium qui seront opérationnelles avant 2020, faisant du pays le deuxième producteur mondial d'uranium et entraînant une augmentation de

[1] Jusqu'en 2011, l'uranium était la principale ressource minière du Niger. Le pays est devenu producteur de pétrole depuis le dernier trimestre 2011. Mais la période de production de pétrole est trop courte pour être analysée dans la sous-période considérée dans ces travaux.

la production minière et des recettes d'exportations. Les revenus tirés des industries extractives profitent plus aux ménages urbains, en particulier ceux résidant dans les zones d'exploitation. Mais ce secteur, bien moins important que l'agriculture, ne peut induire une réduction significative de la pauvreté urbaine. Cette réduction est donc la combinaison des résultats de ce secteur et de ceux d'autres branches, en particulier l'administration publique qui croît à un rythme modeste de 2,7 % sur la période, mais où l'on a enregistré une augmentation des salaires des agents publics en 2011 et une allocation des ressources dans les secteurs prioritaires (infrastructures, éducation, santé, développement rural) qui ont pu impulser un recul de la pauvreté. Globalement, les évolutions économiques se traduisent par une amélioration du niveau de vie et par conséquent une baisse de la pauvreté qui a reculé de 5,5 points de pourcentage pendant la période 2005-2011. Ce recul de la pauvreté doit être mis en parallèle avec l'évolution de la consommation par tête des ménages (Tableau 4).

TABLEAU 4. CONSOMMATION DES MENAGES PAR DECILE

Décile	Consommation moyenne par habitant (francs CFA de 2011)			Structure de la consommation		
	2005	2007-08	2011	2005	2007-08	2011
1	83988	83205	88123	4,1	3,9	3,9
2	111785	111989	118396	5,5	5,1	5,3
3	129776	130976	137856	6,4	6,1	6,1
4	148669	149894	155042	7,3	7,0	6,9
5	166339	168327	175708	8,2	7,8	7,8
6	185532	188085	198686	9,1	8,8	8,8
7	209191	212728	227515	10,3	9,9	10,1
8	240000	248467	262668	11,7	11,5	11,6
9	287425	307749	323767	14,1	14,3	14,4
10	471764	550666	564339	23,1	25,6	24,9
Total	203375	215138	225103	100,0	100,0	100,0

Source : *Banque Mondiale, rapport n°89837_NE,* basés sur CWIQ-2005, ENBC-2007-2008 et ECVMA-2011

Pour la première sous-période, entre 2005 et 2007-2008, la consommation par tête des ménages des quatre premiers déciles recule. Elle baisse de manière significative pour les ménages les plus pauvres, c'est-à-dire ceux du premier décile dont le niveau de consommation par tête diminue de plus de 15 %. En revanche, le niveau de consommation par tête des ménages les moins pauvres s'accroît de plus de 14 % pour les ménages du dernier décile et plus de 10 % pour ceux du neuvième décile. Cette évolution rejoint les analyses précédentes qui montraient un regain de la profondeur et de la sévérité de la pauvreté, malgré le recul de l'incidence de la pauvreté. Comme on l'a déjà souligné, ce résultat est le reflet d'une détérioration de la situation des ménages les plus pauvres au cours de cette sous-période.

Pour la seconde sous-période (2007-2008 à 2011), les niveaux moyens de consommation par tête de tous les ménages ont tendance à augmenter, cette fois-ci relativement plus pour les ménages les moins nantis que pour les ménages non pauvres. Sur l'ensemble de la période 2005-2011, la consommation par tête baisse puis stagne pour les ménages en situation d'extrême pauvreté (les 30 % les plus pauvres) et s'améliore pour ceux des autres catégories. Le décile le plus élevé enregistrait une fois de plus la plus forte augmentation de la consommation, et la structure générale de la consommation s'était déplacée en faveur des ménages du décile supérieur, au détriment de ceux de la moitié inférieure de la distribution de la consommation. En 2005, les 30 % les plus pauvres de la population partageaient près d'un sixième de la consommation totale. Six ans plus tard, cette part était descendue à un septième. Par contre, la part de la consommation des 30 % du groupe de revenu le plus élevé avait grimpé de 49 % à plus de 51 %.

Cette analyse des tendances de la consommation confirme d'autres mesures montrant que l'inégalité a augmenté au Niger entre 2005 et 2011. Tous les indicateurs ont augmenté au cours de la période. L'inégalité s'est accentuée dans l'ensemble de la distribution de la consommation et les changements ont été particulièrement marqués entre les groupes de revenus les plus élevés et les plus bas. La question fondamentale n'est donc pas tant de savoir si l'inégalité au Niger est en hausse, mais plutôt de connaître ce qui la détermine. Cette aggravation de l'inégalité est le reflet de politiques publiques comme les réformes des entreprises publiques et les politiques fiscales ou de chocs exogènes tels que la sécheresse qui affectent les revenus de certains groupes de ménages ou touchant les prix relatifs. D'autres facteurs comme l'éducation ont tendance à avoir des effets, mais à plus long terme. Un certain nombre d'autres facteurs que nous ne pouvons qu'énumérer ont pu affecter les revenus réels et renforcer les inégalités au cours des dernières années.

L'année 2008 a été marquée par une forte inflation, du fait de l'augmentation des prix mondiaux des produits agricoles et des prix du pétrole. Entre 2007 et 2008, les prix des produits alimentaires ont accusé une augmentation de plus de 20 % et le niveau général des prix à la consommation de plus de 10 %. Le milieu urbain est celui qui a le plus supporté cette augmentation des prix, les activités commerciales étant moins développées en milieu rural : les ménages ruraux sont plus susceptibles de consommer leurs propres produits et des accords de troc ou de contrepartie se substituent souvent au commerce monétaire. Par ailleurs, il y a eu deux augmentations des prix des produits pétroliers en 2010-2011, avant que ceux-ci ne connaissent une chute en fin 2011 quand le Niger a commencé à produire son propre pétrole, mais cette production de pétrole est trop récente, on l'a dit, pour avoir un impact significatif sur la période examinée dans cette étude. Les augmentations des prix des produits alimentaires, et dans une certaine mesure des prix des produits pétroliers, renforcent les inégalités en milieu urbain et rapprochent ménages urbains et ruraux car l'augmentation des prix des produits pétroliers détériore beaucoup plus le pouvoir d'achat des urbains que des ruraux. Un deuxième facteur qui a pu contribuer aux changements de l'inégalité (en l'accentuant probablement) est la mesure fiscale de 2010 qui a ramené le taux marginal de l'IUTS (Impôt unique sur le traitement des salaires) de 45 % à 35 %. Cette mesure est favorable aux salariés les moins pauvres, vivant en milieu urbain. Enfin les chocs climatiques qui affectent régulièrement l'agriculture entraînent une baisse substantielle de la production agricole et des revenus des exploitants, aggravant l'inégalité avec les villes, même si les aides alimentaires du gouvernement et des partenaires au développement atténuent le problème. Quoi qu'il en soit, il est important que pour des mesures de politique publique telles qu'une révision fiscale, les autorités évaluent l'incidence de la mesure en tenant compte de l'impact sur l'inégalité.

CONCLUSION

Ce chapitre a dressé un portrait des diverses dimensions de la pauvreté au Niger : la pauvreté monétaire et la pauvreté en termes de conditions de vie des ménages. A partir des données de l'enquête de 2011, on a procédé à la révision des chiffres de pauvreté monétaire de 2005 et 2007-2008 afin d'établir des comparaisons. Les principaux résultats montrent que la pauvreté monétaire baisse entre 2005 et 2011, passant de 53,7 % à 48,2 %. Ce recul semble néanmoins fragile, ne serait-ce que parce qu'il n'est pas confirmé quand on emploie la technique de la dominance. Une autre préoccupation concerne l'effectif du nombre d'individus pauvres qui continue de croître à cause de l'effet conjugué du recul modeste de l'incidence de la pauvreté et d'une forte croissance démographique. En 2011, près de 8 millions de personnes vivent en dessous du seuil de pauvreté, soit 48,2 % des Nigériens. La pauvreté des conditions de vie montre aussi une modeste tendance à la baisse qui traduit l'évolution des indicateurs sociaux dans les domaines de la santé, de l'hygiène et de l'assainissement.

BIBLIOGRAPHIE

Agence Nationale de la Statistique et de la Démographie., 2012, *Présentation des résultats préliminaires de l'enquête de suivi de la pauvreté au Sénégal, ESPS II, 2010-11*, Dakar.

Christiaensen L., Lanjouw P., Luoto J., Stifel D., 2012, Small area estimation-based prediction methods to track poverty: validation and applications, *Journal of Economics and Inequality*, vol. 10(2) : 267-297

Collier P., 2007, *Growth strategies for Africa*, Centre for the Study of African Economies, Department of Economics, Oxford University.

Deaton A., 2002, *Guidelines for constructing consumption aggregate*, LSMS working paper 135, The World Bank, Washington, D.C.

Deaton A., Drèze J., 2002, Poverty and Inequality in India: A Re-Examination, *Economic and Political Weekly*, 7 : 3729-3748.

Elbers C., Lanjouw J.O., Lanjouw P.,
-2002, *Welfare in villages and towns: Micro level estimation of poverty and inequality*, Document de travail de recherche sur les politiques n° 2911, DECRG-Washington DC, Banque Mondiale.
-2003, Micro-Level Estimation of Poverty and Inequality, *Econometrica*, 71(1): 355-364

Institut National de la Statistique.,
- 2006, *Questionnaire des indicateurs de base du bien-être (QUIBB_2005) : Profil de pauvreté*, Ministère de l'Economie et des Finances, Niamey.
-2008, *Tendances, Profil et Déterminants de la pauvreté au Niger 2005-2007-2008,* Ministère de l'Economie et des Finances, Niamey.

Steele D., Backiny-Yetna P.,
-2014, *Tendances de la pauvreté, l'inégalité et la croissance au Niger, 2005-2011*, Rapport n° 89837, Banque Mondiale.
-2014, *Mesure des tendances de la pauvreté au Niger : questions méthodologiques et analytiques*, Rapport n° 89838, Banque Mondiale.

World Bank., 2011, *Niger : Investing for Prosperity - A Poverty Assessment.* The World Bank, Washington, D.C.

CHAPITRE 17

LES PERSONNES AGEES. PROFILS ET CONDITIONS DE VIE

Soufianou MOUSSA, Jean-François KOBIANE

INTRODUCTION

Les personnes âgées représentent une très faible part de la population nigérienne, car sa forte fécondité et son espérance de vie encore relativement faible dessinent une pyramide des âges jeunes. En 2012, les personnes âgées de 60 ans ou plus ne constituent que 4,48 % de la population nigérienne, proportion très proche de celle observée en 2001 (INS, 2006 et 2015b). En remontant un peu plus loin dans le temps, on remarque que la part des personnes âgées d'au moins 60 ans dans la population semble même afficher une tendance à la baisse avec un maximum de 4,9 % en 1977 (INS, 2010 et 2015b). En outre, selon les projections réalisées par Harouna et al. (2005), la proportion des personnes âgées dans la population restera encore à ce faible niveau jusqu'à la moitié du siècle.

Malgré ce faible poids démographique, le rôle social des personnes âgées au Niger, comme dans les autres pays en développement (Abélès et Collard, 1985 ; Randel et al., 1999 ; Antoine, 2007), est loin d'être marginal y compris en milieu urbain. En effet, les aînés constituent toujours une référence sociale dont l'avis est au moins sollicité lors de diverses occasions (mariage, divorce, héritage, migration, etc.). En fait, au Niger, une grande partie des personnes âgées sont des chefs de ménage (Moussa, 2011). A défaut, les personnes âgées sont, au besoin, largement prises en charge, voire accueillies, par des ménages dirigés par des adultes ou d'autres personnes âgées. Par ailleurs, on trouve plus d'hommes que de femmes âgées dans les ménages (Ibrahima et Légaré, 2007) et d'autre part, l'accueil par des plus jeunes n'est pas forcément une couverture efficace contre le risque de pauvreté (Moussa, 2011). Enfin, les aides non institutionnelles, le plus souvent en nature comme celles observées par Moussa et Kobiané (2014) au

Burkina Faso, sont le plus souvent à peine suffisantes pour couvrir les besoins des personnes âgées et de leurs ménages.

Les interventions publiques directes en faveur des personnes âgées au Niger sont loin d'être volontaristes et demeures largement déclaratives comparées au « Plan Sésame » au Sénégal ou à la politique menée au Mali (Moussa, 2011 ; Ndiaye et Ba, 2014). En dehors des retraités ayant été actifs dans le secteur formel, seuls bénéficiaires du système de protection sociale institutionnelle, mais leur nombre est très limité et les prestations perçues souvent modestes, il n'existe au Niger aucune politique majeure et spécifique ciblant les plus âgés (Moussa, 2011). En fait, très souvent, les personnes âgées sont seulement citées parmi les groupes vulnérables à côté des enfants, des femmes et des handicapés comme c'est le cas dans le PDES et même dans la Constitution. Dans le PDES, les aînés sont explicitement cités parmi les bénéficiaires de « l'accès universel aux soins de santé primaire » à travers une gratuité de soins financée via un Fonds social ; ou encore parmi ceux à « protéger contre les maltraitances, discriminations et violences » (Niger, 2012). Dans la Déclaration du gouvernement en matière de politique de population de 2007, les « personnes âgées » ne sont nullement mentionnées, la priorité absolue étant accordée à la réduction de la fécondité (Niger, 2007). On note toutefois ces derniers temps un certain intérêt politique à la question de leur prise en charge au Niger avec notamment la création d'une Direction des personnes âgées au sein du ministère de la Population ; décision prise sans doute en perspective du respect des dispositions prévues par la Constitution.

C'est dans ce contexte que ce chapitre cherche à dégager les changements des conditions sociales dans lesquelles vivent les personnes âgées au Niger entre 2001 et 2012. Il s'intéresse particulièrement aux transformations du profil socioéconomique des personnes âgées de 60 ans ou plus, en insistant sur les 60-69 ans. Ce profil sera dégagé à partir de leurs caractéristiques individuelles d'une part et des caractéristiques des ménages dans lesquels ils résident à travers leur rôle de chef de ménage d'autre part. La connaissance de ces réalités individuelles ou liées au contexte familial dans lequel vivent les personnes âgées permet d'évaluer leur vulnérabilité sociale et est indispensable dans l'élaboration de toute politique publique destinée à soutenir les aînés.

Nous partons de l'hypothèse que les caractéristiques individuelles des personnes âgées ont beaucoup évolué entre 2001 et 2012 contrairement à leur place dans le ménage qui a peu changé s'agissant d'une tendance sociale lourde. A ce sujet, Ibrahima et Légaré (2007) ont par exemple observé que les « différences hommes-femmes quant à la probabilité de vivre dans un ménage à génération coupée au Niger » n'ont guère évolué entre 1988 et

2001. Des améliorations majeures seraient ainsi observables dans les caractéristiques individuelles, notamment le niveau d'instruction et l'occupation, dans la mesure où ceux qui ont 60-69 ans en 2012 avaient entre 49 et 58 ans en 2001.

Les données et la méthodologie utilisée sont d'abord présentées (I) avant d'analyser les profils de personnes âgées (II) puis les ménages (III). Sauf mention contraire, tous les chiffres résultent de nos calculs à partir des données des recensements de 2001 et 2012 ou de INS (2015b).

DONNEES ET METHODOLOGIE

Le recensement général de la population et de l'habitat, de par son exhaustivité, offre une opportunité unique, comparativement aux enquêtes par sondage, de mener des analyses sociodémographiques sur des couches sociales faiblement représentées dans la population, telles les personnes âgées au Niger. Néanmoins, l'une des limites majeures des données du recensement est qu'elles ne permettent pas l'analyse des relations intergénérationnelles, alors qu'on ne connaît en général que le lien primaire des individus avec le chef de ménage. Malgré cette limite, le recensement permet de répondre aux questions soulevées dans ce chapitre.

L'une des premières difficultés de la réflexion sur les « personnes âgées » est de définir le contour du concept. En effet, l'âge (ou le facteur) à partir duquel un individu est classé parmi les personnes âgées varie considérablement (Bourdelais, 1993 ; Dupâquier, 2006). L'usage quasi absolu de la limite d'âge de 60 ans a commencé à s'éroder dans certaines régions du monde avec l'allongement de l'espérance de vie. Par exemple, de plus en plus de pays du Nord utilisent la limite de 65 ans qui tend à être la norme de l'âge légal de départ à la retraite dans ces pays. En revanche, toujours en prenant en compte l'espérance de vie, l'OMS (2011), tout en rappelant l'utilisation de l'âge de 60 ans dans les statistiques des Nations unies, note que la vieillesse devrait débuter à « 50 ou 55 ans » en Afrique. Nous utiliserons ici la limite de 60 ans afin de tenir compte de l'âge de départ à la retraite au Niger d'autant que c'est celui utilisé dans les publications officielles (INS, 2006 et 2015b). Enfin, nous utiliserons indifféremment les termes *d'aînés* ou de *seniors* pour parler des personnes âgées.

Un autre concept dont la signification est à préciser est celui du « ménage ». Parmi les sens qu'il peut avoir (Pilon et Vignikin, 2006), le ménage correspond dans le recensement au Niger à un ensemble de personnes liées entre elles principalement (mais pas forcément) par des liens familiaux et résidant dans une cour commune (concession). Parallèlement, à chaque ménage correspond un unique « chef du ménage » qui est un statut déclaré et non issu d'une analyse objective du rôle socioéconomique des différents membres du ménage.

Au niveau individuel, nous ferons référence à l'âge, au sexe, au statut matrimonial, au niveau d'instruction et au statut économique (la situation en termes d'exercice d'une activité économique). Au niveau des ménages, les variables retenues sont le lien avec le chef de ménage, la taille et la structure des ménages ainsi que les caractéristiques des personnes âgées chefs de ménage (activité économique notamment). L'analyse des liens des personnes âgées, notamment à travers leur statut de chef de ménage et le nombre de personnes potentiellement à leur charge, nous permettra d'une part d'apprécier leur poids social et d'autre part de faire une première esquisse de leur vulnérabilité sociale. L'évaluation de cette vulnérabilité sera renforcée par l'analyse de la structure des ménages dirigés par une personne âgée en différenciant les hommes des femmes chefs de ménage.

PROFIL DES PERSONNES AGEES

Effectifs et répartition par classe d'âge

Entre 2001 et 2012, l'effectif absolu des personnes âgées de 60 ans ou plus s'est accru de plus de 250 000 âmes soit une hausse de 51,6 % (Tableau 1), mais la part des personnes âgées de 60 ans ou plus dans la population nigérienne a légèrement baissé (passant de 4,5 à 4,4 % entre 2001 et 2012) conséquence de la persistance d'une forte fécondité et d'une mortalité toujours élevée.

TABLEAU 1. EFFECTIFS DES PERSONNES AGEES EN 2001 ET EN 2012

		2001	2012
Effectifs	Hommes	260 539	370 727
	Femmes	239 336	387 109
	Ensemble	499 875	757 836
En % des personnes âgées	Hommes	52,1	48,9
	Femmes	47,9	51,1
	Ensemble	100,0	100,0
En % de la population	Hommes	2,4	2,2
	Femmes	2,2	2,3
	Ensemble	4,5	4,4

Si l'on exclut un problème de qualité de données, il s'est produit une inversion entre le poids démographique des hommes (52,1 % des personnes âgées en 2001 contre 48,9 % en 2012) et celui des femmes âgées au Niger (47,9 % des personnes âgées en 2001 contre 51,1 % en 2012) qui s'explique par l'amélioration des conditions de vie des femmes par rapport aux hommes adultes au Niger. La surmortalité des femmes âgées observée en 2001 (INS, 2006) a ainsi fortement régressé voire disparu. Dans l'ensemble on observe le ratio de dépendance des personnes âgées reste faible : environ 9,3 personnes âgées sont prises en charge par 100 personnes d'âge actif (15-59 ans). En définitive, le Niger se trouve dans une situation qui demeure très favorable au développement d'un système de protection sociale destiné aux aînés, à condition, entre autres, de veiller à la dynamisation et à la formalisation du marché du travail.

Au sein du groupe des personnes âgées, les plus jeunes d'entre elles (60-69 ans) sont de plus en plus nombreuses : elles passent de 49,5 à 55,4 % du total (Tableau 2). Cette hausse relative des 60-69 ans s'est faite essentiellement au détriment de leurs aînés âgés de 80 ans ou plus (même si le nombre de ces derniers a aussi augmenté de 16 % entre 2001 et 2012). Enfin, en tenant compte du sexe, ce sont surtout les hommes âgés d'au moins 80 ans qui ont vu leur proportion fondre au cours de la décennie.

TABLEAU 2. REPARTITION PAR CLASSE D'AGE ET PAR SEXE DES PERSONNES AGEES (2001 ET 2012)

	2001			2012		
	60-69	70-79	80 et +	60-69	70-79	80 et +
H	126777	87 501	46 261	204 994	120 228	45 505
F	120 874	79 220	39 242	209 145	124 257	53 707
Ens.	247 651	166 721	85 503	414 139	244 485	99 212
H	25,3	17,5	9,3	27,0	15,9	6,0
F	24,2	15,8	7,9	27,6	16,4	7,1
Ens.	49,5	33,4	17,1	54,6	32,3	13,1

Statut matrimonial

Les statuts matrimoniaux diffèrent selon le sexe (Tableau 3). Les hommes sont surtout des mariés alors que les femmes sont majoritairement des veuves. Toutefois, la situation n'est nullement figée. En effet, la proportion des mariés chez les hommes âgés a explosé entre 2001 et 2012 alors que chez les femmes âgées on a assisté surtout à une chute du veuvage. Le divorce, déjà peu présent chez les hommes en 2001, ne concerne qu'un peu plus d'un homme âgé sur cent en 2012. La possibilité de remariage des hommes et leur polygamie, qui réduit leur risque de veuvage en cas de décès d'une épouse, s'est probablement renforcée.

TABLEAU 3. REPARTITION PAS STATUT MATRIMONIAL ET PAR SEXE (60-69 ANS ET ENSEMBLE DES PERSONNES AGEES)

	2001			
	60-69		Ensemble des 60 et plus	
	H	F	H	F
Marié(e)	76,7	51,7	87,4	40,7
Veuf(ve)	10,7	41,8	6,2	51,8
Divorcé(e)	12,6	6,5	6,4	7,5
Total	100,0	100,0	100,0	100,0

	2012			
	60-69		Ensemble des 60 et plus	
	H	F	H	F
Marié(e)	96,5	56,5	95,6	48,0
Veuf(ve)	2,4	38,0	3,3	46,9
Divorcé(e)	1,1	5,5	1,1	5,1
Total	100,0	100,0	100,0	100,0

Niveau d'instruction

La grande majorité des personnes âgées n'a reçu aucune instruction, même si la situation s'est nettement améliorée entre 2001 et 2012 (Tableau 4), surtout parmi les hommes âgés de 60-69 ans : seule une légère majorité d'entre eux n'ont ni été à l'école ni suivi une autre forme d'instruction. On remarque, surtout chez les hommes âgés une forte augmentation de ceux qui ont suivi des « cours d'adulte » en général consacrés à l'apprentissage de l'écriture et de la lecture lors de cours du soir organisés les plus souvent dans un cadre associatif.

La proportion des personnes âgées ayant fréquenté l'école formelle reste faible, mais croissante ; il s'agit d'un pur effet générationnel, car depuis l'indépendance les chiffres de la scolarisation s'améliorent continûment. On retrouve la traditionnelle inégalité selon le genre parmi les hommes âgés, surtout les 60-69 ans, qui sont les plus instruits. Néanmoins, parmi les personnes de 60-69 ans la situation s'est beaucoup plus améliorée entre 2001 et 2012 pour les femmes que pour les hommes, surtout au niveau secondaire et supérieur : presque un décuplement (de 0,1 à 0,9 %) des femmes ayant fréquenté le secondaire (contre moins du double chez les hommes 2,2 % au lieu de 1,4 %).

TABLEAU 4. REPARTITION SELON LE TYPE D'INSTRUCTION ET PAR SEXE DES 60-69 ANS ET DE L'ENSEMBLE DES PERSONNES AGEES

	2001			
	60-69		Ensemble des 60 et plus	
	H	F	H	F
Aucun niveau	76,7	91,7	76,9	91,9
Primaire	2,4	0,5	1,8	0,5
Secondaire	1,4	0,1	0,8	0,3
Supérieur	0,4	0,0	0,4	0,0
Ecole coranique	18,5	7,5	19,6	7,2
Cours d'adulte	0,6	0,2	0,5	0,1
Total (%)	100	100	100	100
Total (n)	124 919	118 893	257 037	234 349

	2012			
	60-69		Ensemble des 60 et plus	
	H	F	H	F
Aucun niveau	57,6	79,6	60,6	81,6
Primaire	3,3	2,0	2,6	1,4
Secondaire	2,2	0,9	1,7	0,6
Supérieur	1,4	0,7	1,2	0,8
Ecole coranique	22,5	12,2	23,0	12,2
Cours d'adulte	13,0	4,5	10,9	3,3
Total (%)	100	100	100	100
Total (n)	202 901	206 777	367 085	382 628

Ainsi, de plus en plus formellement instruites, les personnes âgées vont constituer un groupe social et économique politiquement audible. Leurs besoins et revendications seront de plus en plus difficilement marginalisés et ne pourront être ignorées dans un contexte démocratique.

Statut économique

L'évolution du statut économique, mesuré à travers la situation d'activité par sexe des personnes âgées, révèle, comparativement aux aspects que nous avons analysés jusqu'ici, peu de changements majeurs (Tableaux 5 et 6).

TABLEAU 5. REPARTITION SELON LE STATUT ECONOMIQUE (HOMMES DE 60-69 ANS ET ENSEMBLE DES HOMMES AGES)

	2001		2012	
	60-69	60 et +	60-69	60 et +
Occupé	82,4	77,9	82,8	75,0
Chômeur	0,5	0,5	0,7	0,4
Retraité	1,9	2,6	1,1	1,3
Autre	15,2	19,0	15,4	23,3
Total	100	100	100	100
Effectif	126 777	260 528	204 495	369 994

TABLEAU 6. REPARTITION SELON LE STATUT ECONOMIQUE (FEMMES DE 60-69 ANS ET ENSEMBLE DES FEMMES AGEES)

	2001		2012	
	60-69	60 et +	60-69	60 et +
Occupée	39,7	32,4	33,3	28,5
Chômeuse	0,2	0,3	0,2	0,1
Femme au foyer	34,3	31,2	23,9	21,9
Retraitée	1,0	1,3	0,4	0,5
Autre	24,8	34,8	42,2	49,0
Total (%)	100	100	100	100
Effectif(n)	120 874	239 336	208 510	386 080

On note principalement une chute de la part des femmes âgées déclarant être des femmes au foyer au profit de celles qui exercent une activité non régulière. Enfin, contre toute attente, il s'est produit une baisse de la part des retraités tant au niveau des hommes que des femmes. L'évolution du marché de travail, en particulier celui de la fonction publique, ainsi que les conditions pour bénéficier d'une pension (durée de cotisation minimale notamment) expliqueraient en grande partie cette situation.

LES PERSONNES AGEES AU SEIN DES MENAGES

Personnes âgées et statut de chef de ménage

Les hommes âgés sont presque toujours des chefs de ménage et le nombre d'hommes âgés affirmant disposer de ce statut s'est renforcé entre 2001 et 2012 (Tableau 7). On observe aussi un accroissement de ce statut chez les femmes âgées, certes proportionnellement moins important que chez les hommes. Enfin, quels que soient le sexe et l'âge, moins de personnes âgées résident en 2012 par rapport à 2011 dans des ménages dirigés par une personne avec laquelle elles n'ont aucun lien de parenté. C'est un constat inattendu dans la mesure où l'on s'attendait surtout à une augmentation des ménages non centrés sur la famille, notamment en milieu urbain, compte tenu de la modernité et de la crise sociale et de leur impact sur les relations intergénérationnelles (Antoine, 2007). Les femmes âgées demeurent les plus accueillies par leurs proches. Mais la question de la qualité de cet accueil mérite de plus amples recherches (Golaz, 2010).

TABLEAU 7. LIENS AVEC LE CHEF DE MENAGE SELON LE SEXE (PERSONNES AGEES DE 60-69 ANS OU DE 60 ANS ET PLUS)

	2001				2012			
	60-69		60 et plus		60-69		60 et plus	
	H	F	H	F	H	F	H	F
Chef de ménage	79,0	15,5	79,5	14,6	93,6	19,1	89,3	18,1
Parent	19,0	81,9	19,1	82,3	6,2	79,8	10,5	80,8
Aucun lien de parenté	1,9	2,6	1,4	3,1	0,18	1,0	0,2	1,0
Total (%)	100	100	100	100	100	100	100	100

Taille des ménages dirigés par une personne âgée

Si le fait d'être chef de ménage illustre leur poids social, surtout pour les hommes âgés, un autre indicateur est le nombre de personnes potentiellement prises en charge par eux (Tableau 8).

TABLEAU 8. TAILLE DES MENAGES DIRIGES PAR UNE PERSONNE AGEE

	2001				2012			
	60-69		60 et plus		60-69		60 et plus	
	H	F	H	F	H	F	H	F
Moyenne	9,2	3,9	8,8	3,7	9,1	4,6	8,9	4,4
Médiane	8,0	3,0	7,0	3,0	8,5	4,4	8,2	4,1

Les caractéristiques de la taille des ménages dirigés par des personnes âgées n'ont pratiquement pas évolué entre 2001 et 2012. Toutefois, la taille des ménages dirigés par les seniors demeure importante, surtout chez les hommes âgés chefs de ménage. Du reste, même chez les femmes âgées, du fait de la vulnérabilité de leur situation (ce sont en général des veuves vivant sans conjoint), la modeste taille de leur ménage est toute relative. La charge liée à ce statut de chef de ménage n'est sans doute pas extérieure au fait que les personnes âgées qui sont des chefs de ménages présentent un niveau d'activité économique plus important que l'ensemble de leurs membres, comme le suggère la comparaison du tableau 9 et des tableaux 5 et 6.

TABLEAU 9. PROPORTION DE PERSONNES AGEES CHEFS DE MENAGE AYANT UNE ACTIVITE ECONOMIQUE (%)

	2001		2012	
	60-69	60 et +	60-69	60 et +
Homme	90,0	87,3	85,8	80,7
Femme	65,1	58,9	48,9	44,4

Structure des ménages dirigés par une personne âgée

On constate en premier lieu la chute des ménages de type nucléaire, surtout chez les hommes (Tableau 10, catégorie MBN). Cette baisse s'est faite en faveur essentiellement des ménages biparentaux élargis (MBE) traduisant ainsi une forte tendance des personnes âgées à accueillir les autres y compris ceux qui ne sont pas très proches. Cependant, les personnes âgées chefs de ménage vivant exclusivement avec des personnes avec lesquelles elles n'ont aucun lien de parenté (MAL) s'est fortement réduite surtout chez les femmes. La situation observée en 2012 par rapport à 2001 relève sans doute d'une différence de système de codification.

Les ménages isolés (MI), où la personne âgée vit seule, qui concerne une importante proportion des ménages dirigés par une femme âgée, affichent une chute non négligeable. Combinée à leur statut marital, cette situation rend encore plus fragiles les femmes âgées. Néanmoins, ce résultat concernant l'isolement, notamment chez les femmes âgées est à prendre avec précaution dans la mesure où se trouver dans un ménage à part, au sens statistique du terme, ne correspond pas forcément à un isolement social : les membres des ménages voisins sont souvent des proches. En effet, il est connu que la conception du ménage dans les recensements présente la limite d'ignorer les interactions entre le ménage et son voisinage (Hashimoto, 1991) ce qui perturbe toute évaluation de l'isolement dans un contexte de fortes relations sociales comme celui du Niger. Par exemple, ici, une personne âgée vivant certes seule dans son ménage peut être entourée de ses enfants ou autres parents très proches.

TABLEAU 10. STRUCTURE DES MENAGES DIRIGES PAR UNE PERSONNE AGEE

	2001		2012	
	Hommes âgés	Femmes âgées	Hommes âgés	Femmes âgées
MI	3,0	22,7	1,2	14,4
MMN	2,5	11,5	0,4	3,9
MME	6,8	28,1	2,5	26,5
MBN	28,1	0,2	7,1	0,1
MBE	57,2	0,3	88,7	54,7
MAL	2,4	37,2	0,1	0,4
Total(%)	100,0	100,0	100,0	100,0
Total (n)	201 329	34 394	330 452	70 021

MI : Ménage Isolé (CM seul)
MMN : Ménage Monoparental Nucléaire - MME : Ménage Monoparental Elargi
MBN : Ménage Biparental Nucléaire - MBE : Ménage Biparental Elargi
MAL : Ménage Autre Lien

CONCLUSION

L'analyse du profil des personnes âgées de 60 ans ou plus suivant leurs caractéristiques individuelles et leur place au sein des ménages entre 2001 et 2012 révèle un nombre important de changements, à l'exception majeure de leur statut économique et de la taille de leur ménage. Même les relations avec les ménages ont affiché une évolution non négligeable contrairement à ce que l'on pouvait penser. Tout d'abord si leur proportion reste assez faible, leur effectif est inexorablement en augmentation, étant mécaniquement lié à la croissance démographique totale du Niger.

L'évolution du statut matrimonial et de la structure des ménages dirigés par une personne âgée montre qu'il existe toujours un groupe démographiquement important de femmes âgées sujettes à une forte vulnérabilité liée au veuvage et à un risque élevé d'isolement. La tendance à la baisse de ce noyau dur de femmes âgées vulnérables ne doit pas conduire à la réduction de l'importance à leur accorder dans toute politique de protection sociale destinée aux personnes âgées. La transformation du profil éducatif des personnes âgées, grâce notamment aux cours d'adulte et à un accès sans cesse croissant à l'école depuis leur jeune âge, est un facteur positif dans l'amélioration de leurs conditions de vie et de leurs interactions avec le service public. Il demeure toutefois qu'une analyse tenant compte du milieu de résidence permettra de mieux cerner la portée de ces changements.

Même si les relations intergénérationnelles considérées sous l'angle de la prise en charge privée des aînés par les plus jeunes sont encore excellentes, la question de la mise en place d'un système de protection sociale généralisée en faveur des personnes âgées au Niger demeure importante, surtout avec cette « nouvelle » génération de personnes âgées, plus capables de réclamer ses droits, reste pertinente. La persistance de la crise économique, réduisant les ressources des actifs, rend ce besoin encore plus pressant sans oublier les liens sociaux intergénérationnels qu'il renforce. Le coût des politiques volontaristes en faveur des personnes âgées ne doit pas décourager leur mise en place dans la mesure où elles sont efficaces contre la pauvreté et ont tendance à supporter la croissance économique dans les pays en développement en Amérique latine et dans les pays anglophones d'Afrique subsaharienne notamment qui les ont développées (Bourguignon *et al.*, 2004 ; Bertranou *et al.*, 2006).

Le Niger pourra s'inspirer de ces expériences et aussi des proportions techniques formulées à divers degrés (Barrientos Armando, 2008 et 2006). Sans remplacer, ni même réduire l'importance du système d'appui familial informel, l'élaboration d'un programme institutionnel réel de soutien aux personnes âgées doit être envisagée le plus tôt possible conformément aux dispositions de la législation, conférant à cette action le statut de devoir national, mais aussi pour anticiper les problèmes qui vont se poser à un moment ou à un autre. La réflexion sur la réforme du système de retraite nigérien actuellement en cours ne doit pas éluder cette question d'autant plus que le contexte marqué par un dividende démographique le facilite encore.

BIBLIOGRAPHIE

Abélès M., Collard C (eds.)., 1985, *Âge, pouvoir et société en Afrique noire*, Paris, Karthala.

Antoine P (ed.)., 2007, *Les relations intergénérationnelles en Afrique. Approche Plurielle*, Les Collections du CEPED, Séries Rencontres, Paris.

Barrientos A.,
-2008, *Nouvelles stratégies pour la sécurité du revenu des personnes âgées dans les pays à bas revenus*, Association internationale de la sécurité sociale, Genève.
-2006, Pensions for development and poverty reduction in Clark G.L.; Munnell A.H.; Orszag M (sous la direction de)., *Oxford Handbook of Pensions and Retirement Income*, Oxford, Oxford University Press : 781-798.

-2000, Work, retirement, and vulnerability of older workers in Latin America. What are the lessons for pension design?, *Journal of International Development*, 12 : 495-506.

Bertranou F., Van Ginneken W., Solorio C., 2004, The Impact of Tax-financed Pensions on Poverty Reduction in Latin America. Evidence from Argentina. Brazil. Chile. Costa Rica and Uruguay, *International Social Security Review*, vol. 57 (4): 3-18.

Bourdelais P., 1993, *L'âge de la vieillesse, Histoire du vieillissement de la population*, Paris, Éditions Odile Jacob.

Bourguignon F., Cicowiez M., Dethier J-J., Gasparini L., Pestieau P., 2004, What impact would a minimum pension have on old age poverty? Evidence from Latin America, Paper presented at a conference *Keeping the Promise of Old Age Security in Latin America*, Bogota, Colombia.

Dupâquier J., 2006, Le vieillissement de la population dans le monde, *Rayonnement du CNRS*, Bulletin n°42, Paris.

Golaz V., 2010, *Vieillir en Ouganda au début du XXIe siècle - Une estimation de la vulnérabilité des personnes âgées à partir des données démographiques nationales*, Colloque de l'AIDELF, Genève.

Harouna S., Soumaila B., Issaka Maga H., Guengant J.P., 2005, Projection de la population du Niger de 2005 à 2050, *Travaux démographiques*, vol.1, n°1, Bureau Central du Recensement, Niamey, Niger.

Ibrahima M., Légaré J., 2007, *Différences hommes-femmes sur la probabilité de vivre dans un ménage à génération coupée au Niger : Évolution dans le temps et facteurs explicatifs*, Vème Conférence Africaine sur la Population, Arusha, Tanzanie.

INS.,
-2015a, *Etat et structure de la population du Niger en 2012,* Niamey.
-2015b, *Situation socioéconomique des personnes âgées - RGP/H 2012,* Niamey.
-2010, *Le Niger en chiffres,* Edition 2010, Niamey, Niger.
-2006, *Analyse des résultats définitifs du 3ème recensement général de la population et de l'habitat : Situation socioéconomique des personnes âgées,* Niamey.

Moussa S., Kobiané J.F., 2014, Quelles aides pour quels ménages dirigés par une personne âgée ? Une étude de cas à Ouagadougou (Burkina Faso), in

Ndiaye A., Ba I (sous la direction de), *Personnes les plus âgées en Afrique. Santé et inclusion sociale*, CREPOS, Dakar, 73-98.

Moussa S., 2011, *Personnes âgées au Niger : profils et conditions de vie*, Thèse de doctorat de Démographie et sciences sociales, Université Paris Descartes.

Ndiaye A., Ba M., 2014, Les personnes âgées et l'accès aux soins de santé, in Ndiaye A., Ba M (sous la direction de)., *Personnes les plus âgées en Afrique. Santé et inclusion sociale*, CREPOS, Dakar, 117-148.

Niger.,
- 2012, *Plan de Développement Economique et Social 2012-2015.*
-2007, *Déclaration du Gouvernement en Matière de Politique de Population*, Ministère de la Population et de l'Action Sociale,

OMS., 2011, *Definition of an older or elderly person*, http://www.who.int/healthinfo/survey/ageingdefnolder/en/, page web consultée en février 2011.

Pilon M., VigniKin K., 2006, *Ménages & Familles en Afrique subsaharienne*, Editions des archives contemporaines/AUF, Paris.

Randel J., German T., Ewing D (ed.)., 1999, *The ageing and development report,* HelpAge International, London.

CHAPITRE 18

L'EMERGENCE D'UNE CLASSE MOYENNE

Maimouna ALI BOULHASSANE, Halimatou AMADOU GARBA

INTRODUCTION

Depuis quelques années la question de l'émergence d'une classe moyenne est devenue une préoccupation majeure du gouvernement nigérien. C'est pour répondre à cette préoccupation que l'Institut national de la statistique (INS) a initié l'étude d'où est tiré ce chapitre. Son objectif général était de caractériser la classe moyenne du Niger, dans le but de formuler à l'attention du gouvernement des recommandations de politique économique, en vue de réduire les inégalités et la pauvreté, tout en favorisant un développement inclusif. Selon l'Enquête sur les conditions de vie des ménages et de l'agriculture (ECVMA) réalisée par l'INS en 2011, le Niger est l'un des pays africains où l'incidence de la pauvreté, estimée à 48,2 %, est encore très élevée (INS-Niger, 2013). Cette situation serait due au faible niveau de développement du tissu économique, à la faiblesse des revenus et à la rareté des opportunités économiques qui contraindraient sa population à une faible consommation, alors qu'il est indispensable de renforcer le pouvoir d'achat des ménages, de lutter contre la pauvreté et par conséquent, d'élargir la classe moyenne. Celle-ci est supposée être une classe intermédiaire entre les riches et les pauvres; elle dispose d'un pouvoir d'achat relativement important qui lui permet d'avoir accès à la majorité des biens et services. L'importance de la classe moyenne dans l'histoire du développement économique a été mise en exergue en particulier par Landes (1998) et Adelman et Morris (1967). Pour certains, une « économie développée », avec un taux de croissance confortable, devrait comporter en son sein une large classe moyenne. L'exemple de l'Angleterre et de l'Europe de l'ouest sont souvent cités pour montrer le rôle de force motrice qu'a joué la classe moyenne dans son développement. Ainsi, une classe moyenne qui s'élargit constituerait, pour les pays à revenu faible, un atout important pour leur transition vers l'émergence. Qu'en est-il au Niger ?

Ce chapitre, fondé sur l'ECVMA de 2011 a pour objectif de répondre aux questions suivantes :

- Qu'est-ce que, concrètement, une classe moyenne ? Comment la définir ?

- Quelle est, dans le contexte nigérien, cette classe moyenne ? Quelle est son importance relative au sein de la population ?

- Quelles sont ses caractéristiques socioéconomiquesmajeures ainsi que ses habitudes de consommation et aspirations ?

- Dans quelle mesure l'économie nigérienne actuelle peut-elle répondre à ses aspirations ?

- Comment accroître sa taille et jusqu'à quel point ? En particulier, peut-on analyser les trajectoires d'émergence de la classe moyenne afin de mieux analyser la dynamique inter-classes et les facteurs qui l'expliquent ?

DEFINIR LA CLASSE MOYENNE

Dans ce chapitre la classe moyenne est abordée sous l'angle économique. Ce choix va dans le prolongement des travaux récents sur la question et s'explique particulièrement par le rôle important que joue le revenu dans le mode de vie des populations. Les récents travaux sur les conditions de vie des populations du Niger ont montré que le niveau des ressources économiques est le principal déterminant des spécificités catégorielles parmi les marqueurs sociaux. En raison des données disponibles, elle a été définie prioritairement à partir des dépenses de consommation. Le patrimoine a été utilisé dans un deuxième temps pour affiner l'analyse.

Le choix des seuils

Définir statistiquement les ménages appartenant à la classe moyenne revient à fixer deux seuils de dépenses de consommation, un seuil « bas » et un seuil «haut», délimitant ainsi trois catégories de population :

- une population « pauvre » en dessous du seuil « bas » ;

- une population « aisée » au-dessus du seuil « haut » ;

- une classe « moyenne » intermédiaire, située entre ces deux seuils.

Aucune méthode standard n'existe pour définir les deux bornes, qui sont pour la plupart définies *a priori* en termes relatifs ou absolus. Araar (2008), dans une approche relativiste basée sur le seuil de pauvreté, propose de prendre comme bornes une fois et trois fois le seuil de pauvreté. Sylvie (2001), dans une étude sur le Canada, utilise la même approche et propose de prendre comme bornes 0,75 et 1,25 fois la médiane de l'indicateur de niveau de vie. Easterly (2000) a fait de même dans une étude portant sur plusieurs pays. Bigot et al. (2011), dans une étude sur l'Europe, proposent 0,70 et 1,50 de la médiane. Pour Paris, Prandi et al. (2006) ont privilégié une analyse de la distribution des revenus par décile. La borne inférieure retenue est exactement égale au troisième décile, mais la borne supérieure se situe entre le 8e et le 9e décile, décision arrêtée au terme d'une analyse comparative des déciles 7 à 10 des niveaux de vie à Paris. Cette analyse préalable de la distribution des revenus ou des dépenses de consommation a été aussi conduite par Banerjee et Duflo (2008), en partant de l'analyse de la distribution des dépenses journalières par tête et en retenant les bornes de 2 USD et 10 USD pour la classe moyenne. La Banque Mondiale (2007) et la Banque Africaine de Développement (2011) ont utilisé l'approche absolutiste. L'étude de la BAD fixe les deux bornes à 2 et 20 dollars. Toh et al. (2009) ont combiné, dans leur analyse des classes moyennes à Abidjan, les méthodologies de Prandi et al. et de Banerjee et Duflo.

Dans le cas du Niger, nous avons adopté les bornes proposées par Araar (2008) : 182 635 FCFA et le triple de cette valeur, soit 547 905 F CFA (approche monétaire), tout en restant flexibles sur la détermination des bornes de la classe moyenne, afin de mieux refléter les réalités du pays. Pour définir les deux bornes, les quantiles des dépenses de consommation par tête et par an des ménages nigériens ont d'abord été analysés et pour obtenir une mesure aussi fine que possible du point d'inflexion les quantiles d'ordre 20 (les vingtiles) ont été utilisés. La valeur du quantile le plus proche du seuil de pauvreté définit le seuil inférieur de la classe moyenne[1]. La borne supérieure est définie par la valeur du quantile qui se situe entre le point d'inflexion le plus remarquable sur la courbe et le prochain quantile.

L'analyse fondée sur le patrimoine du ménage (approche non monétaire) est utilisée comme une approche alternative, voire complémentaire. En effet, il est reconnu pratiquement par tous les économistes travaillant sur la pauvreté que le bien-être est multidimensionnel. Un indice composite de possession de biens a été construit en s'inspirant de la revue de littérature

[1] Si cette valeur était inférieure au seuil de pauvreté, c'est le seuil de pauvreté qui serait retenu. Dans le cas contraire, c'est le quantile en question qui le serait, étant entendu que le seuil de pauvreté est exactement le montant des dépenses nécessaire pour assurer un minimum de subsistance.

(Keke, 2009). Ainsi, pour un ménage *i*, son indice composite de possession de biens A_i sera défini comme une combinaison linéaire des variables a_{ij} (j=1,..., K) des différents types d'actifs possédés par le ménage. Il s'agit d'éléments objectifs qui sont moins soumis aux fluctuations conjoncturelles.
$A_i = \lambda_1 a_{i1} + \lambda_2 a_{i2} + \cdots + \lambda_k a_{ik}$

Les coefficients λ_i, appelés « scores », sont déterminés par une méthode multivariée de type analyse factorielle (ACP ou ACM dans la plupart des cas selon la nature des données disponibles). Le premier facteur qui explique le maximum d'information dans la base est utilisé comme échelle de niveau de vie. Afin de pouvoir utiliser cet indicateur composite de bien-être non monétaire dans tous les calculs, il a été transformé par une simple translation qui permet d'avoir des valeurs positives uniquement. Ainsi, en désignant par *icpb*, l'indice composite de possession de biens obtenu à partir de l'analyse multidimensionnelle, on a : $icpb_i = X_{i(fac1)} - \min(X_{i(fac1)})$. Dans cette égalité, $X_{i(fac1)}$ est la coordonnée de l'individu i sur le premier axe factoriel ; le minimum des coordonnées sur le premier axe est souvent le nombre négatif ayant la plus grande valeur absolue. A partir des facteurs principaux, une classification hiérarchique ascendante a été effectuée pour déterminer le nombre de groupes. Un test d'homogénéité des groupes a été réalisé pour s'assurer que les groupes sont homogènes. Une troisième analyse repose sur le concept de noyau dur, défini en termes monétaires et non monétaires (possession d'actifs ou de biens durables). Les personnes qui se situent à l'intersection des deux critères sont considérées comme appartenant assurément à la classe moyenne, d'où l'idée de noyau dur.

Caractéristiques de la classe moyenne

Une analyse descriptive simple (uni- et bi-variées) et une analyse multivariée soutenue par un modèle économétrique, ont été conduites pour caractériser la classe moyenne au Niger, en utilisant les variables habituelles : caractéristiques sociodémographiques, localisation du ménage, secteur d'activité, possession d'actifs physiques (équipement, bâtiment, terrain, biens durables), possession d'actifs productifs, actifs humains (éducation et santé), etc. Par ailleurs, les dépenses de consommation de la classe moyenne par poste de dépense ont été analysées. Pour ce qui est du ressenti des ménages, une analyse des perceptions du bien-être au Niger a été effectuée en accordant une attention particulière à la classe moyenne, ce qui a permis d'évaluer le niveau subjectif de la pauvreté. La trajectoire d'émergence est définie par la probabilité que les ménages puissent transiter entre les quatre classes sociales définies et d'identifier les facteurs explicatifs de ces transitions. En réalité, ceci n'est possible que lorsque l'on a au moins deux séries d'observations sur les mêmes ménages. Dans la pratique, et au moment où cette étude a été réalisée, seules étaient disponibles les données de l'Enquête sur les ménages de 2011. En l'absence d'une deuxième série d'observations, une analyse des déterminants de la probabilité d'appartenance à une des quatre classes sociales définies a été établie à l'aide d'un modèle *logit* ordonné. Enfin, pour mesurer les inégalités, nous avons utilisé des indicateurs classiques dans ce domaine : courbe de Lorenz, indice de GINI, indice d'Atkinson et indice de Theil.

IMPORTANCE NUMERIQUE DE LA CLASSE MOYENNE

Pour les dépenses de consommation, c'est-à-dire l'approche monétaire, les déciles et les vingtiles ont été utilisés pour délimiter la classe moyenne, avec comme borne inférieure environ 186 000 FCFA par an. Cette classe moyenne a été elle-même subdivisée en deux sous-catégories, supérieure et inférieure, autour de la borne de 317 000 FCFA (Graphique 1).

GRAPHIQUE 1. ANALYSE PAR QUANTILE D'ORDRE 20
(APPROCHE MONETAIRE)

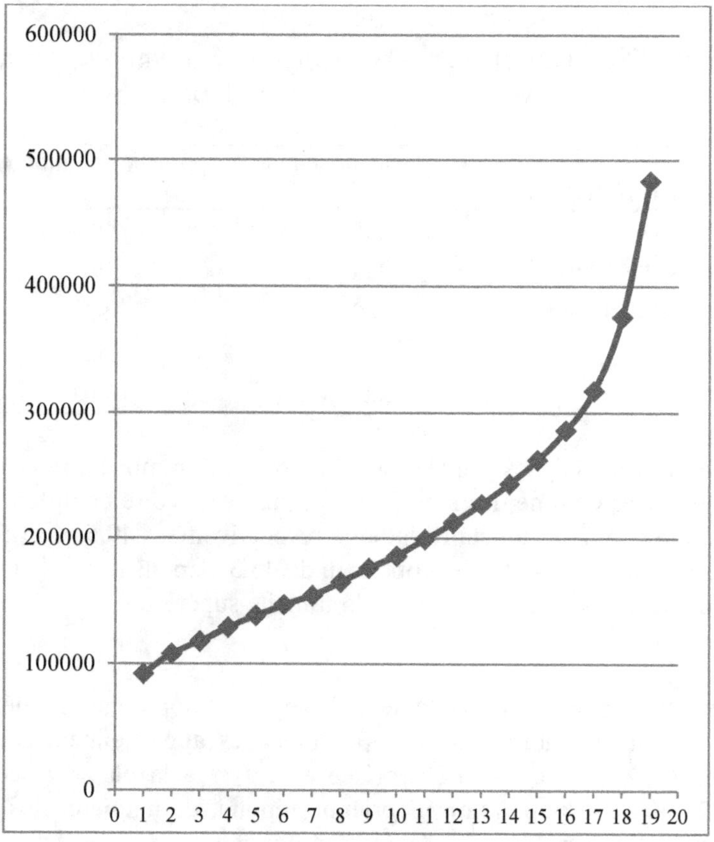

N° du quintile	Montant des dépenses de consommation par tête	N° du quintile	Montant des dépenses de consommation par tête
1.	92 117	10.	18 6015
2.	10 7895	11.	19 9315
3.	11 7862	12.	21 2357
4.	12 8812	13.	22 7154
5.	13 8180	14.	24 3538
6.	14 6967	15.	26 2493
7.	15 4329	16.	28 6074
8.	16 5032	18.	37 5770
9.	17 6441	19.	48 3143

Au total, en 2011 la classe moyenne représente 44,9 % de la population du Niger, dont 35,0 % dans la catégorie inférieure et 9,9 % dans la catégorie supérieure, tandis que 50,0 % des Nigériens font partie de la classe défavorisée. La proportion de la classe des plus aisés est donc de 5,1 % (Tableau 1).

TABLEAU 1. REPARTITION DE LA POPULATION NIGERIENNE EN 2011 SELON LES CLASSES DE NIVEAU DE VIE

Classe de niveau de vie	Approche monétaire %	Approche non monétaire %
Défavorisée	50,0	49,5
Moyenne inférieure	35,0	39,3
Moyenne supérieure	9,9	6,0
Aisée	5,1	5,2
Total	100,0	100,0

On l'a vu, les analyses fondées sur l'approche non monétaire et le noyau dur sont utilisées comme des approches alternatives, voire complémentaires. Ainsi, l'approche non monétaire indique respectivement 49,5 % et 5,2 % de défavorisés et d'aisés, soit une proportion de 45,3 % pour la classe moyenne. Celle-ci se décompose en 6,0 % pour la tranche supérieure et 39,3 % pour la tranche inférieure.

Quant au noyau dur (intersection entre l'approche monétaire et l'approche non monétaire), 24,6 % des ménages appartiennent à la classe moyenne, 31 % à la classe défavorisée et 2,9 % à la classe aisée. Ainsi, environ 25 % de la population nigérienne répond, de manière plus robuste, aux critères d'appartenance à la classe moyenne. Ce taux est nettement inférieur à la proportion appartenant à la classe moyenne déterminée séparément selon l'une ou l'autre des deux approches précédentes (Tableau 2).

TABLEAU 2. CROISEMENT DE L'APPROCHE MONETAIRE ET NON MONETAIRE

		Classes de bien-être non monétaire en 3 groupes			
		Défavorisée	Moyenne	Aisée	Total
Classes de bien-être monétaire en 3 groupes	Défavorisée	31,0	19,0	0,0	50,0
	Moyenne	18,1	24,6	2,2	44,9
	Aisée	0,4	1,8	2,9	5,1
	Total	49,5	45,3	5,2	100,0

Au sein de la classe moyenne, la proportion du noyau dur de la classe moyenne supérieure est de 2,2 % et celle de la classe moyenne inférieure est de 16 %. Il en résulte que la majeure partie de la population, qui constitue la classe moyenne, est exposée au risque de retomber soit dans la classe moyenne inférieure, soit dans la classe défavorisée. Seule une très faible part de la population de la classe moyenne (2,2 %) y appartient de manière stable. Cette situation dénote l'extrême vulnérabilité de la plupart des ménages de la classe moyenne nigérienne.

CARACTERISTIQUES DE LA CLASSE MOYENNE

Selon l'approche monétaire, la proportion de la classe moyenne est plus élevée en milieu urbain (59,0 %) qu'en milieu rural (42,0 %). L'analyse différenciée par type de classe moyenne permet de constater que le milieu urbain détient un taux de classe moyenne supérieure de 25,1 %, dépassant de loin la moyenne nationale contre un taux de 6,8 % en milieu rural. Les proportions sont globalement les mêmes pour le noyau dur.

Ensuite, la part de la classe moyenne dans la population totale varie entre 37,9 % (Maradi) à 60,2 % (Diffa). Les proportions de la classe moyenne sont en deçà de la moyenne nationale dans trois régions : Maradi, Tillabéri et Dosso. Les cinq autres régions, à savoir Zinder, Tahoua, Niamey, Agadez et Diffa sont au-dessus de la moyenne nationale. Enfin, la proportion de la population entrant dans la classe moyenne est supérieure à la moyenne nationale toutes les communautés urbaines du Niger (Graphique 2).

GRAPHIQUE 2. REPARTITION DE LA CLASSE MOYENNE PAR REGION

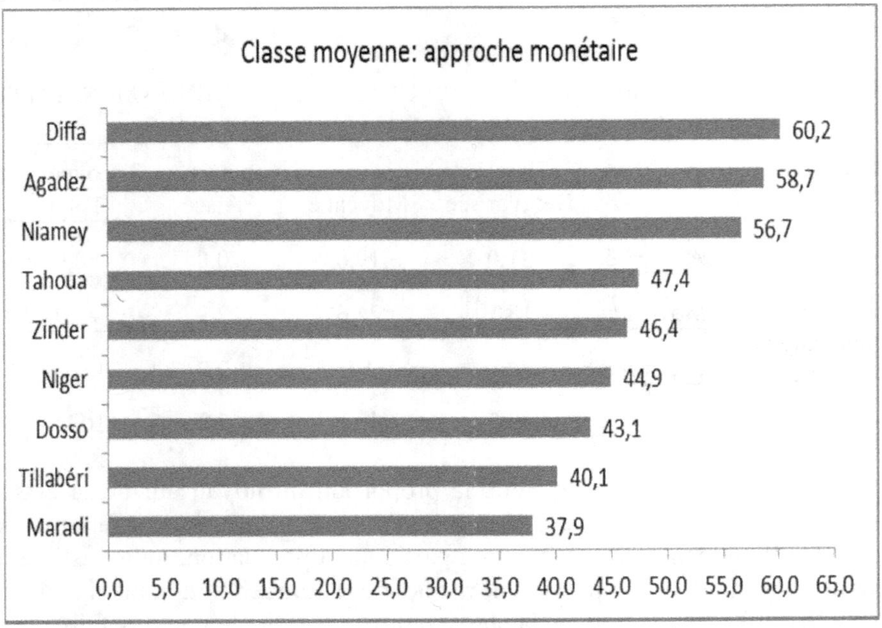

Caractéristiques socioéconomiques et démographiques

Concernant le groupe socioéconomique du chef de ménage, quelle que soit l'approche considérée, la classe moyenne nigérienne est majoritairement composée d'indépendants agricoles (62,0 % pour l'approche monétaire, 60,4 % pour l'approche non monétaire et 51,9 % pour le noyau dur) et d'indépendants non agricoles (19,1 % pour l'approche monétaire, 21,9 % pour l'approche non monétaire et 26,7 % pour le noyau dur) et dans une moindre mesure de salariés publics/privés et de privés indépendants. Si l'on admet que l'éducation du chef de ménage est représentative de l'ensemble de ses membres, la classe moyenne est en grande partie sans éducation formelle, quelle que soit l'approche considérée : 79,8 % selon l'approche monétaire, 77,2 % selon l'approche non monétaire et 75 % pour le noyau dur. Une moindre proportion de chefs de ménage appartenant à la classe moyenne a le niveau primaire ou secondaire premier cycle (18,4 % pour l'approche monétaire, 21,7 % pour l'approche nom monétaire et 23,9 % pour le noyau dur). Ces données suggèrent fortement que l'éducation constitue pour le Niger l'une des principales contraintes au développement économique et social du pays.

La classe moyenne est plus fréquente au sein des ménages dirigés par des femmes (48,2 %) que par des hommes (44,7 %). La tendance ne change pas lorsqu'on distingue selon le type de classe moyenne. Pour la classe moyenne supérieure, ces taux sont de 12,0 % (femmes chef de ménage) contre 9,8 % (hommes chefs de ménage). La taille moyenne des ménages, égale à 7,5 personnes, est inférieure à celle des ménages défavorisés (9,5 personnes), mais supérieure à celle des ménages aisés (5,8 personnes). De même, les chefs de ces ménages sont en moyenne plus jeunes que ceux de la classe défavorisée, mais plus âgés que ceux de la classe aisée. Les membres de ces ménages dépensent en moyenne 271 463 FCFA par personne et par an, soit 1,5 fois plus que le montant en deçà duquel l'individu est considéré comme pauvre.

Conditions de logement

Les constats suivants se dégagent quant aux conditions de logement de la classe moyenne nigérienne. Elle est majoritairement propriétaire (avec ou sans titre de propriété) du logement occupé, à l'image de la population tout entière ; la possession d'un titre foncier ou d'un acte de propriété est très discriminante. Il en est de même du type de logement occupé par les ménages : une villa de type moderne est un autre élément important d'appartenance à la classe aisée, car au plan national le taux d'occupation de ce type de villa est faible (1,8 %).

L'accès à l'électricité et à l'eau courante sont deux autres facteurs fortement discriminants. Le taux d'occupation des maisons électrifiées est de 11,8 % dans la classe moyenne inférieure ; de 36,5 % dans la classe moyenne supérieure et 73,7 % chez les plus aisés, contre 2,6 % des ménages défavorisés. L'accès à l'eau potable grâce à la connexion au réseau d'eau de la SEEN est aussi un marqueur social important, le taux de connexion n'étant que de 6,8 % pour l'ensemble du Niger. Les ménages continuent d'être nombreux à jeter des ordures ménagères dans la nature et il en est de même de l'évacuation des eaux usées produites par le ménage. Le premier combustible utilisé par le ménage pour la cuisine est le bois, ramassé ou acheté. Le niveau d'utilisation de bois ramassés diminue au fur et à mesure que le niveau de vie augmente et que les ménages changent de classe sociale. L'accès aux TIC est l'apanage des ménages de la classe aisée. Environ 5,2 % de la population vit dans des ménages aisés connectés au réseau de téléphonie fixe de la SONITEL. Ce taux n'est que de 0,9 % pour la classe moyenne supérieure et presque nul ailleurs.

Types de dépenses et inégalités de niveau de vie

Selon l'approche monétaire, les ménages de la classe moyenne consacrent leurs dépenses surtout à l'alimentation, selon des proportions décroissantes quand on passe dans une classe supérieure. Les dépenses consacrées au logement et à l'électricité viennent en deuxième position, puis celles consacrées à l'habillement et aux chaussures, selon des taux très variables en fonction du milieu de résidence. Le tabac, l'habillement et les chaussures apparaissent comme des biens de luxe en milieu rural. La classe moyenne a adopté un comportement de consommation intermédiaire. Aucun modèle particulier ne la caractérise. Les dépenses de santé occupent le cinquième rang de leurs priorités. En moyenne, les ménages lui allouent 2,9 % de leurs ressources. Contre toute attente, les ménages ruraux les plus aisés consacrent plus de ressources à la santé que leurs homologues urbains. La part du budget consacrée aux dépenses d'éducation est très limitée en milieu rural (entre 0,1 % et 0,4 %) et elle décroît avec le niveau de vie.

L'analyse des inégalités fait ressortir que la distribution des dépenses de consommation par tête est moins inégalitaire à l'intérieur des classes sociales qu'au niveau de la population tout entière. Les quelque 5,1 % les plus aisés du Niger ont effectué 12,5 % des dépenses des ménages en 2011 alors que les 50 % les plus défavorisés de la population n'ont effectué que 35,6 % des dépenses totales des ménages. Au total, les 10 % plus riches ont un niveau de vie qui est 3,5 fois celui des 10 % plus pauvres. Les inégalités de niveau de vie sont plus grandes entre les ménages urbains (0,33) que ruraux (0,24). Les 10 % plus riches en patrimoine ont 8,9 fois le niveau de possession de biens des 10 % plus pauvres. On note ici que c'est plutôt la classe moyenne qui paraît la plus inégalitaire et celle des riches est la moins inégalitaire.

Appartenance subjective et trajectoires d'émergence

27,2 % des Nigériens considèrent qu'ils appartiennent à la classe moyenne. Près de 53,3 % de ceux qui ont été catégorisés dans la classe moyenne se considèrent comme étant plutôt pauvres. En outre, la détermination du noyau dur suggère que la taille de la classe moyenne est beaucoup plus petite que lorsqu'elle est estimée selon l'approche monétaire et l'approche du patrimoine (biens ou actifs possédés par le ménage).

Pour les trajectoires d'émergence, l'estimation d'un modèle logit ordonné a permis de dégager les variables qui ont le plus d'impact sur l'appartenance aux classes sociales définies. Ce sont essentiellement l'âge du chef du ménage, la taille du ménage, la possession de biens, le niveau d'éducation, le sexe du chef du ménage, son activité, sa région de résidence pour ne citer que celles-là. La taille du ménage a une forte influence sur la répartition des ménages dans les différentes classes : plus le ménage est grand, plus il y a des chances qu'il soit classé comme défavorisé. Comparés à ceux qui n'ont aucune éducation formelle, les chances d'être classés à un niveau élevé de l'échelle sociale sont plus grandes pour ceux qui ont une éducation formelle supérieure et plus faible chez ceux de niveau secondaire premier cycle. Le niveau de possession des biens est un facteur explicatif important pour la probabilité de gravir l'échelle sociale. Comparés aux ménages défavorisés, ceux de la classe moyenne et de la classe aisée possédant un capital physique ont plus de chance d'y rester ou d'y accéder.

CONCLUSION

Les principales caractéristiques de la classe moyenne sont les suivantes : les régions de Diffa, Niamey et Agadez se distinguent par la fréquence plus élevée de classe moyenne. Quelle que soit l'approche considérée, la classe moyenne est proportionnellement plus nombreuse en milieu urbain qu'en milieu rural, mais au Niger, où prédomine la population rurale, il n'est pas surprenant que la classe moyenne y soit localisée à 77 %. Il en résulte aussi qu'elle est majoritairement composée d'indépendants agricoles (61 %) et non agricoles et, dans une moindre mesure, de commerçants et de personnes travaillant dans l'administration et l'industrie. La taille moyenne des ménages qui la constituent est de 7,5 membres (7,8 pour la classe moyenne inférieure et 6,6 pour la classe moyenne supérieure). L'âge moyen des chefs de ménages est de 46,5 ans (47,1 ans pour la classe moyenne inférieure et 44,3 ans pour la classe moyenne supérieure). Ils n'ont reçu aucune instruction ou presque. La dépense annuelle par tête équivalente à 1,5 fois le seuil de pauvreté national.

La portée de ce chapitre consacré à l'émergence d'une classe moyenne au Niger va bien au-delà de son contexte économique spécifique. Dans les pays en voie de développement, plus particulièrement les pays pauvres à faible revenu, l'élargissement de leur classe moyenne est en effet le signe d'une réduction de la pauvreté. Au Niger la classe moyenne représente, en termes monétaires, 44,9 % de sa population, avec un niveau de vie lui permettant de faire des dépenses allant de 186 000 à 480 000 F CFA par tête et par an. Lorsqu'on utilise comme indicateur le patrimoine des ménages, on obtient une proportion de 45,3 %. Comparée à la situation observée en 2007, cette classe moyenne serait donc en hausse, car sa taille était de 30 % au début du PDES en 2012. Toutefois, l'analyse du noyau dur aboutit à une classe moyenne de 24,6 % et la majeure partie de la population de cette classe (65 %) est exposée au risque de retomber dans la classe défavorisée. 9 % seulement de la population de la classe moyenne y réside de manière stable. Pour affiner l'analyse, la classe moyenne nigérienne a été subdivisée en deux sous-catégories : la classe moyenne inférieure, constituée de l'ensemble de la population ayant dépensé annuellement entre 186 000 F CFA et 317 000 F CFA par tête et la classe moyenne supérieure dont les dépenses par tête sont comprises entre 317 000 F CFA et 480 000 F CFA. Ainsi, selon l'approche monétaire, 35,0 % des Nigériens appartiennent à la classe moyenne inférieure et 9,9 % sont dans la classe moyenne supérieure. Selon l'indice composite de possession de biens, 39,3 % de la population se retrouve dans la classe moyenne inférieure et 6,0 % dans la classe moyenne supérieure.

BIBLIOGRAPHIE

Adelman I., Taft Morris C., 1967, Society, Politics, and Economic Development. A Quantitative Approach, *The Economic Journal*, vol 79, n°313: 160-163.

Araar A., 2008, *Social Classes, Inequality and Redistributive Policies in Canada,* CIRPEE, Working Paper 08-17.

Banerjee A.V., Duflo E., 2008, What is the middle class about the middle classes around the world, *Journal of Economic Perspectives*, vol. 22: 3-28.

Bigot R., Croutte P., Müller J., Osier G., 2011, *Les classes moyennes en Europe*, Credoc, Cahier de recherche, n°282.

Easterly W., 2000, *The Middle Class Consensus and Economic Development*, The World Bank Development Research Group, Macroeconomics and Growth, Policy Research, Working Paper 2346.

INS., 2013, *Profil et déterminants de la pauvreté au Niger en 2011 - Premiers résultats de l'enquête nationale sur les conditions de vie des ménages et l'agriculture au Niger (ECVMA),* Niamey, Niger.

Keke J.C.S., Mededji D., Houetohossou S.K., 2009, *Réduction des inégalités de revenu et émergence d'une classe moyenne au Bénin, Rapport final*, CAPOD.

Landes D.S., 1998, *The Wealth and Poverty of Nations: Why Some Are So Rich and Some So Poor*? New York, W.W. Norton.

Prandi G., Arsac M., Valdant D., Audry J.M., Joinet H., Driant J.C., Cordier M., 2006, *Les classes moyennes et le logement à Paris, Observatoire de l'Habitat de Paris*, Atelier Parisien d'urbanisme.

Sylvie J., 2001, Inégalité et pauvreté, *Portrait Social du Québec*, Institut de la Statistique du Québec, 318-337.

Toh A., Kouyate S., 2009, *Caractérisation des Classes Moyennes en Côte d'Ivoire*, Université de Cocody, Abidjan, http://www.classesmoyennes-afrique.org/wp-content/uploads/2009/07/cma-cote-ivoire-20090320.pdf, accédé en juillet 2014.

CHAPITRE 19

LA QUALITE DE LA DEPENSE PUBLIQUE

Issaka AMADOU MAMANE

INTRODUCTION

Les dépenses publiques désignent toutes les dépenses effectuées par l'Etat lui-même, par les administrations de sécurité sociale ou par celles rattachées aux collectivités territoriales. Le concept de « qualité » est assez complexe à définir et dans la littérature économique peu de travaux sont consacrés à l'étude de la qualité pour le cas spécifique des « dépenses publiques ». Dans son rapport relatif aux finances publiques dans l'Union économique et monétaire, publié en mai 2002, la Commission européenne s'est attachée à développer un indicateur synthétique permettant d'apprécier la qualité de la dépense publique : les dépenses publiques « de qualité » sont celles qui, par leur nature, sont susceptibles de soutenir la *croissance et l'emploi.*

Nous retiendrons cette approche étant donné que la réalisation d'une croissance économique durable et la promotion d'emplois décents sont en adéquation les principaux objectifs du PDES. L'Etat, ayant pour seul outil la politique budgétaire, il doit la gérer de manière efficace et donc maîtriser l'effet que peuvent avoir les dépenses publiques sur l'activité économique. Si ces dépenses trop élevées peuvent exercer des pressions sur la conduite de la politique économique et biaiser la progression de la croissance, il est nécessaire de s'interroger sur la qualité, et au-delà, l'efficacité des dépenses publiques. Ces dépenses peuvent aussi avoir un impact positif sur la croissance, l'emploi et la réalisation d'objectifs sociaux, notamment pour l'atteinte des Objectifs du Millénaire pour le Développement (OMD). Elles peuvent indirectement contribuer à l'accroissement du stock de capital humain et physique et au progrès technologique dans l'économie. Les dépenses publiques constituent donc un instrument privilégié de relance économique, particulièrement dans les pays en développement, mais leur impact dépend de leur structure, c'est-à-dire de la décomposition entre les dépenses de fonctionnement et les dépenses d'investissement.

Ce chapitre rend compte des travaux d'analyse effectués pendant plusieurs mois par l'INS et l'équipe technique mise en place constituée de ses partenaires. Il est structuré en deux parties : la présentation du cadre théorique et empirique de l'étude et des données relatives au Niger. Comment les dépenses publiques ont-elles évolué par rapport à l'emploi et à la croissance économique depuis les années 1960 (I) ? Quelle est l'efficience des dépenses publiques au Niger dans deux secteurs clés du développement social, la santé et l'éducation (II) ? Sauf mention contraire, les données proviennent de la DGRF/MF.

DEPENSES PUBLIQUES, CROISSANCE ECONOMIQUE, EMPLOI

Dépense publique et croissance

Le tableau 1 montre qu'en dépit d'une littérature empirique non concluante, le point de vue consensuel semble cependant être que les variations de la composition des dépenses publiques en faveur des dépenses de santé, d'éducation et d'infrastructures de base en particulier, tendent à avoir un impact positif sur la croissance économique. Au Niger, la valeur à prix constants des dépenses publiques représente environ 28,4 % en 2013, selon les chiffres publiés par l'INS. Même si cette proportion n'est pas en constante croissance depuis 1990, en valeur courante, les dépenses publiques n'ont guère cessé de croître : elles sont passées de 153,8 milliards de FCFA en 1990 à 1 194,5 milliards de FCFA en 2013, soit un taux d'accroissement annuel de 8,9 % sur la période. Entre 2000 et 2010, elles sont passées de 23,9 % à 30,0 % du PIB, tandis que le PIB réel connaissait une croissance annuelle moyenne de 4,0 %. En moyenne annuelle, sur la période 2009 à 2013, le taux de croissance économique se situe à 5,0 %, niveau supérieur au taux de croissance de la population (3,9 %). Les dépenses publiques ont connu une évolution exponentielle de 1960 à 2013. L'objectif recherché était une meilleure maîtrise des dépenses courantes de manière à les rendre compatibles avec les ressources budgétaires disponibles.

Tout au long de la période 2000-2013, on note la poursuite de la forte progression des dépenses publiques en liaison avec la volonté du Gouvernement d'accroître les investissements dans les secteurs sociaux de base et les infrastructures. C'est dans les années 1977 que les dépenses publiques ont connu leur plus haut niveau (58 % en croissance), grâce à l'accroissement rapide des recettes lié aux années fastes du boom de l'uranium. L'année 1991, par contre, enregistre une forte contraction (-37%) suite à la sécheresse des années 1980 (1984 et 1989), entraînant, de fait, une « braderie » du bétail et donc une baisse de son prix, ainsi qu'un recul de la consommation générale. A ce fléau s'ajoute la persistance du marasme sur le marché de l'uranium. Les dépenses de fonctionnement évoluent depuis 1960, suivant une allure généralement croissante, avec un saut observé en 2011 (614 milliards qui est la valeur maximale sur la période) et une chute en 2013 à 530,4 milliards de francs CFA. Cette baisse est due aux mesures prises en vue de rationaliser l'évolution de ces différentes composantes de ce type de dépenses : consommations de l'Etat ; modernisation de la gestion des finances publiques ; maîtrise de la masse salariale, malgré le dégel des incidences financières liées aux avancements et reclassements des fonctionnaires.

Quant aux dépenses publiques d'investissement, après le pic observé en 2009 imputable à la construction de la raffinerie de Zinder et après un repli observé entre 2010 et 2011, lié à la situation socio-politique et au tarissement de l'aide publique au développement, elles connaissent une progression soutenue ensuite. En effet, la moyenne des dépenses d'investissement entre 2012 et 2013 est de 529,3 milliards de francs CFA, contre 211,8 milliards entre 2010 et 2011. Cette évolution, qui tient compte à la fois des objectifs de croissance et de lutte contre la pauvreté, est imputable aux dépenses d'investissement sur financement interne et à celles financées sur ressources extérieures. L'exécution du programme spécial du Président de la République, rendu possible depuis 2011 grâce aux ressources PPTE, la mobilisation des ressources internes et la mise en œuvre du PDES contribuent au rehaussement des investissements au Niger.

Le graphique 1 présente l'évolution des dépenses publiques totales et celle du produit intérieur brut du Niger, au cours des trois dernières décennies. On observe une corrélation positive entre les deux courbes sur la période 1994-2012 caractérisée par une nette tendance à la hausse. Cependant, la courbe d'évolution du PIB semble croître plus rapidement que celle des dépenses publiques totales. En effet bien que les deux courbes évoluent dans le même sens, la distance entre les deux courbes augmente progressivement. La tendance à la hausse du PIB et des dépenses publiques, à partir de cette année, pourrait se justifier par le fait que de nombreux pays de l'UEMOA ont commencé à ressentir les effets positifs de la dévaluation du franc CFA en termes d'exportations des biens et services et de compétitivité de leurs économies.

GRAPHIQUE 1. EVOLUTION (A PRIX CONSTANTS) DES DEPENSES PUBLIQUES ET DU PIB DU NIGER (1994-2013)

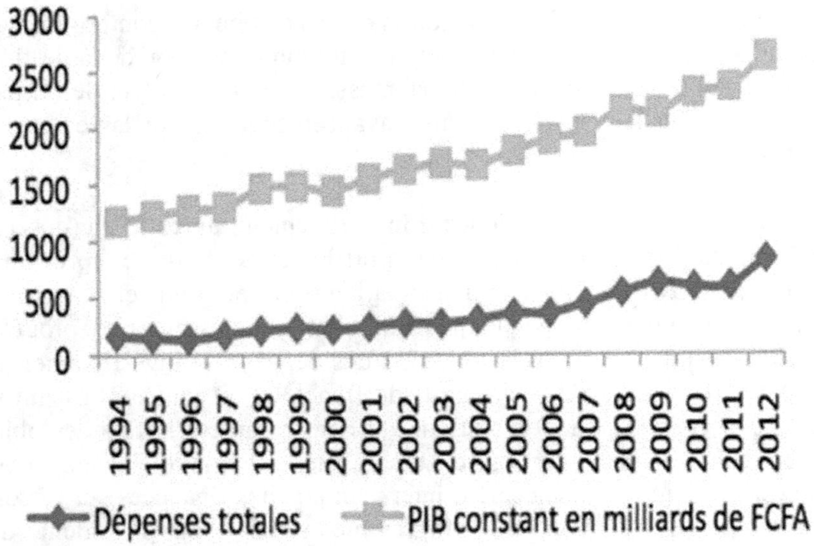

TABLEAU 1. SYNTHESE DES PRINCIPAUX RESULTATS SUR LE LIEN ENTRE DEPENSES PUBLIQUES ET CROISSANCE

Auteurs	**Variable dépendante**	**Catégorie des dépenses ciblées**	**Modèle, échantillon méthode d'estimation**	**Nature de l'impact sur la croissance**
Barro.R. (1990)	PIB	Investissement public, Consommation publique	Modèle de Solow étendu aux dépenses publiques pour le secteur public et privé Fonction de type Cobb-Douglas	(+) pour l'investissement, (-) pour les dépenses de consommation
Knight, Loayza, Villanueva. (1993)	PIB	Investissement public en infrastructure	Données de panel Echantillon de pays en développement dans les années 80	(+) pour l'investissement en infrastructure
Easterly, Reberlo. (1993)	PIB	Investissement public	Données en panel 119 pays en développement	(+) pour l'investissement en transports
Ojo, Oshikoya. (1995)	PIB/tête	Dépenses publiques totales	Données de panel Echantillon de pays sahariens	(-) de la hausse des dép. pub.
Devarajan, Swaroop, Zou. (1996)	PIB	Investissement, Consommation publique	Données en panel Echantillon de pays en développement	(-) pour l'investissement, (+) pour la consommation publique
Ghura, Hadjimichael. (1996)	PIB par tête	Dépenses publiques totales	Données en panel Pays d'Afrique subsaharienne	(-) pour les dépenses publiques totales

Caselli, Esquivel, Lefort. (1996)	PIB	Dépenses publiques totales hors éducation et défense	Données en panel Echantillon de pays en développement	(+) pour les dépenses publiques hors défense et éducation,
Easterly, Loayza, Montiel. (1997)	PIB	Dépenses publiques de consommation	Données en panel Amérique latine (échantillon)	Pas d'effet significatif des dépenses publiques de consommation
Kahn, Kumar, Montiel. (1997)	PIB	Investissements privés, Investissements publics	Données en panel Pays en développement (échantillon)	Impact différencié de l'effet de l'investissement privé et public
Morley, Perkidis. (2000)	PIB	Dépenses publiques totales	Modèle à correction d'erreur (Egypte)	(+) pour les dépenses publiques à long terme, pas d'effet significatif à court terme
Ashipala, Haimbodi. (2003)	PIB	Investissement privé, Investissement public.	Modèle à correction d'erreur (Namibie)	(+) pour l'investissement public à long terme, (+) pour l'investissement privé
Nubukpo.K.K. (2003)	PIB	Dépense publiques totales, Dépenses de consommation publique, Dépenses publiques d'investissement	Modèle à correction d'erreur (UEMOA 1965-2000)	A court terme : pas d'impact significatif des dépenses publiques totales, (-) pour les dép. pub. de consommation, (+) pour l'investissement, A long terme, impact différencié par pays dans l'UEMOA, (-) pour la consommation publique, (+) pour l'investissement
Kane.A.H. (2004)	PIB	Dépenses en capital, dépenses de fonctionnement	Modèle à correction d'erreur (Sénégal)	(+) pour les dépenses en capital pas d'impact significatif des dépenses de fonctionnement

Keho.Y. (2004) Ben, S., Hassad, M. (2006)	PIB PIB	Investissement public Dépenses publiques totales	Modèle dynamique (Côte d'Ivoire) Données en coupe transversale (45 pays en développement)	Causalité unidirectionnelle de l'investissement vers la croissance Pas d'effet significatif des dép. pub. sur la croissance
Ouattara.W. (2007)	PIB	Dépenses publiques totales	Données de panel (UEMOA)	Causalité bidirectionnelle entre la croissance économique et les dép. pub.
N'Guessan.A.B. (2007)	PIB	Investissement	Modèle à correction d'erreur (UEMOA)	(+) pour le volume des investissements
Hounkpodote.H, Batiano.B. (2010)	PIB	Volume des dépenses publiques	Données de panel (UEMOA)	Relation unidirectionnelle du PIB vers le volume des dép. pub. totales
Ouattara.W. (2013)	PIB	Volume des dépenses publiques	Données de panel (UEMOA)	Pays non sahéliens : effet (+) et significatif des dép. pub. Pays sahéliens, : effet ambigu

Source : Auteurs à partir de la revue de la littérature existante, (+) = impact positif, (-) = impact négatif

Dépense publique et emploi

La relation entre les dépenses publiques et l'emploi a fait l'objet de plusieurs études théoriques (Tableau 2).

TABLEAU 2. SYNTHESE DES PRINCIPAUX RESULTATS SUR LE LIEN ENTRE DEPENSES PUBLIQUES ET EMPLOI

Auteurs et période de l'étude	**Variables dépendantes**	**Catégorie des dépenses publiques ciblées**	**Modèle, échantillon et Méthode d'estimation**	**Nature de l'impact sur l'emploi**
Turnovsky (1998)	Volume d'Emploi	Dépenses publiques totales	Fonction de production augmentée des flux de dépenses publiques	(+) pour les dépenses publiques
OIT, (2002)	Offre d'emploi	Investissements d'infrastructures	Pays en développement	Pas significatif pour les invest. d'infrastruct.
Banque Mondiale (2011)	Offre d'emploi	Dépenses publiques totales	Données de panel sur la période 1960-1973	(+) pour les dépenses publiques
Kucera,. Roncolato (2012)	Croissance économique et emploi	Dépenses publiques dans le secteur industriel	Pays en développement	(+) pour les dépenses publiques industrielles
Dupuis, J. (2014)	Emploi dans les secteurs public et privé	Dépenses gouvernementales	Modèle VAR structurel à l'aide d'estimations de fonctions de réponses pour le Canada	(+) sur l'emploi dans le public, Non significatif dans le privé

Source : Auteurs à partir de la revue de la littérature existante, (+) = impact positif, (-) = impact négatif

Elles n'ont toutefois pas connu beaucoup d'applications empiriques. La plupart des travaux théoriques et empiriques, qui se sont intéressés à cette question, n'ont pas fait cas d'une relation directe entre dépenses publiques et emploi. L'emploi est considéré plutôt comme une réponse naturelle consécutive à tout accroissement de la production nationale.

Les dépenses d'investissement financent le plus souvent de grands travaux, occasionnant ainsi une importante création d'emplois. Au Niger cependant, on constate, à travers le graphique ci-dessous, que le taux d'activité de la population, proxy du niveau d'emploi, est resté quasiment insensible à l'augmentation progressive du montant des dépenses publiques d'investissement et des dépenses publiques totales en général.

GRAPHIQUE 2. EVOLUTION DES DEPENSES PUBLIQUES TOTALES, COURANTES ET D'INVESTISSEMENT ET DU TAUX D'ACTIVITE MOYEN DE LA POPULATION

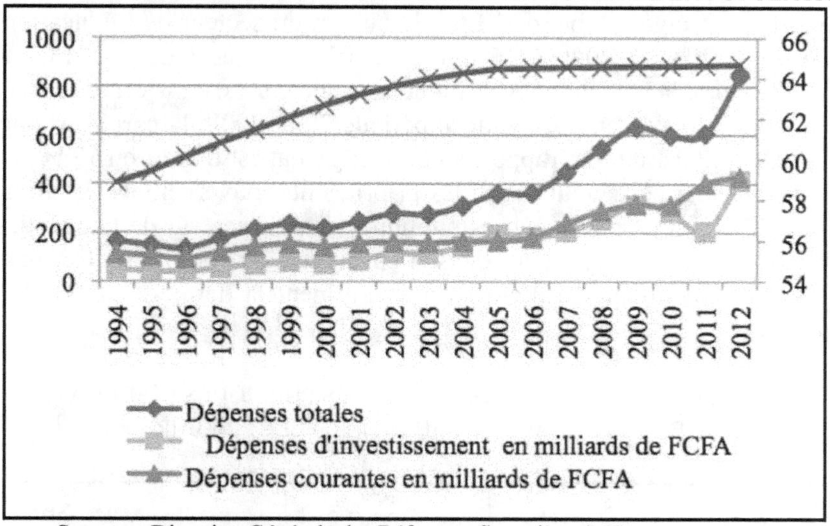

Sources : Direction Générale des Réformes financières/MF, BIT pour la population active au Niger

EFFICIENCE SECTORIELLE DES DEPENSES PUBLIQUES

Dans un contexte de mondialisation des échanges et de multiplication des crises (financières, sanitaires, climatiques), les déficits de compétences et d'aptitudes limitent les capacités d'adaptation des pays en développement et représentent des facteurs de risque pour l'ensemble de la planète. Les personnes les plus instruites et en bonne santé ont une plus grande probabilité de participer au marché du travail et, si elles sont économiquement actives, une probabilité plus faible d'être au chômage. Les taux de participation de la main-d'œuvre augmentent avec le niveau d'éducation des individus. Ceux d'entre eux ayant les meilleures qualifications ont accès aux salaires les plus élevés. Bien qu'étant des secteurs non productifs à court terme, les dépenses publiques en santé et en éducation sont un investissement majeur pour la croissance. Elles tiennent une place fondamentale dans l'amélioration de la productivité de la population, de son bien-être et de la croissance économique. Différents indicateurs sont généralement utilisés pour mesurer la production de l'Etat dans les secteurs de l'éducation et de la santé. Dans le cadre de ce chapitre, la production publique dans les secteurs de l'éducation, de la santé et des infrastructures est mesurée respectivement par le taux d'achèvement de la scolarité primaire et l'espérance de vie à la naissance.

Dépenses publiques et éducation

Les dépenses publiques d'éducation en pourcentage du PIB ont augmenté sur toute la période 1995-2011, tout en restant inférieures à 5 % du PIB. Rapporté au budget global de l'Etat, le budget du secteur de l'éducation est passé de 12,2 % en 2000 à 16,1 % en 2002 avant de baisser à 13,7% en 2003. Dès lors, la part du budget alloué à ce secteur est sans cesse croissante et s'établit à 20,8 % en 2008. Sur la période 2000-2008, la part moyenne du budget de l'éducation par rapport au budget global est d'environ 17 % ce qui permet de situer ce secteur parmi les priorités du gouvernement. La figure 3 présente l'évolution des dépenses publiques dans le secteur de l'éducation et celle du taux d'achèvement dans l'enseignement primaire. Ce dernier représente le pourcentage d'élèves qui terminent la dernière année d'école primaire.

GRAPHIQUE 3. EVOLUTION DES DEPENSES PUBLIQUES D'EDUCATION ET TAUX D'ACHEVEMENT DU CYCLE PRIMAIRE

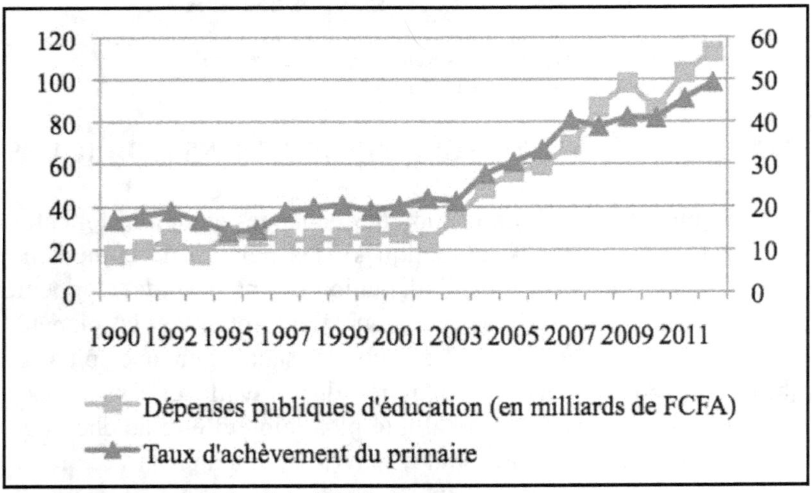

Source : Banque Mondiale (2013)

De 1990 à 2012, les dépenses publiques en faveur du secteur de l'éducation ont régulièrement augmenté. De même, le taux d'achèvement, considéré ici comme le résultat, a également augmenté sur la même période. Cependant, le rythme de croissance des dépenses publiques d'éducation est supérieur à celui du taux d'achèvement sur la période 1990-2012. Entre 1990 et 2000, les dépenses publiques d'éducation ont varié entre 17 et 27 milliards soit une moyenne de 23 milliards au cours de la décennie. Le taux d'achèvement, quant à lui, fluctuait entre 14 et 18 % soit une moyenne de 17 % au cours de la même période. Autrement dit pour une dépense moyenne de 23 milliards par an le système éducatif parvenait à garder 17 élèves sur 100 à l'école jusqu'en classe de CM2. Dans la décennie 2000 les dépenses publiques d'éducation ont varié entre 24 et 98 milliards avec une moyenne de 53 milliards au cours de la décennie. Quant au taux d'achèvement, il a varié entre 19 et 41 % soit une moyenne de 29 % au cours de la décennie. Ainsi, pour une dépense moyenne de 53 milliards par an le système éducatif amenait 29 élèves sur 100 en classe de CM2 soit 12 élèves de plus que la décennie précédente. De 2010 à 2012, les dépenses publiques en faveur de l'éducation sont passées de 86 à 113 milliards et le taux d'achèvement est passé de 41 à 49 % sur la même période.

En se limitant à la dimension quantitative de la couverture scolaire, on peut utiliser comme indicateur d'efficience des dépenses publiques d'éducation la durée moyenne de scolarisation (ou espérance de vie scolaire) pour 1% du PIB. Le montant des dépenses publiques consacrées à l'éducation en pourcentage du PIB mesure le volume de ressources reçues. La durée moyenne de scolarisation est donc l'indicateur de la performance quantitative obtenue avec ces ressources. Plus la valeur de l'indice de l'efficience globale est élevée, plus il y a efficience dans l'usage des ressources publiques. Le tableau ci-dessous met en exergue l'indice de l'efficience globale calculé pour le Niger par rapport à ceux d'autres pays africains pour l'année 2011. Cela permet de situer le niveau d'efficience du Niger dans ce secteur, dans un contexte international.

TABLEAU 3. INDICE GLOBAL D'EFFICIENCE DES DEPENSES PUBLIQUES D'EDUCATION DE QUELQUES PAYS AFRICAINS

	Durée moyenne des études (a)	Dépenses publiques d'éducation en % du PIB (b)	Indice de l'Efficience Globale (IEG): (a)/(b)
Bénin	3,2	5,55	0,58
Burkina Faso	1,3	4.81	0,27
Côte d'Ivoire	4,3	5,18	0,83
Guinée-Bissau	2,3	2,93	0,78
Mali	2,0	4,19	0,48
Niger	1,4	4,81	0,29
Sénégal	4,5	6,48	0,69
Togo	5,3	5,25	1,01

Source : Banque Mondiale (2013) et PNUD (2013)

La durée moyenne de scolarisation au Niger est largement en dessous de celle des autres pays, excepté le Burkina Faso qui enregistre une durée moyenne des scolarisations légèrement inférieure à celle du Niger. Les dépenses publiques, en pourcentage du PIB, allouées à l'éducation au Niger sont proches de la moyenne des autres pays. Il en résulte donc une efficience globale relativement faible du Niger par rapport aux autres pays figurant dans le tableau. En effet, hormis le Burkina (0,27), le Niger a l'indicateur le plus faible d'efficience globale (0,29). La Guinée Bissau arrive, avec moins de 3 % de son PIB, à assurer une durée moyenne d'études supérieure à celle du Niger, du Mali et du Burkina Faso. Le graphique 4 présente le nuage de points de quelques pays africains selon le niveau de leurs dépenses publiques d'éducation et la durée moyenne des études qu'ils arrivent à assurer à leur population. Tous les pays qui sont représentés au-dessus et à gauche du Niger (Cameroun, Madagascar, Mauritanie, Gambie, Guinée-Bissau, Mali) arrivent, avec des dépenses publiques d'éducation moindres que le Niger, à assurer une durée moyenne d'études supérieure à celle du Niger.

GRAPHIQUE 4. ANALYSE COMPARATIVE DE L'EFFICIENCE DES DEPENSES PUBLIQUES D'EDUCATION DE QUELQUES PAYS AFRICAINS

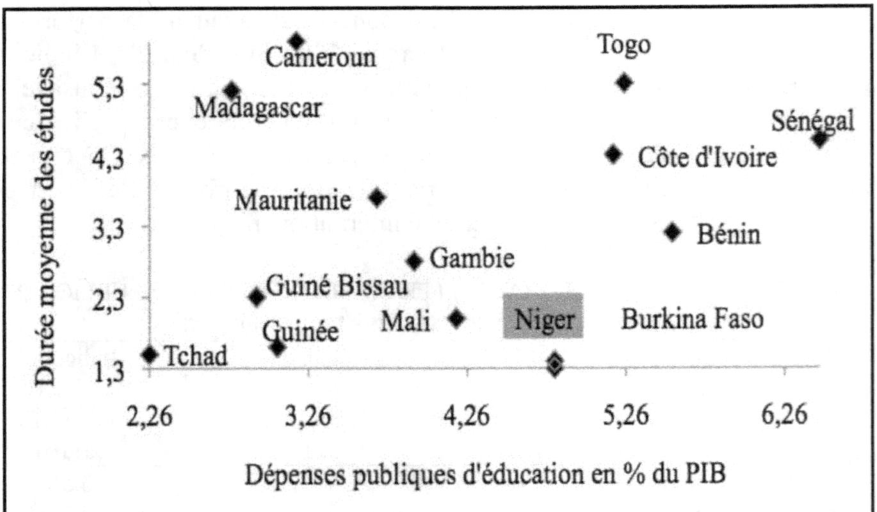

Source : Banque Mondiale (2013) et PNUD (2013)

Le tableau 4 présente l'évolution de l'indice global d'efficience des dépenses publiques d'éducation du Niger. De 2005 à 2012, la durée moyenne de scolarisation n'a augmenté que de 0,1 point. Elle a d'abord stagné de 2005 à 2007 autour de 1,3 année puis entre 2008 et 2012 autour de 1,4 année. Les dépenses publiques, en proportion du PIB, quant à elles, ont régulièrement augmenté depuis 2006 (de 3,1 % à 4,3 % du PIB). Il en résulte une légère détérioration de la valeur de l'indicateur de l'efficience globale qui passe de 0,42 en 2005 à 0,33 en 2012. Ainsi, malgré l'augmentation des ressources publiques en faveur de l'éducation, la rétention des élèves dans le système scolaire ne s'est pas améliorée. Le rythme d'augmentation du volume des ressources publiques consacrées à l'éducation a été beaucoup plus rapide que celui de la durée moyenne des études.

TABLEAU 4. EVOLUTION DE L'INDICE GLOBAL D'EFFICIENCE DES DEPENSES PUBLIQUES D'EDUCATION DU NIGER

Années	Durée moyenne des études (a)	Dépenses publiques d'éducation en % du PIB (b)	Indice de l'Efficience Globale (IEG): (a)/(b)
2005	1,3	3,1	0,42
2006	1,3	3,1	0,42
2007	1,3	3,5	0,37
2008	1,4	4,0	0,35
2009	1,4	4,6	0,31
2010	1,4	3,7	0,38
2011	1,4	4,3	0,32
2012	1,4	4,3	0,33

Source : Banque Mondiale (2013) et PNUD (2013)

Dépenses publiques et santé

Jusqu'à une date récente, c'est le rôle de l'éducation dans l'analyse des déterminants de la croissance économique qui a été privilégié, au détriment de la santé. Les travaux sur la relation entre santé et croissance économique ont sensiblement augmenté à la fin des années 1990. Une de leurs principales caractéristiques est qu'ils recourent à des indicateurs différents de mesure de la santé. Utilisant l'espérance de vie à la naissance comme mesure de l'état de santé, Bloom et Malaney (1998) et Bhargava et al. (2001) ont montré que celle-ci est un vecteur important de la croissance économique, puisqu'elle accroît l'espérance de vie de la population active. D'autres travaux ont analysé l'effet de la santé sur la croissance, en recourant aux indicateurs démographiques (taux de fécondité et de mortalité), ou en examinant les conséquences du Sida sur le développement économique. Ils ont ainsi montré que la baisse de la fécondité permet aux femmes de participer à la population active et aide à améliorer la santé et la nutrition des enfants.

La diminution du nombre d'enfants fait baisser la proportion des personnes dépendantes au sein de la famille, et incite à investir davantage dans le capital humain des enfants à travers l'éducation et la santé qui sont des facteurs fondamentaux de la croissance économique. La figure 5 confronte l'évolution des dépenses publiques dans le secteur de la santé et celle de l'espérance de vie à la naissance.

GRAPHIQUE 5. EVOLUTION DEPENSES PUBLIQUES DE SANTE ET DE L'ESPERANCE DE VIE A LA NAISSANCE

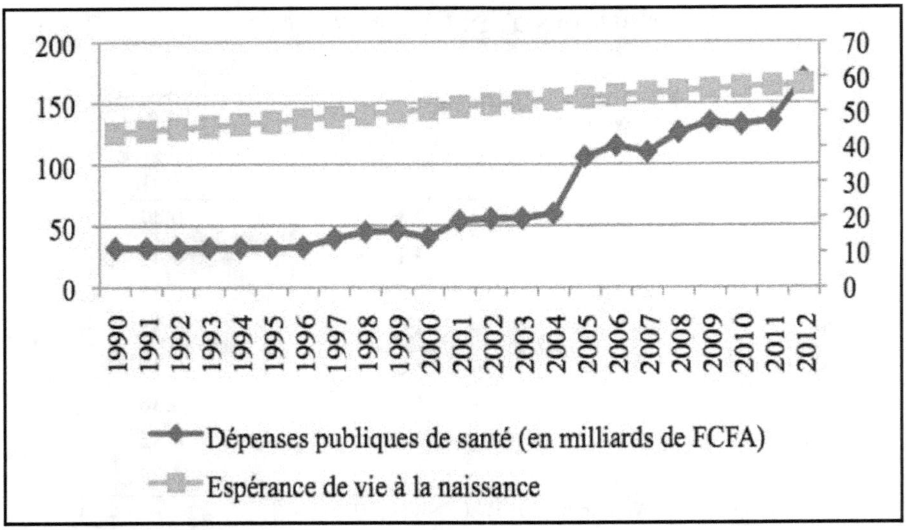

Source : Banque Mondiale (2013)

Les dépenses en santé du Niger n'ont pas beaucoup fluctué sur la période 1995-2012. De 1995 à 2005 elles n'ont pas atteint 2 %. De 2005 à 2012 elles ont représenté 2,7 % du PIB en moyenne, franchissant en 2006 les 3 % pour retomber à 2 % l'année d'après. Un écart de 5 % en moyenne est constaté entre la dépense publique et la dépense totale en santé en pourcentage du PIB sur la période 1995-2012. Au cours de la décennie 90, les dépenses publiques de santé ont varié entre 32 et 45 milliards avec une moyenne de 36 milliards tandis que l'espérance de vie à la naissance variait entre 43 et 50 ans, soit une moyenne de 47 ans. Ainsi pour une dépense moyenne de 36 milliards par an dans la santé, chaque nouveau-né nigérien pouvait espérer vivre 47 ans en moyenne. Sur la période 2000-2010, pour une dépense moyenne de 86 milliards par an dans le secteur de la santé, l'espérance de vie à la naissance était de 54 ans en moyenne sur la période 2000-2010. Enfin, de 2010 à 2012, les dépenses publiques de santé sont passées de 133 à 170 milliards et l'espérance de vie à la naissance est passée de 57 à 58 ans.

En résumé, les dépenses publiques de santé ont régulièrement augmenté depuis 1990, de même que l'espérance de vie à la naissance. Cependant le rythme de croissance des dépenses publiques en faveur de la santé est supérieur à celui de l'espérance de vie à la naissance à partir de la décennie

2000. L'indice d'efficience global calculé plus haut pour l'éducation est appliqué ici à la santé. Le tableau 5 présente l'indice calculé à partir de l'espérance de vie à la naissance et les dépenses publiques de santé pour quelques pays africains voisins.

TABLEAU 5. INDICE GLOBAL D'EFFICIENCE DES DEPENSES PUBLIQUES DE SANTE DE QUELQUES PAYS AFRICAINS

Pays	Espérance de vie à la naissance (a)	Dépenses publiques de santé en % du PIB (b)	Indice de l'Efficience Globale (IEG): (a)/(b)
Bénin	58,94	3,92	15,04
Burkina Faso	55,44	6,28	8,83
Côte d'Ivoire	50,05	8,82	5,67
Guinée-Bissau	53,80	6,26	8,59
Mali	54,19	6,29	8,62
Niger	57,48	3,51	16,38
Sénégal	63,04	4,33	14,56
Togo	55,81	5,75	9,71

Source : Banque Mondiale (2013) et PNUD (2013)

Sur les huit pays présentés dans ce tableau 5, le Niger arrive en troisième position en termes d'espérance de vie à la naissance élevée, après le Sénégal et le Bénin. Or, bien que le Niger alloue la plus faible part de son PIB à la santé, l'espérance de vie à la naissance au Niger est à un niveau appréciable. Il en résulte un indice global d'efficience relativement élevé au Niger. Avec un volume de ressources publiques consacré à la santé moindre, le système de santé du Niger parvient à assurer une espérance de vie appréciable. Les dépenses publiques de santé du Niger sont relativement efficientes. Comme pour l'éducation le graphique 6 met en relation dans quelques pays africains le niveau de leurs dépenses de santé et l'espérance de vie à la naissance. La Gambie, le Bénin, le Ghana, le Sénégal et Madagascar sont arrivés à une espérance de vie supérieure avec une dépense de santé en proportion du PIB moindre que le Niger.

Le tableau 6 présente la dynamique de l'espérance de vie à la naissance et les dépenses en santé en % du PIB. L'espérance de vie est passée de 54 ans en 2005 à 58 ans en 2012 soit un gain de 4 années de vie. Quant aux dépenses publiques de santé, en proportion du PIB, elles n'ont pas évolué uniformément. Elles ont évolué en dents de scie entre 5,5 % et 6,3 %. Ainsi l'indice global d'efficience a tantôt augmenté, tantôt baissé sur la période.

GRAPHIQUE 6. ANALYSE COMPARATIVE DE L'EFFICIENCE DES DEPENSES DE SANTE DE QUELQUES PAYS AFRICAINS

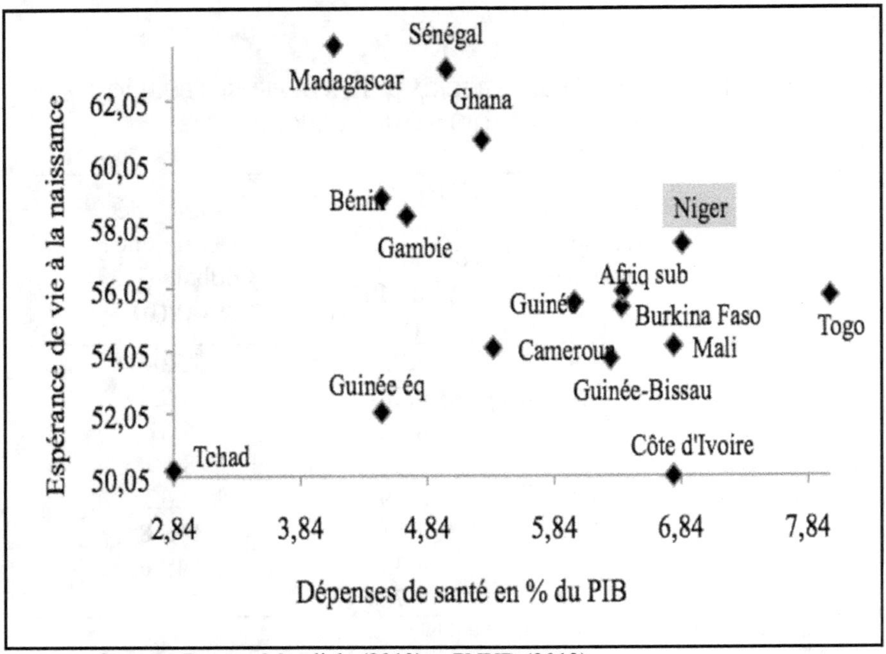

Source : Banque Mondiale (2013) et PNUD (2013)

TABLEAU 6. EVOLUTION DES DEPENSES PUBLIQUES DE SANTE ET DE L'ESPERANCE DE VIE A LA NAISSANCE

Années	Espérance de vie à la naissance	Dépenses publiques de santé en % du PIB (b)	Indice de l'Efficience Globale (IEG): (a)/(b)
2005	54,12	5,87	9,21
2006	54,75	6,05	9,05
2007	55,35	5,59	9,90
2008	55,93	5,84	9,58
2009	56,47	6,28	9,00
2010	56,99	5,72	9,97
2011	57,48	5,71	10,06
2012	57,97	6,46	8,97

Source : Banque Mondiale (2013) et PNUD (2013)

CONCLUSION

Ce chapitre visait à analyser la qualité de la dépense publique au Niger et de faire avancer les réflexions autour de cette problématique si importante vu les enjeux socioéconomiques et les politiques de développement en vigueur. De l'analyse des faits il ressort une forte progression des dépenses publiques en liaison avec la volonté du Gouvernement d'accroître les investissements dans les secteurs sociaux de base et les infrastructures. Cependant, la progression des recettes n'a pas été à la hauteur de la forte augmentation des dépenses publiques compte tenu de l'importance du secteur informel et des contraintes liées à la capacité opérationnelle des administrations fiscales et douanières et des autorités à mobiliser les ressources internes et extérieures. Au Niger, le taux de croissance des dépenses publiques évolue plus vite que celui du taux de croissance économique sur la période considérée. Ceci est en particulier avéré pour les dépenses d'investissement. La hausse des dépenses publiques ne s'est pas traduite par une progression sensible de l'emploi mesuré par le ratio emploi-population active. Globalement, au Niger, la hausse des dépenses publiques a beaucoup plus d'impact sur la croissance que sur la création d'emploi.

A court terme, les dépenses courantes composées essentiellement des salaires et traitements et des subventions exercent une influence négative sur la croissance au profit de l'emploi. A court terme les dépenses publiques d'investissement, influencent positivement le niveau de l'emploi, et à court et moyen terme la croissance économique. Ainsi, les dépenses publiques courantes ont un impact plus grand sur le taux de croissance que sur le niveau de l'emploi. Les investissements publics sont le canal principal par lequel les dépenses totales affectent positivement la croissance, les dépenses courantes ont un impact sur l'emploi, quoique faible et ceci peut se justifier par la prédominance des dépenses de fonctionnement qui induisent un supplément d'emploi de la main d'œuvre. Sur le plan de l'efficience des dépenses publiques au Niger, appréhendé par le calcul d'un indice d'efficience globale, seul le secteur de santé au regard des ressources publiques qui y sont injectées paraît efficient en comparaison avec les autres pays membres de l'UEMOA.

Ainsi, malgré la faible part du PIB alloué à la santé, comparativement à ces pays, l'espérance de vie à la naissance est au Niger à un niveau appréciable. Par contre, le secteur de l'éducation est beaucoup moins efficient. En effet la plupart des pays de référence avec des dépenses publiques d'éducation moindres que le Niger arrivent à assurer une durée moyenne d'études supérieure à celle du Niger. Autrement dit, les dépenses publiques d'éducation augmentent beaucoup plus vite que le taux d'achèvement dans le secteur primaire et avec une efficacité moindre. En somme, les dépenses publiques dans les secteurs sociaux de base sont de faible qualité. L'une des principales limites de l'étude est la non-disponibilité de données précises sur la population occupée, qui aurait pu donner des résultats plus concluants relatifs à l'effet de la hausse des dépenses publiques sur l'emploi. En outre, il faut ajouter l'inexistence pour l'heure d'une étude d'envergure sur cette thématique au Niger qui aurait pu permettre d'effectuer des rapprochements plus pertinents.

BIBLIOGRAPHIE

Ashipala, J., Haimbodi, N., 2003, The impact of public investment on economic growth in Namibia, *Working Paper, n°88.*

Bhargava A., Bundy D.A.P., Jukes M., Sachs J.D., 2001, Modeling the effects of health status and the educational infrastructure on the cognitive development of Tanzanian school children, *WHO, Commission on Macroeconomics and Health, Working Paper Series*, WG1, n°2, WHO.

Bloom D., Malaney P., 1998, Macroeconomic consequences of the Russian mortality crisis, *World Development*, 26: 2073–2085.

Banque Mondiale, 2011, Investing for Growth and Jobs, *MENA Region Economic Developments and prospects*, Washington DC.

Barro R., 1990, Government Spending in a Simple Model of Endogenous Growth", *Journal of Political Economy*, 98(5): 103-125.

Ben S., Hassad M., 2006, Efficience du financement des services publics et croissance économique dans les pays en développement : Analyse en coupe transversale, *Journées scientifiques du réseau Analyse économique et développement.*

Bhargava A., Jamison D., Lau L., Murray C., 2001, Modeling the effects of health on economic growth, *Journal of Health Economics*, 20(3): 423–440.

Caselli F., Esquivel G., Lefort F., 1996, Reopening the Convergence Debate: A New Look at Cross-Country Growth Empirics, *Journal of Economic Growth*, 1(3): 363-389.

Commission de l'Union Européenne., 2002, Public finances in EMU, European Economy, *Reports and Studies*, n°3.

Devarajan S., Swaroop V., Zou H., 1996, The Composition of Public Expenditure and Economic Growth, *Journal of Monetary Economics*, 37 (2): 313-344.

Easterly W., Rebelo S., 1993, Fiscal Policy and Economic Growth: an empirical investigation, *Journal of monetary economics*, 32 (3): 417-458.

Easterly W., Loayza N, Montiel N.P., 1997, Has Latin America's post-reform growth been disappointing?, *Journal of International Economics*, 43(3-4): 287-311.

Hounkpodote H., Bationo R., 2010, *Heterogeneity of the causality between public expenditure and economic growth in waemu countries:what are the implications for policy coordination budget*, MPRA Paper n°26027, Online athttp://mpra.ub.uni-muenchen.de/26027/MPRA.

Kane A.H., 2004, L'impact des dépenses publiques sur la croissance économique d'un pays en développement : cas du Sénégal, African Institute for Economic Development and Planning (IDEP).

Khan M., Kumar M., 1997, Public and Private Investment and the Growth Process in Developing countries, *Oxford Bulletin of Economics and Statistics*, 59 (1): 69-88.

Keho Y., 2004, Impact de l'investissement public sur la croissance en Côte d'Ivoire, *Politique Economique et Développement (PED)*, n°103, CAPEC-CIRES, Abidjan, Côte d'Ivoire.

Kucera D., Roncalato L., 2012, Structures Matters Sectoral Drivers of Growth and Labour Productivity-Employment Relationship, *ILO Research Paper*, n°3, OIT, Genève.

Morley B., Perkidis N., 2000, Trade liberalization, Government expenditure and Economic growth in Egypt, *Journal of Development Studie*s, 36 (34): 123-133.

N'Guessan A.B., 2007, Structure des dépenses publiques, investissent privé et croissance dans les pays de l'UEMOA, BCEAO, *Document d'étude et de recherche* n°DER/07/04.

Knight M., Loayza N., Villanueva D., 1993, Testing the Neoclassical Theory of Economic Growth: A Panel Data Approach, *Staff Papers (International Monetary Fund),* 40 (3): 512-541.

Nubukpo K.K., 2003, Dépenses publiques et croissance des économies de l'UEMOA, CIRAD.

O.I.T., 2002, Investissement dans les infrastructures, un outil efficace pour la création de travail décent, *Notes de synthèse du pacte mondial pour l'emploi*, 1-55.

Ojo O., Okishiya T., 1995, Determinants of long terms growth: some African results, *Journal of African Economies*, 4 (2): 163-191.

Ouattara W.,
-2013, *Impact of public expenditure on economic growth in WAEMU countries: a reexamination*, West Africa Institute, Praia, Cape Verde Islands.
-2007, Dépenses publiques, corruption et croissance économique dans les pays de l'Union économique et monétaire ouest-africaine (UEMOA). Une analyse de la causalité au sens de Granger. Revue africaine de l'Intégration, 1(1):139-160.

Turnovsky S.J., 1999, On the role of government in a stochastically growing open economy, *Journal of Economic Dynamics and Control*, 23(5-6): 287-311.

Turnovsky S.J., 1999. On the role of government in a stochastically growing open economy, *Journal of Economic Dynamics and Control*, vol. 23(5-6): 287-311.

CHAPITRE 20

LES DEFIS DU DIVIDENDE DEMOGRAPHIQUE

Idrissa ALICHINA KOURGUENI

Les questions de population et développement constituent des enjeux majeurs pour tous les pays, car elles sont au cœur des différentes politiques et programmes de développement économique, social et culturel, élaborés et mis en œuvre par les gouvernements successifs. Les interrelations entre les variables démographiques et les variables économiques et socioculturelles ont un impact sur les conditions de vie des populations. La dynamique de la population d'un pays est donc l'un des facteurs clés à prendre en compte dans le processus d'élaboration, de mise en œuvre et de suivi des politiques et programmes de développement. Cette dynamique est essentiellement liée à certains comportements démographiques: les mariages, les naissances, les décès, les migrations, qui sont eux-mêmes liés à l'environnement dans lequel vivent les populations et les uns influencent les autres.

Au Niger, la prise de conscience du défi démographique a commencé au début des années 1980 au niveau des responsables politiques, entraînant l'élaboration et la mise en œuvre des programmes sectoriels de population. Cette prise de conscience s'est renforcée au vu des résultats atteints, mais aussi face à l'évolution de certains indicateurs sociodémographiques. En effet, malgré les efforts consentis en matière de mobilisation des ressources, car des milliards de francs CFA ont été investis et de nombreuses actions d'information, de sensibilisation et de plaidoyer ont été réalisées pendant plus de vingt ans, les résultats en matière d'utilisation des méthodes contraceptives modernes demeurent en deçà des attentes. Ainsi, hier comme aujourd'hui, un des principaux défis à relever pour le Gouvernement est l'inadéquation observée entre la croissance économique et la croissance démographique.

On se pose beaucoup de questions, au Niger comme à l'étranger, sur le niveau actuel du taux d'accroissement intercensitaire annuel moyen de la population (égal à 3,9%), et de l'indice synthétique de fécondité (égal à 7,6 enfants par femme), qui sont parmi les plus élevés au monde. Plusieurs facteurs éclairent les niveaux actuels des principaux indicateurs sociodémographiques du Niger. Le premier réflexe et la première réaction que suscite le niveau actuel du taux d'accroissement intercensitaire annuel moyen du Niger sont la peur, l'inquiétude, l'impact de cette « bombe » sur l'évolution socioéconomique du pays, sur les besoins que cela crée. Avec ce taux, la population nigérienne va doubler tous les 18 ans. Avec un niveau élevé de la fécondité (ISF de 7,6 enfants en moyenne par femme), comment nourrir toutes ces « bouches »? Avant de se poser ces questions, et avant de chercher les réponses, il faut d'abord se demander quels sont les déterminants de cette situation.

Il y a lieu de rappeler que l'évolution d'une population est fortement tributaire de son environnement. Or, le Niger est un pays dont l'économie repose essentiellement sur l'agriculture, dont les pratiques sont encore très arriérées. Plus de 80 % de ses ménages vivent en milieu rural et leur survie repose essentiellement sur leur effectif. Tous ces éléments ont une très forte incidence sur le comportement démographique de ces populations.

- La population nigérienne a un niveau d'éducation parmi les plus faibles du monde, surtout parmi les femmes.

- Plus de la moitié de la population nigérienne (51,6%) a moins de 15 ans.

- La majorité de la population nigérienne, jeune ou non, est sous-employée ou pas employée du tout.

Ces trois données impactent de manière assez forte les principales caractéristiques sociodémographiques, les perceptions et les comportements des populations en matière de nuptialité, de natalité, de mortalité et de migrations.

- Les jeunes filles sont mariées tôt, la majorité avant 18 ans. Selon les résultats de l'EDSN-MICS IV 2012, l'âge médian au premier mariage des femmes est de 15,7 ans.

- Les jeunes garçons vont en exode, pendant une grande partie de l'année, car la saison des pluies et donc des travaux champêtres, période durant laquelle ils sont occupés, ne dure que de quatre à cinq mois.

- Pour la majorité de la population, compte tenu de tout cet environnement, très « hostile », difficile, et avec une mortalité infantile parmi les plus élevées au monde, bien qu'elle soit en baisse significative, la survie et l'assurance-vieillesse reposent essentiellement sur la famille, sur le nombre d'enfants.

- Malgré tout cet environnement, le Niger a connu une amélioration importante des conditions de vie de sa population, qui a contribué à une baisse significative de la mortalité des enfants de moins de cinq ans et de la mortalité maternelle. Cette baisse a été soulignée par de nombreux experts comme étant exceptionnelle et jamais observée ailleurs, dans des conditions similaires à celles du Niger.

Telle est la lecture qui doit être faite des niveaux actuels de l'indice synthétique de fécondité et du taux d'accroissement intercensitaire annuel moyen de la population. En particulier, ce dernier résulte de la conjonction de plusieurs facteurs.

- Le niveau de fécondité s'est stabilisé depuis vingt ans alors que la mortalité des enfants de moins de cinq ans et de la mortalité maternelle ont diminué de manière très sensible et sans doute durable, d'où un solde naturel élevé, qui lui-même tire la croissance de la population. Tout semble indiquer que le Niger est en train d'amorcer la première phase de sa transition démographique.

- L'amélioration sensible de la qualité des données collectées sur le terrain, par rapport aux opérations organisées les années antérieures a conduit à réévaluer les niveaux de fécondité et de mortalité.

- Les crises et autres soubresauts politiques observés au niveau de la sous-région ont occasionné des retours massifs de certains émigrants nigériens et des flux de populations des pays en crise.

Cette situation va continuer à s'accompagner, nécessairement et quelles que soient les actions qui seront entreprises aujourd'hui, d'une stabilisation, au moins pendant plusieurs années, du niveau de la fécondité, favorisant la croissance démographique et un rajeunissement continu de la population nigérienne. Une population jeune est un défi majeur, mais surtout un atout pour le développement économique et social du pays, s'il y a une prise de conscience de cet état de fait. Des dividendes pourraient être tirés, si des mesures adéquates sont prises dans les domaines de l'éducation, surtout des jeunes filles, de l'alphabétisation, notamment des femmes, de la santé, de l'emploi, particulièrement des jeunes. Il faut rappeler que dans les années 1980, une autre lecture avait déjà été faite, axée essentiellement sur le niveau élevé de la fécondité. Une politique de population et des programmes subséquents avaient été élaborés et mis en œuvre. Des fonds importants ont été investis dans les actions d'information et de sensibilisation, sur la contraception et l'espacement des naissances. Beaucoup d'efforts et de mobilisation pendant près de vingt ans, depuis 1984, avec la création du Centre national de santé familiale, pour des résultats qui ne sont pas à la hauteur des attentes, eu égard aux importantes ressources mobilisées.

Il convient donc d'en tirer les leçons et d'adopter une approche nouvelle. On l'a dit, celle-ci devrait reposer sur l'idée que les dynamiques démographiques sont fortement liées aux questions de développement, de santé, d'éducation, d'habitat, d'emploi, d'environnement, etc. Les mesures à prendre doivent donc être axées surtout sur le renforcement et le développement de l'éducation et la scolarisation des jeunes filles, l'alphabétisation des femmes, l'amélioration des services de santé des groupes les plus vulnérables et la création d'emplois pour les jeunes. Ces mesures accompagneront ainsi la transition démographique qui semble s'amorcer.

- L'accès à l'école de nombreuses jeunes filles, au moins jusqu'au niveau secondaire et supérieur, contribuera à retarder l'âge au mariage et à la première grossesse et à leur ouvrir de nombreux débouchés.

- Les femmes nigériennes travaillent principalement dans le secteur informel. Si elles sont plus instruites, les compétences acquises leur permettront d'occuper des postes élevés dans le secteur formel ou d'accéder à un soutien financier pour développer leurs activités informelles, contribuant ainsi à améliorer leurs conditions de vie socioéconomiques, celles de leurs ménages et surtout de leurs enfants. Plus généralement l'alphabétisation des adultes, surtout des femmes, est un moyen d'autonomisation et donc un instrument du développement social et humain.

- Il faut renforcer et développer les actions d'information, de sensibilisation et de plaidoyer, à travers l'Information, l'éducation et la communication pour un changement de comportement (IEC/CC), l'Education pour la santé sur l'hygiène, l'assainissement.

- L'amélioration des services de santé et une accessibilité accrue sont cruciales, notamment pour les vaccinations, les soins pour les enfants de moins de cinq ans, les soins essentiels de santé pour les femmes et les personnes vulnérables. Cela aura un impact sur la mortalité des enfants et des femmes et donc sur le comportement en matière de fécondité et pourrait donc influencer l'indice synthétique de fécondité (ISF).

- Un investissement massif est souhaitable dans les secteurs économiques nécessitant moins de travailleurs qualifiés, en vue de créer des emplois pour l'importante population en âge de travailler, mais non qualifiée, notamment les jeunes ruraux, les exclus du système scolaire, très nombreux.

- Il faut créer des opportunités d'emploi pour les femmes, car l'économie du pays est privée de la moitié de la population en âge de travailler.

Si ces mesures sont prises, de manière durable, alors la transition démographique et la jeunesse de cette population seront un atout et constitueront un dividende pour le pays. Le Niger pourrait ainsi, dans les années à venir, rejoindre les pays émergents.

LISTE DES AUTEURS

Ado ABDOU LOUCHE	Master en démographie IFORD, Direction des statistiques et des études démographiques et sociales (DSEDS)
Aboubacar ADAKAL	Direction des statistiques, ministère de la Santé publique
Maimouna ALI BOULHASSANE	Ingénieur statisticienne économiste, Observatoire national de la pauvreté et du développement humain durable (ONAPAD)
Idrissa ALICHINA KOURGUENI	Ingénieur statisticien démographe, Directeur général de l'INS
Mahamadou ALZOUMA	Master en démographie IFORD, Direction des statistiques et des études démographiques et sociales (DSEDS)
Souleymane ALZOUMA	Ingénieur statisticien économiste, Direction des enquêtes et des recensements (DER)
Zaleha AMADOU	Analyste programmeur, Division informatique (DI)
Halimatou AMADOU GARBA	Ingénieur statisticienne économiste, Observatoire national de la pauvreté et du développement humain durable (ONAPAD)
Hamani AMADOU GAZIBO	Master en démographie IFORD
Issaka AMADOU MAMANE	Ingénieur statisticien économiste, Direction des statistiques et des études économiques(DSEE)
Djibrila AMADOU MODIELI	Ingénieur statisticien démographe, Direction des statistiques et des études démographiques et sociales (DSEDS)

Yves CHARBIT	Professeur émérite de démographie, CEPED, Université Paris Descartes
Alio DANGANA	Ingénieur des Travaux statistiques, Direction des enquêtes et des recensements (DER)
Rakia DAOUDA	Ingénieur statisticienne démographe, Direction des statistiques et des études démographiques et sociales (DSEDS)
Oumarou HABI	Ingénieur statisticien économiste Direction des enquêtes et des recensements (DER)
Soumana HAROUNA	Docteur en démographie, Direction des enquêtes et des recensements (DER)
Radjikou HASSANE	Médecin, ANBEF
Mariama HIMA MAGAGI	Ingénieur statisticien démographe, Direction des statistiques et des études démographiques et sociales (DSEDS)
Naoko HORII	Docteur en démographie, CEPED, Université Paris Descartes
Nassirou IBRAHIM	Master en démographie IFORD, Direction des statistiques et des études démographiques et sociales (DSEDS)
Jean-François KOBIANE	Professeur de démographie, Directeur de l'Institut supérieur des sciences de la population, Ougadougou
Ibrahim MAAZOU	Ingénieur statisticien démographe, Direction des enquêtes et des recensements (DER)
Seydou MAHAMAN LAWALI	Master en démographie IFORD
Abdou MAINA	Ingénieur statisticien économiste, Direction des enquêtes et des recensements (DER)
Gapto MAI MOUSSA	Ingénieur statisticien démographe, Direction des

	statistiques et des études démographiques et sociales (DSEDS)
Aida MOUNKAILA	Direction des statistiques, Ministère de la Santé publique
Gabriel Moise MOUSSA	Direction des statistiques, ministère de la Santé publique
Soufiane MOUSSA	Post doctorant, ISSP Ouagadougou
Argoze MOUSSA KOURA	Ingénieur statisticien démographe, Direction des statistiques et des études démographiques et sociales (DSEDS)
Sani OUMAROU	Ingénieur statisticien démographe, Direction des statistiques et des études démographiques et sociales (DSEDS)
Zakari OUMAROU	Ingénieur statisticien économiste, Direction des enquêtes et des recensements (DER)
Ibrahim SAMAILA ISSA	Master en démographie IFORD, Direction des statistiques et des études démographiques et sociales (DSEDS)
Aminata TAKOUBAKOYE	Ingénieur statisticienne économiste, Secrétaire permanente, programme de développement économique et social (PDES), Ministère du plan, de l'aménagement du territoire et du développement communautaire
Mamadou TCHIARI MARA	Master en démographie IFORD, Direction des statistiques et des études démographiques et sociales (DSEDS)

La DER, la DSEDS, l'ONAPAD, la DSEE, et DI sont des directions ou des divisions de l'INS

TABLE DES MATIERES

Collection "Populations"

Dirigée par Yves Charbit, Maria Eugenia Cosio-Zavala Hervé Domenach

La démographie est au cœur des enjeux contemporains, qu'ils soient économiques, sociaux, environnementaux, culturels, ou politiques. En témoigne le renouvellement récent des thématiques : développement durable, urbanisation et mobilités, statut de la femme et de l'enfant, dynamiques familiales, santé de la reproduction, politiques de population, etc.

Cette démographie contextuelle implique un renouvellement méthodologique et doit donc prendre en compte des variables en interaction, dans des espaces de nature diverse (physiques, institutionnels, sociaux). La collection "Populations" privilégie les pays et les régions en développement sans pour autant oublier leurs liens avec les pays industrialisés et contribue à l'ouverture de la démographie aux autres disciplines.

Liste des ouvrages parus depuis 1996

1. Véronique Petit : *Migrations et société dogon.*

2. Frédéric Sandron : *Curiosités démographiques.*

3. Patrice Vimard et Benjamin Zanou, dir. : *Politiques démographiques et transition de la fécondité en Afrique.*

4. Jesus A. Alejandre et Jean Papail : *L'émigration mexicaine vers les Etats-Unis.*

5. Stéphanie Toutain : *L'interminable réforme des systèmes de retraite en Italie.*

6. Patrick Livenais : *Peuplement et évolution agraire au Morelos (Mexique).*

7. Frédéric Sandron et Bénédicte Gastineau : *Dynamiques familiales et innovations socio-démographiques.*

8. Sarah Hillcoat-Nalletamby : *La pratique de la contraception à l'Ile Maurice.*

9. Myriam de Loenzien : *Le Sida en milieu rural africain.*

10. Frédéric Sandron et Bénédicte Gastineau : *La transition de la fécondité en Tunisie.*

11. Yves Charbit et Catherine Scornet, dir. : *Société et politiques de population au Viêt-Nam.*

12. Lelio Marmora : *Les politiques de migrations internationales.*

13. Hervé Domenach et Michel Picouët, dir. : *Environnement et population : défis et perspective.*

14. Véronique Petit et Marie-Laetitia des Robert, dir. : *Entre résistance et changements : la planification familiale en milieu rural sénégalais.*

15. Jean-François Léger : *Les jeunes et l'armée.*

16. Corinne Régnard : *Crise économique, santé et mortalité à Madagascar.*

17. Ralph Schor : *Français et immigrés en temps de crise (1930-1980).*

18. Lise Beck : *Contexte de paupérisation et mortalité des enfants ruraux au Rwanda, 1980-1994.*

19. Michèle Dion : *Quand la Réunion s'appelait Bourbon (XVIIe - XVIIIe siècle)*

20. Yves Charbit, Olivier Belbeoch et Souraya Hassan Houssein, dir. : *La population de Djibouti.*

21. Aurélie Godard : *Economie domestique et société. Le travail des femmes en Guinée Maritime.*

22. Mustapha Omrane : *Accès à la terre, dynamique démographique et ancestralité dans les Hautes Terres de Madagascar.*

23. Maryse Gaimard : *Population et santé dans les pays en développement.*

24. Marc-Antoine Pérouse de Montclos, Véronique Petit, Nelly Robin, dir.: *Crises et migrations dans les pays du Sud.*

25. Myriam de Loenzien : *Famille et société au prisme du Vih/sida au Viêt Nam.*

26. Rokhaya Cissé : *L'héritage de la pauvreté. Entre récurrence, rupture et résilience dans les trajectoires des pauvres au Sénégal.*

27. Yves Charbit et Teiko Mishima : *Migrations internationales et santé en Afrique sub-Saharienne. Recherches interdisciplinaires en France et au Japon.*

En préparation

28. Laure Hadj : *Inégalités régionales en Nouvelle Calédonie.*

29. Lucas Tchetgnia : *Les jeunes camerounais et le sida : sociologie d'une non protection face à la maladie.*

30. Alhassane Baldé : *Education, famille et pauvreté en Guinée rurale.*

31. Soufianou Moussa : *Les personnes agées au Niger*

Le Niger
aux éditions L'Harmattan

Dernières parutions

CHRONIQUE DES KWANAWA
Mémoire des Anciens
Issa-Danni Soumana Dangaladima
Préface de Boubé Namaïwa
Cet ouvrage présente l'histoire d'une communauté, celle des Kwanawa dans la région de Dogondoutchi, au Niger. Remontant à l'alliance originelle nouée entre les humains et les forces de la nature, retraçant l'épopée légendaire qui aboutit à l'organisation des différents pouvoirs avec l'aide des reines du Daura et de Lougou, le récit se poursuit jusqu'à l'époque actuelle, à travers la période coloniale et le Niger indépendant, sans que le fil ne soit à aucun moment rompu.
(Coédition Tarbiyya Tatali, 20.00 euros, 208 p.)
ISBN : 978-2-343-05104-8, ISBN EBOOK : 978-2-336-36804-7

PROFESSION : MARABOUT EN MILIEU RURAL ET URBAIN
L'exemple du Niger
Diarra Mohamed Abdoulay
Le maraboutisme est très présent dans la société contemporaine africaine, aussi bien en milieu urbain que rural. Si l'auteur de ce livre a eu des entretiens avec différents marabouts, il s'interroge sur la compréhension de leur histoire, leurs différentes activités dans la société, les relations qu'ils entretiennent avec leurs clients, les témoignages de ces derniers, et le déroulement de leurs travaux. Ce livre identifie les conditions de l'activité des marabouts au Niger, des origines à nos jours.
(Coll. Études africaines, 26.50 euros, 254 p.)
ISBN : 978-2-336-30132-7, ISBN EBOOK : 978-2-336-35835-2

TRACES (LES) DE MA MÉMOIRE
Souvenirs d'un instituteur nigérien
Boubacar Hama Beïdi
Né vers 1951 à Birni N'Gaouré, à une centaine de kilomètres au sud-est de Niamey (Niger), l'auteur nous fait découvrir sa vie d'enfant et d'adolescent jusqu'à sa sortie du lycée avec son BEPC, en 1967. Son vécu, c'est à la fois celui de la culture peule, sa communauté, sous ses divers aspects, et celui de l'histoire du Niger, qui nous conduit de la fin de la période coloniale au début, difficile et violent, de l'indépendance, quand s'affrontent les partis de l'éléphant (RDA) et du dromadaire (SAWABA).
(Coll. Écrire l'Afrique, 23.50 euros, 272 p.)
ISBN : 978-2-343-04199-5, ISBN EBOOK : 978-2-336-35704-1

COMMERÇANTS ET ENTREPRENEURS DU NIGER (1922-2006)
Gandah Nabi Hassane - Préface de Odile Goerg
Cet ouvrage porte sur l'organisation du commerce au Niger de l'époque coloniale à nos jours et appréhende à travers les mutations socio-économiques et politiques les trajectoires personnelles des entrepreneurs et les principaux ressorts de l'accumulation.
(Coll. Études africaines, 36.00 euros, 352 p.)
ISBN : 978-2-336-29136-9, ISBN EBOOK : 978-2-296-51596-3

DYNAMIQUE DU *PULAAKU* DANS LES SOCIÉTÉS PEULES DU DALLOL BOSSO (NIGER)

Oumarou Amadou

Cet ouvrage s'attache d'abord à identifier les conditions de variation des principaux cadres au sein desquels s'exprime le *Pulaaku* dans les sociétés peules du Dallol Bosso (Niger) et voir en quoi les pratiques socioéconomiques ou religieuses contribuent à la réinvention et/ou au maintien du système de culture peule. Il analyse ensuite le «processus de réinvention» de ce système culturel à travers les stratégies d'adaptation et d'intégration des éléments de changement dans son fonctionnement quotidien.

(Coll. Etudes africaines, 29.00 euros, 290 p.)

ISBN : 978-2-296-99466-9, ISBN EBOOK : 978-2-296-50148-5

ANTHROPOLOGIE ET ÉCOSYSTÈMES AU NIGER

Humains, lions et esprits de la forêt dans la culture gourmantché

Pedro Galhano Alves Joao - Préface de Danielle Vazeilles

Au sud-ouest du Niger des communautés humaines coexistent encore quotidiennement avec des lions et la grande faune sauvage. Cet ouvrage explore la complexité de ces cultures et de leurs relations avec la nature. Il procède à une description de la région, de ces sociétés, de leurs systèmes d'utilisation des ressources naturelles, de leurs représentations culturelles et de leurs relations avec la biodiversité. Il étudie l'ensemble de la culture et du mode de vie des Gourmantché.

(45.00 euros, 448 p.) ISBN : 978-2-296-99197-2

OIGNON (L') DU NIGER

Etude d'une filière traditionnelle face à un marché globalisé

Tarchiani Vieri, Abass Mallam Assoumane, Robbiati Georgia

Forte d'une production annuelle de plus de 400 000 tonnes, la filière oignon représente aujourd'hui pour le Niger la principale source de recettes d'exportation après l'uranium. L'étude de cette filière ouvre des perspectives nouvelles et contribue à redéfinir le rôle de l'agriculture sahélienne dans le développement et l'intégration régionale. En dépit de la mondialisation, la filière nigérienne reste dominante sur les marchés régionaux.

(16.50 euros, 164 p.) ISBN : 978-2-296-56282-0

NIGER : LE CAS DU DAMAGARAM

Développement régional et identités locales

Danda Mahamadou

Comment les institutions de gestion administrative régionale s'articulent-elles à des espaces sociaux pour construire des espaces politiques essentiels à la mise en oeuvre des politiques publiques dans la perspective de la *good governance* et espérer optimiser les stratégies de réduction de la pauvreté ? L'auteur appréhende l'influence de la vitrine identitaire du Damagaram dans le fonctionnement des institutions en charge du développement en région.

(Coll. Etudes africaines, 31.50 euros, 308 p.) *ISBN : 978-2-296-96078-7*

ÉCONOMIE (L') AGRICOLE AU NIGER

Boureima Moussa

L'économie agricole nigérienne se caractérise par une production dépendante des aléas climatiques et insuffisante pour assurer la sécurité alimentaire des populations, un surpeuplement des sphères productives occupant plus de 80% de la population active nationale, une faiblesse structurelle de l'épargne et de l'investissement, une balance commerciale déficitaire pour les céréales. En voici un panorama.

(Coll. Études africaines, 10.50 euros, 70 p.) ISBN : 978-2-296-96360-3

L'HARMATTAN ITALIA
Via Degli Artisti 15; 10124 Torino

L'HARMATTAN HONGRIE
Könyvesbolt ; Kossuth L. u. 14-16
1053 Budapest

L'HARMATTAN KINSHASA
185, avenue Nyangwe
Commune de Lingwala
Kinshasa, R.D. Congo
(00243) 998697603 ou (00243) 999229662

L'HARMATTAN CONGO
67, av. E. P. Lumumba
Bât. – Congo Pharmacie (Bib. Nat.)
BP2874 Brazzaville
harmattan.congo@yahoo.fr

L'HARMATTAN GUINÉE
Almamya Rue KA 028, en face
du restaurant Le Cèdre
OKB agency BP 3470 Conakry
(00224) 657 20 85 08 / 664 28 91 96
harmattanguinee@yahoo.fr

L'HARMATTAN MALI
Rue 73, Porte 536, Niamakoro,
Cité Unicef, Bamako
Tél. 00 (223) 20205724 / +(223) 76378082
poudiougopaul@yahoo.fr
pp.harmattan@gmail.com

L'HARMATTAN CAMEROUN
BP 11486
Face à la SNI, immeuble Don Bosco
Yaoundé
(00237) 99 76 61 66
harmattancam@yahoo.fr

L'HARMATTAN CÔTE D'IVOIRE
Résidence Karl / cité des arts
Abidjan-Cocody 03 BP 1588 Abidjan 03
(00225) 05 77 87 31
etien_nda@yahoo.fr

L'HARMATTAN BURKINA
Penou Achille Some
Ouagadougou
(+226) 70 26 88 27

L'HARMATTAN SÉNÉGAL
10 VDN en face Mermoz, après le pont de Fann
BP 45034 Dakar Fann
33 825 98 58 / 33 860 9858
senharmattan@gmail.com / senlibraire@gmail.com
www.harmattansenegal.com

L'HARMATTAN BÉNIN
ISOR-BENIN
01 BP 359 COTONOU-RP
Quartier Gbèdjromèdé,
Rue Agbélenco, Lot 1247 I
Tél : 00 229 21 32 53 79
christian_dablaka123@yahoo.fr

647352 - Avril 2016
Achevé d'imprimer par

1livre.com
du rêve à la réalité !